"十四五"职业教育系列教材

U0191996

建筑工程
质量控制与验收

（第二版）

主　编　刘尊明　谢东海

副主编　崔海潮　马　晓　程书峰

参　编　叶曙光　张永平　吴　涛

　　　　朱晓伟　王　平

主　审　王延该

中国电力出版社
CHINA ELECTRIC POWER PRESS

内 容 提 要

本书为"十四五"职业教育系列教材。全书分为十一个项目，主要内容包括质量控制理论与施工项目质量计划、质量验收统一标准、地基与基础工程、砌体结构工程、混凝土结构工程、钢结构工程、屋面工程、建筑装饰装修工程、建筑节能工程、安全和功能检验及观感质量检查、质量问题分析与处理。全书根据现行国家标准规范，结合职业资格认证特点编写，内容实用、形式新颖、特色鲜明。

本书可作为高职高专建筑工程技术、建设工程管理、建设工程监理等土建类和管理类专业的教材，也可作为电大、函授、远程教育、质量员培训考试、自学考试等教学用书，还可供从事建筑施工等相关专业的工程技术人员和管理人员参考。

图书在版编目（CIP）数据

建筑工程质量控制与验收/刘尊明，谢东海主编 . —2 版 . —北京：中国电力出版社，2021.7
（2023.2 重印）

"十四五"职业教育系列教材

ISBN 978 - 7 - 5198 - 3910 - 9

Ⅰ. ①建… Ⅱ. ①刘…②谢… Ⅲ. ①建筑工程－工程质量－质量控制－职业教育－教材②建筑工程－工程质量－工程验收－职业教育－教材 Ⅳ. ①TU712

中国版本图书馆 CIP 数据核字（2019）第 236684 号

出版发行：中国电力出版社

地　　址：北京市东城区北京站西街 19 号（邮政编码 100005）

网　　址：http://www.cepp.sgcc.com.cn

责任编辑：霍文婵（010 - 63412545）

责任校对：王小鹏

装帧设计：赵丽媛

责任印制：吴　迪

印　　刷：望都天宇星书刊印刷有限公司

版　　次：2015 年 2 月第一版　2021 年 7 月第二版

印　　次：2023 年 2 月北京第六次印刷

开　　本：787 毫米×1092 毫米　16 开本

印　　张：17.5

字　　数：426 千字

定　　价：55.00 元

前　言

拓展资源

　　近年来，随着我国高等职业教育不断向纵深发展，工学结合、项目教学法等课程改革模式日臻完善。随着建筑行业的不断发展，"建筑工程质量控制与验收"课程相关的法律法规、标准规范也在不断地出台、更新和完善。为了使本书与时俱进，方便读者学习，编者对本书的第一版适时进行了修订和完善。

　　本次修订主要包括以下内容：

　　1. 根据《建筑地基基础工程施工质量验收标准》（GB 50202—2018），对相关内容进行了修改、补充；

　　2. 根据《建筑装饰装修工程质量验收标准》（GB 50210—2018），对相关内容进行了修改、补充；

　　3. 根据本课程相关法律、法规及部门规章的变化，对相关内容进行了修改、补充；

　　4. 将质量验收统一标准及各专业工程质量验收规范，以二维码形式插入到书中；

　　5. 将技能训练答案，以二维码形式插入到书中。

　　为学习贯彻落实党的二十大精神，本书根据《党的二十大报告学习辅导百问》《二十大党章修正案学习问答》，在数字资源中设置了"二十大报告及党章修正案学习辅导"栏目，以方便师生学习。

　　本次修订由刘尊明、谢东海担任主编，崔海潮、马晓、程书峰担任副主编。具体参加修订的人员有：山东城市建设职业学院刘尊明、谢东海、马晓、程书峰、叶曙光、张永平、吴涛、朱晓伟、王平；泰康健康产业投资控股有限公司崔海潮。本次修订由湖北城市建设职业技术学院王延该担任主审。

　　在修订过程中，编者广泛征求了各方面的意见，查阅了大量的文献和资料，对具体修订内容进行了反复讨论和修改，最后审查定稿。在此，对相关人员的帮助表示深深的谢意。

　　由于编者的专业水平和实践经验所限，书中仍难免有不妥之处，敬请各位读者、专家和同行指正。

编　者
2021 年 4 月

第一版前言

目前，我国建筑业蓬勃发展，建筑工程质量控制与验收任务日益艰巨，市场上需要大量的质量员、监理员和质量检测人员，各高职院校纷纷开设建筑工程质量控制与验收方面的课程。但是，市场上关于建筑工程质量控制与验收的教材比较少，而且繁简适当、通俗易懂、有技能训练内容，具有教学的可操作性，以学生为中心，通过做中学、学中做来培养学生的职业技能的教材更少。为了培养高职院校学生建筑工程质量控制与验收方面的职业技能，提高施工现场质量管理人员的工作水平，根据《建筑与市政工程施工现场专业人员职业标准》（JGJ/T 250—2011）、《建筑工程施工质量验收统一标准》（GB 50300—2013）等现行国家标准规范，依据高等职业教育建筑工程管理专业、建筑工程技术专业教学基本要求（2011年），结合高职院校学生的特点，兼顾施工现场土建质量员的工作内容，特编写此书。

本书共分为十一个项目，内容包括绪论、质量控制理论与施工项目质量计划、质量验收统一标准、地基与基础工程、砌体结构工程、混凝土结构工程、钢结构工程、屋面工程、建筑装饰装修工程、建筑节能工程、安全和功能检验及观感质量检查、质量问题分析与处理。为便于组织教学和学生自学，本书每个项目后配有精选的技能训练。

本教材主要特色在于：

（1）教材以最新的国家标准规范为基础；

（2）教材内容设置与职业资格认证紧密结合；

（3）教材内容编排以质量员工作过程为导向，适当兼顾监理员、质量检测人员工作内容；

（4）突出职业能力本位，融入实际工程案例，加强职业技能训练。

本书的参考学时为 56～64 学时，各单元参考学时见学时分配表。

学 时 分 配 表

项目	课程内容	学时
	绪论	4
项目一	质量控制理论与施工项目质量计划	4
项目二	质量验收统一标准	4
项目三	地基与基础工程	6～8
项目四	砌体结构工程	4
项目五	混凝土结构工程	6～8
项目六	钢结构工程	4
项目七	屋面工程	4
项目八	建筑装饰装修工程	8～12
项目九	建筑节能工程	4

项目	课程内容	学时
项目十	安全和功能检验及观感质量检查	4
项目十一	质量问题分析与处理	4
学时总计		56～64

本书由刘尊明、谢东海担任主编，崔海潮、马晓、程书峰担任副主编，刘尊明负责统稿，王延该担任主审。参加编写的人员还有叶曙光、张永平、吴涛、朱晓伟、王平。具体编写分工为：绪论、项目八由山东城市建设职业学院刘尊明编写；项目一、项目九由山东城市建设职业学院谢东海编写；项目二由山东城市建设职业学院程书峰编写；项目三由和记黄埔地产（北京朝阳）有限公司崔海潮编写；项目四由山东城市建设职业学院朱晓伟编写；项目五由山东城市建设职业学院张永平编写；项目六由山东城市建设职业学院马晓编写；项目七由山东城市建设职业学院叶曙光编写；项目十由山东城市建设职业学院王平编写；项目十一由山东城市建设职业学院吴涛编写。湖北城市建设职业技术学院王延该教授审阅了全书，就内容的取舍、编排和修改提出了许多宝贵意见。同时，山东城市建设职业学院李元美、张朝春等老师给予了大力支持和帮助，在此一并表示感谢！

由于编者水平和经验有限，书中难免有欠妥和错误之处，恳请读者批评指正。

编　者

2014 年 10 月

目　录

绪　　论

一、本课程基本概念与相关法律法规、标准规范

（一）本课程基本概念

1. 建筑工程质量

建筑工程质量是指在国家现行的有关法律、法规、技术标准、设计文件和合同中，对建筑工程的安全、适用、经济、环境保护、美观等特性的综合要求。广义的建筑工程质量，指建设全过程的质量；一般意义的建筑工程质量（即本书所指建筑工程质量），指建筑工程施工阶段劳动力、机械设备、原材料、操作方法和施工环境5大因素的综合质量。

建筑工程质量可以划分为检验批质量、分项工程质量、分部工程质量、单位工程质量、单项工程质量5个层次。

建筑工程质量的特性体现在建筑工程的性能、寿命、可靠性、安全性和经济性5个方面。

2. 建筑工程质量管理

建筑工程质量管理是指在建筑工程质量方面指导和控制的活动，通常包括质量方针和质量目标的建立、质量策划、质量控制、质量保证和质量改进等。

广义的建筑工程质量管理，指建设全过程的质量管理；一般意义的建筑工程质量管理，指建筑工程施工阶段的质量管理。

3. 质量控制

质量控制是指在明确的质量目标条件下，通过行为方案和资源配置的计划、实施、检查和监督来实现预期目标的过程。质量控制应贯穿于产品形成的全过程，包括前期（事前）质量控制或称施工准备阶段质量控制、施工过程（事中）质量控制、后期（事后）质量控制或竣工阶段质量控制3个阶段。

4. 质量验收

质量验收是指建筑工程质量在施工单位自行检查合格的基础上，由工程质量验收责任方组织，工程建设相关单位参加，对检验批、分项工程、分部工程、单位工程及其隐蔽工程的质量进行抽样检验，对技术文件进行审核，并根据设计文件和相关标准以书面形式对工程质量是否达到合格做出确认。

在施工过程中，由完成者根据规定的标准对完成的工作结果是否达到合格而自行进行质量检查所形成的结论称为"评定"。其他有关各方对质量的共同确认称为"验收"。评定是验收的基础，施工单位不能自行验收，验收结论应由有关各方共同确认，监理不能代替施工单位进行检查，而只能通过旁站观察、抽样检查与复测等形式对施工单位的评定结论加以复核，并签字确认，从而完成验收。

5. 质量员

质量员是指在建筑与市政工程施工现场，从事施工质量策划、过程控制、检查、监督、验收等工作的专业人员。

6. 检验

检验是指对被检验项目的特征、性能进行量测、检查、试验等，并将结果与标准规定的要求进行比较，以确定项目每项性能是否合格的活动。

7. 进场检验

进场检验是指对进入施工现场的建筑材料、构配件、设备及器具，按相关标准的要求进行检验，并对其质量、规格及型号等是否符合要求做出确认的活动。

8. 见证检验

见证检验是指施工单位在工程监理单位或建设单位的见证下，按照有关规定从施工现场随机抽取试样，送至具备相应资质的检测机构进行检验的活动。

9. 复验

复验是指建筑材料、设备等进入施工现场后，在外观质量检查和质量证明文件核查符合要求的基础上，按照有关规定从施工现场抽取试样送至试验室进行检验的活动。

10. 实体检测

实体检测是指由有检测资质的检测单位采用标准的检验方法，在工程实体上进行原位检测或抽取试样在试验室进行检验的活动。

11. 结构性能检验

结构性能检验是指针对结构构件的承载力、挠度、裂缝控制性能等各项指标所进行的检验活动。

12. 检验批

检验批是指按相同的生产条件或按规定的方式汇总起来供抽样检验用的，由一定数量样本组成的检验体。

13. 主控项目

主控项目是指建筑工程中对安全、节能、环境保护和主要使用功能起决定性作用的检验项目。

14. 一般项目

一般项目是指除主控项目以外的检验项目。

15. 抽样方案

抽样方案是指根据检验项目的特性所确定的抽样数量和方法。

16. 计数检验

计数检验通过确定抽样样本中不合格的个体数量，对样本总体质量做出判定的检验方法。

17. 计量检验

计量检验是指以抽样样本的检测数据计算总体均值、特征值或推定值，并以此判断或评估总体质量的检验方法。

18. 错判概率

错判概率是指合格批被判为不合格批的概率，即合格批被拒收的概率，用 α 表示。

19. 漏判概率

漏判概率是指不合格批被判为合格批的概率，即不合格批被误收的概率，用 β 表示。

20. 观感质量

观感质量是指通过观察和必要的测试所反映的工程外在质量和功能状态。

21. 施工质量控制等级

施工质量控制等级是指按质量控制和质量保证若干要素对施工技术水平所作的分级。

22. 工程质量事故

工程质量事故是指在工程建设过程中或交付使用后，对工程结构安全、使用功能和外形观感影响较大、损失较大的质量损伤。其特点是经济损失达到较大的金额；有时造成人员伤亡；后果严重，影响结构安全；无法降级使用，难以修复时，必须推倒重建。

23. 工程质量通病

工程质量通病是指各类影响工程结构、使用功能和外形观感的常见性质量损伤。

24. 工程质量缺陷

工程质量缺陷是指工程达不到技术标准允许的技术指标的现象，也即建筑工程施工质量中不符合规定要求的检验项或检验点，按其程度可分为严重缺陷和一般缺陷。

25. 严重缺陷

严重缺陷是指对结构构件的受力性能或安装使用性能有决定性影响的缺陷。

26. 一般缺陷

一般缺陷是指对结构构件的受力性能或安装使用性能无决定性影响的缺陷。

27. 返修

返修是指对施工质量不符合标准规定的部位采取的整修等措施。

28. 返工

返工是指对施工质量不符合标准规定的部位采取的更换、重新制作、重新施工等措施。

（二）本课程相关法律法规及标准规范

1. 法律

（1）《中华人民共和国建筑法》（全国人大常委会，2019 修订）。

（2）《中华人民共和国产品质量法》（全国人大常委会，2019 修订）。

2. 行政法规

（1）《建设工程质量管理条例》（国务院，2019 修订）。

（2）《民用建筑节能条例》（国务院，2008）。

（3）《对外承包工程管理条例》（国务院，2017 修订）。

3. 部门规章

（1）《关于加强建设项目工程质量管理的通知》（建设部，1998）。

（2）《实施工程建设强制性标准监督规定》（建设部，2000）。

（3）《房屋建筑工程和市政基础设施工程实行见证取样和送检的规定》（建设部，2000）。

（4）《房屋建筑工程质量保修办法》（建设部，2000）。

（5）《建设工程质量监督机构监督工作指南》（建设部，2000）。

（6）《建筑业企业资质等级标准》（建设部，2001）。

（7）《建设工程质量检测管理办法》（建设部，2005）。

（8）《建筑业企业资质管理规定》（住房城乡建设部，2018 修订）。

（9）《房屋建筑和市政基础设施工程竣工验收规定》（建设部，2013）。

4. 国家标准

（1）《建筑工程施工质量验收统一标准》（GB 50300—2013）。

（2）《土方与爆破工程施工及验收规范》（GB 50201—2012）。

（3）《建筑地基基础工程施工质量验收标准》（GB 50202—2018）。

（4）《砌体结构工程施工质量验收规范》（GB 50203—2011）。

（5）《混凝土结构工程施工质量验收规范》（GB 50204—2015）。

（6）《钢结构工程施工质量验收标准》（GB 50205—2020）。

（7）《木结构工程施工质量验收规范》（GB 50206—2012）。

（8）《屋面工程质量验收规范》（GB 50207—2012）。

（9）《地下防水工程质量验收规范》（GB 50208—2011）。

（10）《建筑地面工程施工质量验收规范》（GB 50209—2010）。

（11）《建筑装饰装修工程质量验收标准》（GB 50210—2018）。

（12）《建筑节能工程施工质量验收标准》（GB 50411—2019）。

（13）《混凝土质量控制标准》（GB 50164—2011）。

（14）《工程建设施工企业质量管理规范》（GB/T 50430—2017）。

（15）《智能建筑工程施工质量验收规范》（GB 50339—2013）。

（16）《房屋建筑和市政基础设施工程质量检测技术管理规范》（GB 50618—2011）。

（17）《建筑工程施工质量评价标准》（GB/T 50375—2016）。

（18）《砌体工程现场检测技术标准》（GB/T 50315—2011）。

（19）《钢结构现场检测技术标准》（GB/T 50621—2010）。

（20）《混凝土结构现场检测技术标准》（GB/T 50784—2013）。

（21）《建设工程监理规范》（GB/T 50319—2013）。

5. 行业标准

（1）《建筑防水工程现场检测技术规范》（JGJ/T 299—2013）。

（2）《住宅室内装饰装修工程质量验收规范》（JGJ/T 304—2013）。

（3）《建筑涂饰工程施工及验收规程》（JGJ/T 29—2015）。

（4）《外墙饰面砖工程施工及验收规程》（JGJ 126—2015）。

（5）《钢筋焊接及验收规程》（JGJ 18—2012）。

（6）《混凝土耐久性检验评定标准》（JGJ/T 193—2009）。

（7）《回弹法检测混凝土抗压强度技术规程》（JGJ/T 23—2011）。

（8）《择压法检测砌筑砂浆抗压强度技术规程》（JGJ/T 234—2011）。

（9）《红外热像法检测建筑外墙饰面粘结质量技术规程》（JGJ/T 277—2012）。

（10）《建筑门窗工程检测技术规程》（JGJ/T 205—2010）。

（11）《房屋建筑与市政基础设施工程检测分类标准》（JGJ/T 181—2009）。

（12）《建筑防水工程现场检测技术规范》（JGJ/T 299—2013）。

（13）《建筑工程施工过程结构分析与检测技术规范》（JGJ/T 302—2013）。

（14）《建筑与市政工程施工现场专业人员职业标准》（JGJ/T 250—2011）。

（15）《玻璃幕墙工程质量检验标准》（JGJ/T 139—2020）。

二、建筑施工企业的质量责任

（1）应当依法取得相应等级的资质证书，并在其资质等级许可的范围内承揽工程。禁止施工单位超越本单位资质等级许可的业务范围或者以其他施工单位的名义承揽工程。禁止施工单位允许其他单位或者个人以本单位的名义承揽工程。施工单位不得转包或者违法分包工程。

（2）对所承包的工程项目的施工质量负责。施工单位应当建立健全质量管理体系，落实质量责任制，确定工程项目的项目经理、技术负责人和施工管理负责人。建设工程实行总承包的，总承包单位应当对全部建设工程质量负责。建设工程勘察、设计、施工、设备采购的一项或者多项实行总承包的，总承包单位应当对其承包的建设工程或者采购的设备的质量负责。总承包单位依法将建设工程分包给其他单位的，分包单位应当按照分包合同的约定对其分包工程的质量向总承包单位负责，总承包单位与分包单位对分包工程的质量承担连带责任。

（3）必须按照工程设计图纸和施工技术规范标准组织施工。施工单位未经设计单位同意，不得擅自修改工程设计，不得偷工减料。施工单位在施工过程中发现设计文件和图纸有差错的，应当及时提出意见和建议。

（4）必须建立、健全施工质量的检验制度。在作业活动结束后，作业者必须自检，不同工序交接、转换必须由相关人员进行交接检查，施工承包单位专职质量员的专检。同时要特别做好隐蔽工程的质量检查和记录，隐蔽工程在隐蔽前，施工单位应当通知建设单位和建设工程质量监督机构进行检查和验收。

（5）必须按照工程设计要求、施工技术标准和合同约定，对建筑材料、建筑构配件、设备和商品混凝土进行检验，检验应当有书面记录和专人签字；不得使用不符合设计和强制性标准要求的产品，不得使用未经检验和试验或检验和试验不合格的产品。

（6）对涉及结构安全的试块、试件及有关材料，应当在建设单位或者工程监理单位监督下现场取样，并送具有相应资质等级的质量检测单位进行检测。

（7）对施工中出现质量问题的建设工程或者竣工验收不合格的建设工程，应当负责返修。

（8）应当建立、健全教育培训制度，加强对职工的教育培训；未经教育培训或者考核不合格的人员，不得上岗作业。

三、质量员的工作职责、要求及任务

（一）质量员的工作职责

质量员的工作职责宜符合表0-1的规定。

表0-1　　　　　　　　　　质量员的工作职责

项次	分类	主要工作职责
1	质量计划准备	（1）参与进行施工质量策划。 （2）参与制定质量管理制度
2	材料质量控制	（1）参与材料、设备的采购。 （2）负责核查进场材料、设备的质量保证资料，监督进场材料的抽样复验。 （3）负责监督、跟踪施工试验，负责计量器具的符合性审查

项次	分类	主要工作职责
3	工序质量控制	(1) 参与施工图会审和施工方案审查。 (2) 参与制定工序质量控制措施。 (3) 负责工序质量检查和关键工序、特殊工序的旁站检查，参与交接检验、隐蔽验收、技术复核。 (4) 负责检验批和分项工程的质量验收、评定，参与分部工程和单位工程的质量验收、评定
4	质量问题处置	(1) 参与制定质量通病预防和纠正措施。 (2) 负责监督质量缺陷的处理。 (3) 参与质量事故的调查、分析和处理
5	质量资料管理	(1) 负责质量检查的记录，编制质量资料。 (2) 负责汇总、整理、移交质量资料

（二）质量员的专业技能要求

质量员应具备表 0-2 规定的专业技能。

表 0-2   质量员应具备的专业技能

项次	分类	专业技能
1	质量计划准备	能够参与编制施工项目质量计划
2	材料质量控制	(1) 能够评价材料、设备质量。 (2) 能够判断施工试验结果
3	工序质量控制	(1) 能够识读施工图。 (2) 能够确定施工质量控制点。 (3) 能够参与编写质量控制措施等质量控制文件，并实施质量交底。 (4) 能够进行工程质量检查、验收、评定
4	质量问题处置	(1) 能够识别质量缺陷，并进行分析和处理。 (2) 能够参与调查、分析质量事故，提出处理意见
5	质量资料管理	能够编制、收集、整理质量资料

（三）质量员的专业知识要求

质量员应具备表 0-3 规定的专业知识。

表 0-3   质量员应具备的专业知识

项次	分类	专业知识
1	通用知识	(1) 熟悉国家工程建设相关法律法规。 (2) 熟悉工程材料的基本知识。 (3) 掌握施工图识读、绘制的基本知识。 (4) 熟悉工程施工工艺和方法。 (5) 熟悉工程项目管理的基本知识

项次	分类	专业知识
2	基础知识	（1）熟悉相关专业力学知识。 （2）熟悉建筑构造、建筑结构和建筑设备的基本知识。 （3）熟悉施工测量的基本知识。 （4）掌握抽样统计分析的基本知识
3	岗位知识	（1）熟悉与本岗位相关的标准和管理规定。 （2）掌握工程质量管理的基本知识。 （3）掌握施工质量计划的内容和编制方法。 （4）熟悉工程质量控制的方法。 （5）了解施工试验的内容、方法和判定标准。 （6）掌握工程质量问题的分析、预防及处理方法

（四）质量员的工作任务

1. 施工准备阶段的工作任务

（1）制订工程项目的现场质量管理制度。根据工程项目特点，结合工程质量目标、工期目标，建立质量控制系统，制定现场质量检验制度、质量统计报表制度、质量事故报告处理制度、质量文件管理制度，并协助分包单位完善其他现场质量管理制度，保证整个工程项目保质保量的完成。

（2）参与施工组织设计和施工方案会审、施工图会审和设计交底。在工程项目部技术负责人的主持下，参与施工组织设计和施工方案会审、施工图会审和设计交底。全面掌握施工方法、工艺流程、检验手段和关键部位的质量要求；掌握新工艺、新材料、新技术的特殊质量要求和施工方法。

（3）对分包队伍人员进行质量培训教育。根据工程项目特点，检查特殊专业工种和关键的施工工艺或新技术、新工艺、新材料应用操作人员的能力，对其进行重点质量培训，提高其操作水平和技术水平及质量意识。

（4）协助机械员和计量员检查施工机械设备及计量仪器。检查施工机械设备型号、技术性能是否满足施工质量控制的要求，是否处于完好状态并正常运转；检查用于质量检测、试验和测量的仪器、设备和仪表是否处于可用状态，是否满足使用需要；检查其合格证明书和检定表。

（5）对进场原材料和现场配制的材料进行检验。检查进场材料的出厂合格证和材质化验单，并仔细核对其品种、规格、型号、性能；新型材料必须通过试验和鉴定，经监理工程师审核与审批；现场配制的材料的配合比，应先试配并经检验合格才能使用。

（6）检查和审核。检查分包队伍的质量管理体系和劳动条件，检查外送委托检测、试验机构资质等级是否合格；复核原始基准点、基准线、参考标高，复测施工测量控制网，并报监理工程师审核。

2. 施工过程中的工作任务

（1）根据工程施工工序和施工关键部位，建立工程质量控制点。在施工过程中，对工程关键工序和质量薄弱环节实施强化管理，防止和减少质量问题的发生。

（2）在单位工程、分部工程、分项工程正式施工前协助工长做好技术交底工作。技术交底主要是让参与施工的人员在施工前了解设计与施工的技术要求，以便科学地组织施工，按合理的工序进行作业。其主要内容包括施工图、施工组织设计、施工工艺、技术安全措施、规范要求、操作流程、质量标准要求等，对工程项目采用的新结构、新工艺、新材料和新技术的特殊要求，更要详细地交代清楚。

（3）技术复核。在施工过程中进行技术复核工作，即检查施工人员是否按施工图纸、技术交底及技术操作规程施工。

（4）监督。负责监督施工过程中自检、互检、交接检查制度的执行，并参加施工的中间检查、工序交接检查，填写相关记录。负责纠正不合格工序，对出现的质量事故，应及时停止该部位及相关部位施工，实施事故处理程序。

（5）隐蔽工程预检验。按照有关验收规定做好隐蔽工程预检验工作，并做好隐蔽工程预检验记录，归档保存。

3. 施工验收阶段的工作任务

（1）按照建筑工程质量验收规范对检验批、分项工程、分部工程、单位工程进行验收。检验批、分项工程、分部工程完成后，施工单位组织质量员等相关人员按工程质量验收标准进行自检。

（2）办理验收手续。施工单位自检合格后，由质量员填写工程报验单及相关检验批或分项、分部工程质量验收记录表，向监理工程师进行报验。

（3）填写验收记录。监理工程师按照验收标准，组织相关单位及质量员等相关人员，对施工单位提交的检验批、分项工程、分部工程质量验收记录表进行现场复核，对施工质量进行验收。检验批、分项工程、分部工程质量经验收合格后，质量员填写验收记录，监理工程师签字认可，从而进入下道工序施工。单位工程完工后，在施工单位组织质量员等相关人员自检合格的基础上，按检验标准要求向建设单位提交验收申请报告，由总监理工程师会同建设单位组织有关单位验收；单位工程验收合格后，由质量员填写验收记录，有关人员签字认可。

（4）整理工程项目质量的有关技术文件，归档保存。质量验收完毕后，质量员整理工程项目质量的有关技术文件，交资料员归档保存。

四、工程监理单位、项目监理机构及监理人员的质量责任

（一）工程监理单位的质量责任

（1）工程监理单位应当依法取得相应等级的资质证书，并在其资质等级许可的范围内承担工程监理业务。禁止工程监理单位超越本单位资质等级许可的范围或者以其他工程监理单位的名义承担工程监理业务。禁止工程监理单位允许其他单位或者个人以本单位的名义承担工程监理业务。工程监理单位不得转让工程监理业务。

（2）工程监理单位与被监理工程的施工承包单位，以及建筑材料、建筑构配件和设备供应单位有隶属关系或者其他利害关系的，不得承担该项建设工程的监理业务。

（3）工程监理单位应当依照法律、法规以及有关技术标准、设计文件和建设工程承包合同，代表建设单位对施工质量实施监理，并对施工质量承担监理责任。

（4）工程监理单位应当选派具备相应资格的总监理工程师和监理工程师进驻施工现场。未经监理工程师签字，建筑材料、建筑构配件和设备不得在工程上使用或者安装，施工单位不得进行下一道工序的施工。未经总监理工程师签字，建设单位不拨付工程款，不进行竣工验收。

（5）监理工程师应当按照工程监理规范的要求，采取旁站、巡视和平行检验等形式，对建设工程实施监理。

（二）项目监理机构的质量责任

（1）工程开工前，项目监理机构应审查施工单位现场的质量管理组织机构、管理制度及专职管理人员和特种作业人员的资格。

（2）项目监理机构应审查施工单位报送的用于工程的材料、构配件、设备的质量证明文件，并应按有关规定、建设工程监理合同约定，对用于工程的材料进行见证取样，平行检验。项目监理机构对已进场经检验不合格的工程材料、构配件、设备，应要求施工单位限期将其撤出施工现场。

（3）项目监理机构应根据工程特点和施工单位报送的施工组织设计，确定旁站的关键部位、关键工序，安排监理人员进行旁站，并应及时记录旁站情况。

（4）项目监理机构应安排监理人员对工程施工质量进行巡视。巡视应包括下列主要内容：

1）施工单位是否按工程设计文件、工程建设标准和批准的施工组织设计、（专项）施工方案施工。

2）使用的工程材料、构配件和设备是否合格。

3）施工现场管理人员，特别是施工质量管理人员是否到位。

4）特种作业人员是否持证上岗。

（5）项目监理机构应根据工程特点、专业要求，以及建设工程监理合同约定，对工程材料、施工质量进行平行检验。

（6）项目监理机构应对施工单位报验的隐蔽工程、检验批；分项工程和分部工程进行验收，对验收合格的应给予签认，对验收不合格的应拒绝签认，同时应要求施工单位在指定的时间内整改并重新报验。

对已同意覆盖的工程隐蔽部位质量有疑问的，或发现施工单位私自覆盖工程隐蔽部位的，项目监理机构应要求施工单位对该隐蔽部位进行钻孔探测或揭开或其他方法进行重新检验。

（7）项目监理机构发现施工存在质量问题的，或施工单位采用不适当的施工工艺，或施工不当，造成工程质量不合格的，应及时签发监理通知单，要求施工单位整改。整改完毕后，项目监理机构应根据施工单位报送的监理通知回复对整改情况进行复查，提出复查意见。

（8）对需要返工处理加固补强的质量缺陷，项目监理机构应要求施工单位报送经设计等相关单位认可的处理方案，并应对质量缺陷的处理过程进行跟踪检查，同时应对处理结果进行验收。

（9）对需要返工处理或加固补强的质量事故，项目监理机构应要求施工单位报送质量事故调查报告和经设计等相关单位认可的处理方案，并应对质量事故的处理过程进行跟踪检查，同时应对处理结果进行验收。项目监理机构应及时向建设单位提交质量事故书面报告，并应将完整的质量事故处理记录整理归档。

（10）项目监理机构应审查施工单位提交的单位工程竣工验收报审表及竣工资料，组织工程竣工预验收。存在问题的，应要求施工单位及时整改；合格的，总监理工程师应签认单位工程竣工验收报审表。

（11）工程竣工预验收合格后，项目监理机构应编写工程质量评估报告，并应经总监理工程师和工程监理单位技术负责人审核签字后报建设单位。

（12）项目监理机构应参加由建设单位组织的竣工验收，对验收中提出的整改问题，应督促施工单位及时整改。工程质量符合要求的，总监理工程师应在工程竣工验收报告中签署意见。

（三）监理人员的质量责任

（1）总监理工程师应组织专业监理工程师审查施工单位报审的施工方案，并应符合要求后予以签认。施工方案审查应包括下列基本内容：

1）编审程序应符合相关规定。

2）工程质量保证措施应符合有关标准。

（2）专业监理工程师应审查施工单位报送的新材料、新工艺、新技术、新设备的质量认证材料和相关验收标准的适用性，必要时，应要求施工单位组织专题论证，审查合格后报总监理工程师签认。

（3）专业监理工程师应检查、复核施工单位报送的施工控制测量成果及保护措施，签署意见。专业监理工程师应对施工单位在施工过程中报送的施工测量放线成果进行查验。施工控制测量成果及保护措施的检查、复核，应包括下列内容：

1）施工单位测量人员的资格证书及测量设备检定证书。

2）施工平面控制网、高程控制网和临时水准点的测量成果及控制桩的保护措施。

（4）专业监理工程师应检查施工单位为本工程提供服务的试验室。试验室的检查应包括下列内容：

1）试验室的资质等级及试验范围。

2）法定计量部门对试验设备出具的计量检定证明。

3）试验室管理制度。

4）试验人员资格证书。

（5）专业监理工程师应审查施工单位定期提交影响工程质量的计量设备的检查和检定报告。

五、项目监理机构质量控制的主要手段

在施工阶段，项目监理机构要进行全过程的监督、检查与控制，不仅涉及最终产品的检查、验收，而且涉及施工过程的各个环节及中间产品的监督、检查与验收。项目监理机构质量控制的主要手段见以下内容。

1. 监理指令

对监理检查发现的施工质量问题或严重的质量隐患，项目监理机构通过下发监理通知单、工程暂停令等指令性文件向施工单位发出指令以控制工程质量，施工单位整改后，应以监理通知回复单回复。

2. 旁站

旁站监理是针对工程项目关键部位和关键工序施工质量控制的主要监理手段之一。通过旁站、可以使施工单位在进行工程项目的关键部位和关键工序施工过程中严格按照有关技术规范和施工图纸进行，从而保证工程项目质量。

旁站人员应在规定时间到达现场，检查和督促施工人员按标准、规范、图纸、工艺进行施工；要求施工单位认真执行"三检制"（自检、互检、专检）；根据测量数据填写相关的旁站检查记录表；旁站结束后，应及时整理旁站检查记录表，并按程序审核、归档。

3. 巡视

项目监理机构应对工程项目进行的定期或不定期的检查。检查的主要内容有：施工单位的施工质量、安全、进度、投资各方面实施情况；工程变更、施工工艺等调整情况；跟踪检查上次巡视发现问题，监理指令的执行落实情况等，对于巡视发现的问题，应及时做出处理。巡视检查以预防为主，主要检查施工单位的质量保证体系运行情况。

4. 平行检验和见证取样

平行检验应在施工单位自行检测的同时，项目监理机构按有关规定建设工程监理合同的约定对同一检验项目进行独立的检测试验活动，核验施工单位的检测结果。

见证取样应在施工单位进行试样检测前，项目监理机构对施工单位进行的涉及结构安全的试块、试件及工程材料现场取样、封样、送检工作的实施的监督，确认其程序、方法的有效性。

项目一 质量控制理论与施工项目质量计划

任务一 质量控制理论认知

一、质量控制的基本原理

1. PDCA 循环原理

PDCA 循环，也称"戴明环"，是人们在管理实践中形成的基本理论方法，是质量控制的基本方法。

（1）计划（P）。可以理解为质量计划阶段。明确目标并制订实现目标的行动方案，在建设工程项目的实施中，"计划"是指各相关主体根据其任务目标和责任范围，确定质量控制的组织制度、工作程序、技术方法、业务流程、资源配置、检验试验要求、质量记录方式、不合格处理、管理措施等具体内容和做法的文件，"计划"还须对其实现预期目标的可行性、有效性、经济合理性进行分析论证，按照规定的程序与权限审批执行。

（2）实施（D）。包含两个环节，即计划行动方案的交底和按计划规定的方法与要求展开工程作业技术活动。计划交底目的在于使具体的作业者和管理者，明确计划的意图和要求，掌握标准，从而规范行为，全面地执行计划的行动方案，步调一致地去努力实现预期的目标。

（3）检查（C）。指对计划实施过程进行各种检查，包括作业者的自检、互检和专职管理者专检。各类检查都包含两大方面：①检查是否严格执行了计划的行动方案；实际条件是否发生了变化；不执行计划的原因。②检查计划执行的结果，即产出的质量是否达到标准的要求，对此进行确认和评价。

（4）处置（A）。对于质量检查所发现的质量问题或质量不合格，及时进行原因分析，采取必要的措施，予以纠正，保持质量形成的受控状态。

处置包括纠偏和预防两个步骤。前者是采取应急措施，解决当前的质量问题；后者是信息反馈管理部门，反思问题症结或计划时的不周，为今后类似问题的质量预防提供借鉴。

2. 三阶段控制原理

三阶段控制就是通常所说的事前控制、事中控制和事后控制。三阶段控制构成了质量控制的系统过程。

（1）事前控制。事前控制要求预先进行周密的质量计划。特别是工程项目施工阶段，制订质量计划或编制施工组织设计或施工项目管理实施规划，都必须建立在切实可行、有效实现预期质量目标的基础上，作为一种行动方案进行施工部署。

事前控制，其内涵包括两层意思：①强调质量目标的计划预控；②按质量计划进行质量活动前的准备工作状态的控制。

（2）事中控制。事中控制首先是对质量活动的行为约束，即对质量产生过程各项技术作业活动操作者在相关制度管理下的自我行为约束，简称自控；其次是对质量活动过程和结果，来自他人的监督控制，这里包括来自企业内部管理者的检查检验和来自企业外部的工程监理和政府质量监督部门等的监控。

（3）事后控制。事后控制包括对质量活动结果的评价认定和对质量偏差的纠正。由于在质量活动过程中不可避免地会存在一些计划时难以预料的影响因素，包括系统因素和偶然因素。因此当出现质量实际值与目标值之间超出允许偏差时，必须分析原因，采取措施纠正偏差，保持质量受控状态。

上述三大环节，不是孤立和截然分开的，它们之间构成有机的系统过程，实质上也就是PDCA循环的具体化，并在每次滚动循环中不断提高，达到质量管理或质量控制的持续改进。

3. 三全控制管理

三全控制管理是来自于全面质量管理TQC的思想，同时包容在质量体系标准中，它指生产企业的质量管理应该是全面、全过程和全员参与的。这一原理对建设工程项目的质量控制，同样有理论和实践的指导意义。

（1）全面质量控制。全面质量控制是指工程（产品）质量和工作质量的全面控制，工作质量是产品质量的保证，工作质量直接影响产品质量的形成。

（2）全过程质量控制。全过程质量控制是指根据工程质量的形成规律，从源头抓起，全过程推进。

（3）全员参与控制。从全面质量管理的观点看，无论组织内部的管理者还是作业者，每个岗位都承担着相应的质量职能，一旦确定了质量方针目标，就应组织和动员全体员工参与到实施质量方针的系统活动中去，发挥自己的角色作用。

二、质量控制的基本原则

1. 坚持质量第一的原则

工程质量不仅关系到工程的适用性和建设项目投资效果，而且关系到人民群众生命财产的安全。因此，在进行进度、成本、质量等目标控制时，处理这些目标关系时，应坚持"百年大计，质量第一"，在工程建设中自始至终把"质量第一"作为对工程质量控制的基本原则。

2. 坚持以人为核心的原则

人是工程建设的决策者、组织者、管理者和操作者。工程建设中各单位、各部门、各岗位人员的工作质量水平和完美程度，都直接或间接地影响工程质量。因此在工程质量控制中，要以人为核心，重点控制人的素质和人的行为，充分发挥人的积极性和创造性，以人的工作质量保证工程质量。

3. 坚持以预防为主的原则

工程质量控制应该是积极主动的，应事先对影响质量的各种因素加以控制，而不能是消极被动的，等出现质量问题再进行处理，造成不必要的损失。因此，要重点做好质量的事前控制和事中控制，以预防为主，加强施工过程和中间产品的质量检查与控制。

4. 坚持质量标准的原则

质量标准是评价产品质量的尺度，工程质量是否符合合同规定的质量标准要求，应通过质量检验并和质量标准对照，符合质量标准要求的才是合格的，不符合质量标准要求的就是不合格的，必须返工处理。

5. 坚持科学、公正、守法的职业道德规范

在工程质量控制中，质量检验人员必须坚持科学、公正、守法的职业道德规范，要尊重科学、尊重事实，以数据资料为依据，客观、公正地处理质量问题。要坚持原则，遵纪守

法，秉公办事。

三、质量控制的阶段

为了加强对施工项目的质量管理，明确各施工阶段管理的重点，可把施工项目质量控制分为事前控制、事中控制和事后控制三个阶段。

1. 事前质量控制

事前质量控制即对施工前准备阶段进行的质量控制。它是指在各工程对象正式施工活动开始前，对各项准备工作及影响质量的各因素和有关方面进行的质量控制。

（1）施工技术准备工作的质量控制应符合下列要求：

1）组织施工图纸审核及技术交底。

a. 应要求勘察设计单位按国家现行的有关规定、标准和合同规定，建立健全质量保证体系，完成符合质量要求的勘察设计工作。

b. 在图纸审核中，审核图纸资料是否齐全，标准尺寸有无矛盾及错误，供图计划是否满足组织施工的要求及所采取的保证措施是否得当。

c. 设计采用的有关数据及资料是否与施工条件相适应，能否保证施工质量和施工安全。

d. 进一步明确施工中具体的技术要求及应达到的质量标准。

2）核实资料。核实和补充对现场调查及收集的技术资料，应确保可靠性、准确性和完整性。

3）审查施工组织设计或施工方案。重点审查施工方法与机械选择、施工顺序、进度安排及平面布置等是否能保证组织连续施工，审查所采取的质量保证措施。

4）建立保证工程质量的必要试验设施。

（2）现场准备工作的质量控制应符合下列要求：

1）场地平整度和压实程度是否满足施工质量要求。

2）测量数据及水准点的埋设是否满足施工要求。

3）施工道路的布置及路况质量是否满足运输要求。

4）水、电、热及通信等的供应质量是否满足施工要求。

（3）材料设备供应工作的质量控制应符合下列要求：

1）材料设备供应程序与供应方式是否能保证施工顺利进行。

2）所供应的材料设备的质量是否符合国家有关法规、标准及合同规定的质量要求。设备应具有产品详细说明书及附图；进场的材料应检查验收，验规格、验数量、验品种、验质量，做到合格证、化验单与材料实际质量相符。

2. 事中质量控制

事中质量控制即对施工过程中进行的质量控制。事中质量控制的策略是：全面控制施工过程，重点控制工序质量。其具体措施是：工序交接有检查；质量预控有对策；施工项目有方案；技术措施有交底；图纸会审有记录；配制材料有试验；隐蔽工程有验收；计量器具校正有复核；设计变更有手续；钢筋代换有制度；质量处理有复查；成品保护有措施；行使质控有否决（如发现质量异常、隐蔽工程未经验收、质量问题未处理、擅自变更设计图纸、使用不合格材料等，均应对该部位或该工序的质量予以否决）；质量文件有档案（凡是与质量有关的技术文件，如图纸会审记录、测量放线记录、材料合格证明、隐蔽工程验收记录、竣工图等都要编目建档）。

工序质量包含两方面内容：①工序活动条件的质量，即每道工序的人、材料、机械、方法和环境的质量；②工序活动效果的质量，即每道工序完成的工程产品的质量。进行工序质量控制时，应着重做好以下四方面的工作。

（1）严格遵守工艺规程。施工工艺和操作规程，是进行施工操作的依据和法规，是确保工序质量的前提，任何人都必须严格执行，不得违反。

（2）主动控制工序活动条件的质量。工序活动条件包括的内容较多，主要是指影响质量的五大因素，即施工操作者、材料、施工机械设备、施工方法和施工环境等。只要将这些因素切实有效地控制起来，使它们处于被控制状态，确保工序投入品的质量，避免系统性因素变异发生，就能保证每道工序质量正常、稳定。

（3）及时检验工序活动效果的质量。工序活动效果是评价工序质量是否符合标准的尺度。为此，必须加强质量检验工作，对质量状况进行综合统计与分析，及时掌握质量动态。一旦发现质量问题，随即研究处理，自始至终使工序活动效果的质量满足规范和标准的要求。

（4）设置工序质量控制点。质量控制点是指为了保证工序质量而确定的重点控制对象、关键部位或薄弱环节。设置质量控制点是保证达到施工质量要求的必要前提，承包单位在工程施工前应根据施工过程质量控制的要求，列出质量控制点明细表，表中详细地列出各质量控制点的名称和控制内容、检验标准及方法等，提交监理工程师审查批准后，在此基础上实施质量预控。

建筑工程质量控制点设置位置见表1-1。

表1-1　　　　　　　　　　　　**建筑工程质量控制点设置位置**

分项工程	质量控制点
工程测量定位	标准轴线桩、水平桩、龙门板、定位轴线、标高
地基基础（含设备基础）	基坑（槽）尺寸、标高、土质、地基承载力，基础垫层标高，基础位置、尺寸、标高，预留洞孔、预埋件的位置、规格、数量，基础标高、杯底弹线
砌体	砌体轴线，皮数杆，砂浆配合比，预留洞孔，预埋件位置、数量，砌块排列
模板	位置、尺寸、标高，预埋件位置，预留洞孔尺寸、位置，模板强度及稳定性，模板内部清理及润湿情况
钢筋混凝土	水泥品种、强度等级，砂石质量，混凝土配合比，外加剂比例，混凝土振捣，钢筋品种、规格、尺寸、搭接长度，钢筋焊接，预留洞、孔及预埋件规格、数量、尺寸、位置，预制构件吊装或出场（脱模）强度，吊装位置、标高、支承长度、焊缝长度
吊装	吊装设备起重能力、吊具、索具、地锚
钢结构	翻样图、放大样
焊接	焊接条件、焊接工艺
装修	视具体情况而定

3. 事后质量控制

事后质量控制是指对通过施工过程所完成的具有独立功能和使用价值的最终产品（单位工程或整个建设项目）及其有关方面（如质量文档）的质量进行控制。其具体工作内容如下：

（1）组织联动试车；

（2）准备竣工验收资料，组织自检和初步验收；

（3）按规定的质量评定标准和办法，对完成的分项工程、分部工程、单位工程进行质量评定；

（4）组织竣工验收；

（5）质量文件编目建档；

（6）办理工程交接手续。

四、质量控制的方法

施工项目质量控制的方法，主要是审核有关技术文件、报告和直接进行现场质量检验或必要的试验等。

1. 审核有关技术文件、报告或报表

对技术文件、报告、报表的审核，是项目管理对工程质量进行全面控制的重要手段，其具体内容如下：

（1）审核有关技术资质证明文件；

（2）审核开工报告，并经现场核实；

（3）审核施工方案、施工组织设计和技术措施；

（4）审核有关材料、半成品的质量检验报告；

（5）审核反映工序质量动态的统计资料或控制图表；

（6）审核设计变更、修改图纸和技术核定书；

（7）审核有关质量问题的处理报告；

（8）审核有关应用新工艺、新材料、新技术、新结构的技术鉴定书；

（9）审核有关工序交接检查，分项、分部工程质量检查报告；

（10）审核并签署现场有关技术签证、文件等。

2. 现场质量检验

（1）现场质量检验的内容。

1）开工前检查。目的是检查是否具备开工条件，开工后能否连续正常施工，能否保证工程质量。

2）工序交接检查。对于重要的工序或对工程质量有重大影响的工序，实行"三检制"，即在自检、互检的基础上，还要组织专职人员进行工序交接检查。

3）隐蔽工程检查。凡是隐蔽工程均应检查认证后方可掩盖。

4）停工后复工前的检查。由于处理质量问题或某种原因停工后需复工时，也应经检查认可后方可复工。

5）分项、分部工程完工后，应经检查认可，签署验收记录后，才允许进行下一工程项目施工。

6）成品保护检查。检查成品有无保护措施，或保护措施是否可靠。

此外，还应经常深入现场，对施工操作质量进行巡视检查。必要时，还应进行跟班或追踪检查。

（2）现场质量检验的程度。现场质量检验的程度，按检验对象被检验的数量，可有以下几类：

1）全数检验。也称为普遍检验，它主要用于关键工序、部位或隐蔽工程，以及在技术规程、质量检验验收标准或设计文件中有明确规定应进行全数检验的对象。对于以下情况均需采取全数检验：

　　a. 规格、性能指标对工程的安全性、可靠性起决定作用的施工对象。

　　b. 质量不稳定的工序。

　　c. 质量水平要求高、对后继工序有较大影响的施工对象等。

　　2）抽样检验。对于主要的建筑材料、半成品或工程产品等，由于数量大，通常采取抽样检验，即从一批材料或产品中随机抽取少量样品进行检验，并根据对其数据统计分析的结果判断该批产品的质量状况。与全数检验相比较，抽样检验具有如下优点：

　　a. 检验数量少，比较经济。

　　b. 适合于需要进行破坏性试验（如混凝土抗压强度的检验）的检验项目。

　　c. 检验所需时间较少。

　　3）免检。在某种情况下，可以免去质量检验过程。对于已有足够证据证明质量有保证的一般材料或产品，或实践证明其产品质量长期稳定、质量保证资料齐全者，或某些施工质量只有通过在施工过程中的严格质量监控，而质量检验人员很难对产品内在质量再做检验的，均可考虑免检。

　　（3）现场质量检验的方法。对于现场所用原材料、半成品、工序过程或工程产品质量进行检验的方法，一般可分为三类，即目测法、量测法及试验法。

　　1）目测法。目测法即凭借感官进行检查，也可以称观感检验。这类方法主要是根据质量要求，采用看、摸、敲、照等手法对检查对象进行检查。

　　"看"就是根据质量标准要求进行外观检查，例如，清水墙表面是否洁净，喷涂的密实度和颜色是否良好、均匀，工人的施工操作是否正常，混凝土振捣是否符合要求等。

　　"摸"就是通过触摸手感进行检查、鉴别，例如，油漆的光滑度，浆活是否牢固、不掉粉等。

　　"敲"就是运用敲击方法进行音感检查，例如，对拼镶木地板、墙面瓷砖、大理石镶贴、地砖铺砌等的质量均可通过敲击检查，根据声音虚实、脆闷判断有无空鼓等质量问题。

　　"照"就是通过人工光源或反射光照射，仔细检查难以看清的部位。

　　2）量测法。量测法就是利用量测工具或计量仪表，将实际量测结果与规定的质量标准或规范的要求相对照，从而判断质量是否符合要求。量测的手法可归纳为靠、吊、量、套。

　　"靠"是用直尺检查诸如地面、墙面的平整度等。

　　"吊"是指用托线板线锤检查垂直度。

　　"量"是指用量测工具或计量仪表等检查断面尺寸、轴线、标高、温度、湿度等数值，并确定其偏差，如大理石板拼缝尺寸与超差数量、摊铺沥青拌和料的温度等。

　　"套"是指以方尺套方辅以塞尺检查，如对阴阳角的方正、踢脚线的垂直度、预制构件的方正，门窗口及构件的对角线等项目的检查。

　　3）试验法。试验法指通过进行现场试验或试验室试验等理化试验手段取得数据，分析判断质量情况。包括：

　　a. 理化试验。工程中常用的理化试验包括各种物理力学性能方面的检验和化学成分及含量的测定两个方面。

　　b. 无损测试或检验。借助专门的仪器（如超声波探伤仪、磁粉探伤仪、射线探伤仪等）、仪表等手段探测结构物或材料、设备内部组织结构或损伤状态。

（4）现场质量检验的常用工具。

1）垂直检测尺（见图1-1）。检测墙面是否平整、垂直，地面是否水平、平整。

图1-1　垂直检测尺

2）内外直角检测尺（见图1-2）。检测物体上内外（阴阳）直角的偏差及一般平面的垂直度与水平度。

3）楔形塞尺（见图1-3）。检测建筑物体上缝隙的大小及物体平面的平整度。

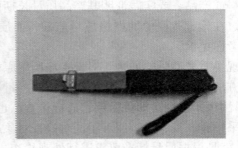

图1-2　内外直角检测尺　　　　　　　　图1-3　楔形塞尺

4）焊接检测尺（见图1-4）。检测钢构件焊接、钢筋折角焊接的质量。

5）检测镜（见图1-5）。检测建筑物体的上冒头、背面、弯曲面等肉眼不易直接看到的地方，手柄处有 M6 螺孔，可装在伸缩杆或对角检测尺上，以便于高处检测。

图1-4　焊接检测尺　　　　　　　　　图1-5　检测镜

6）百格网（见图1-6）。百格网采用高透明度工业塑料制成，展开后检测面积等同于标准砖，其上均布 100 个小格，专用于检测砌体砖面砂浆涂覆的饱满度，即覆盖率（单位为%）。

7）伸缩杆（见图1-7）。伸缩杆为两节伸缩式结构，伸出全长 410mm，前端有 M16 螺栓，可装锲形塞尺、检测镜、活动锤头等，是辅助检测工具。

8）磁力线坠（见图1-8）。检测建筑物体的垂直度及用于砌墙、安装门窗、电梯等任何物体的垂直校正，目测对比。

9）卷线盒（见图1-9）。塑料盒式结构，内有尼龙丝线，拉出全长15m，可检测建筑物体的平直，如砖墙砌体灰缝、踢脚线等（用其他检测工具不易检测物体的平直部位）。检测时，拉紧两端丝线，放在被测处，目测观察对比，检测完毕后，用卷线手柄顺时针旋转，将丝线收入盒内，然后锁上方扣。

图1-6　百格网

图1-7　伸缩杆

图1-8　磁力线坠

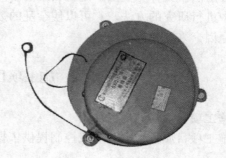

图1-9　卷线盒

10）钢针小锤（见图1-10）。

a. 小锤轻轻敲打玻璃、马赛克、瓷砖，可以判断空鼓程度及黏合质量。

b. 拔出塑料手柄，里面是尖头钢针，钢针向被检物上戳几下，可探查出多孔板缝隙、砖缝等砂浆是否饱满。锤头上M6螺孔，可安装在伸缩杆或对角检测尺上，便于高处检验。

11）响鼓锤（见图1-11）。轻轻敲打抹灰后的墙面，可以判断墙面的空鼓程度及砂灰与砖、水泥冻结的黏合质量。

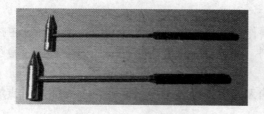

图1-10　钢针小锤

图1-11　响鼓锤

3. 质量控制的统计分析方法

（1）排列图法。又称主次因素分析图法，是用来寻找影响工程质量主要因素的一种方法，属于静态分析法。

（2）因果分析图法。又称树枝图或图刺图，是用来寻找某种质量问题的所有可能原因的有效方法。

（3）控制图法。又称管理图法，是用样本数据为分析判断工序（总体）是否处于稳定状态的有效工具，是一种典型的动态分析法。它的主要作用有两方面：①分析生产过程是否稳定，为此，应随机地连续收集数据，绘制控制图，观察数据点子分布情况并评定工序状态；②控制工序质量，为此，要定时抽样取得数据，将其描在图上，随时进行观察，以发现并及时消除生产过程中的失调现象，防止不合格产生。

（4）直方图法。又称频数（或频率）分布直方图，是把从生产工序收集来的产品质量数据，按数量整理分成若干级，画出以组距为底边，以频数为高度的一系列矩形图。通过直方图可以从大量统计数据中找出质量分布规律，分析判断工序质量状态，进一步推算工序总体的合格率，并能鉴定工序能力。

（5）散布图法。是用来分析两个质量特性之间是否存在相关关系，即根据影响质量特性因素的各对数据，用点表示在直角坐标图上，以观察判断两个质量特性之间的关系。

（6）分层法。又称分类法，是将收集的不同数据，按其性质、来源、影响因素等加在分类和分层中进行研究的方法。它可以使杂乱的数据和错综复杂的因素系统化、条理化，从而找出主要原因，采取相应措施。

任务二　施工项目质量计划编制

一、施工项目质量计划的作用

（1）施工项目质量计划为质量控制提供依据，使工程的特殊质量要求能通过有效的措施得以满足。

（2）施工项目质量计划在合同情况下，单位用质量计划向顾客证明其如何满足特定合同的特殊质量要求，并作为顾客实施质量监督的依据。

二、施工项目质量计划的编制原则

（1）施工项目质量计划应由项目经理主持编制。

（2）施工项目质量计划作为对外质量保证和对内质量控制的依据文件。

（3）施工项目质量计划应体现施工项目从分项工程、分部工程到单位工程的过程控制，同时也要体现从资源投入到完成工程质量最终检验和试验的全过程控制。

三、施工项目质量计划的编制方法

（1）由于施工项目质量计划的重要作用，施工项目质量计划应由项目经理主持编制。

（2）施工项目质量计划应集体编制，编制者应该具有丰富的知识、实践经验及较强的沟通能力和创造精神。

（3）始终以业主为关注焦点，准确无误地找出关键质量问题，反复征询对质量计划草案的意见以修改完善。

（4）施工项目质量计划应体现从工序、分项工程、分部工程、单位工程的过程控制，并且体现从资源投入到完成工程质量最终检验和试验的全过程控制，使质量计划成为对外质量保证和对内质量控制的依据。

四、施工项目质量计划的内容

在合同环境下，质量计划是企业向顾客表明质量管理方针、目标及其具体实现的方法、手段和措施的文件，体现企业对质量责任的承诺和实施的具体步骤。施工项目质量计划在工程项目的实施过程中是不可缺少的，必须把施工项目质量计划与施工组织设计结合起来，才能既可用于对业主的质量保证，又适用于指导施工。针对施工项目质量计划编制的内容，编制施工项目质量计划也要对每一项提出相应的编制方法及步骤。施工项目质量计划的内容，一般应包括以下几个方面：

（1）编制依据。

（2）工程概况及施工条件分析。

（3）质量总目标及其分解目标。

（4）质量管理组织机构和职责。

（5）施工准备及资源配置计划。

（6）确定施工工艺和施工方案。

（7）施工质量的检验与检测控制。

（8）质量记录。

五、施工项目质量计划的编制要求

1. 质量目标

合同范围内全部工程的所有使用功能符合设计（或更改）图纸要求。分项、分部、单位工程质量达到既定的施工质量验收统一标准，合格率为 100%。

2. 管理职责

（1）项目经理是工程实施的最高负责人，对工程符合设计、验收规范、标准要求负责；对各阶段、各工号按期交工负责。

（2）项目经理委托项目质量副经理（或技术负责人）负责施工项目质量计划和质量文件的实施及日常质量管理工作；当有更改时，负责更改后的质量文件活动的控制和管理。

（3）项目生产副经理对工程进度负责，调配人力、物力保证按图纸和规范施工，协调同业主、分包商的关系，负责审核结果、整改措施和质量纠正措施和实施。

（4）队长、工长、测量员、试验员、质量检验员在项目质量副经理的直接指导下，负责所管部位和分项施工全过程的质量，使其符合图纸和规范要求，有更改者符合更改要求，有特殊规定者符合特殊规定要求。

（5）材料员、机械员对进场的材料、构件、机械设备进行质量验收或退货、索赔，有特殊要求的物资、构件、机械设备执行质量副经理的指令。对业主提供的物资和机械设备负责按合同规定进行验收；对分包商提供的物资和机械设备按合同规定进行验收。

3. 资源提供

（1）规定项目经理部管理人员及操作工人的岗位任职标准及考核认定方法。

（2）规定项目人员流动时进出人员的管理程序。规定人员进场培训（包括供方队伍、临时工、新进场人员）的内容、考核、记录等。

（3）规定对新技术、新结构、新材料、新设备修订操作方法和操作人员进行培训并记录等。

（4）规定施工所需的临时设施（含临时建筑、办公设备、住宿房屋等）、支持性服务手段、施工设备及通信设备等。

4．工程项目实现过程策划

（1）规定施工组织设计或专项项目质量的编制要点及接口关系。

（2）规定重要施工过程的技术交底和质量策划要求。

（3）规定新技术、新材料、新结构、新设备的策划要求。

（4）规定重要过程验收的准则或技艺评定方法。

5．业主提供的材料、机械设备等产品的过程控制

施工项目上需用的材料、机械设备在许多情况下是由业主提供的。对这种情况要做出如下规定：

（1）业主如何标识、控制其提供产品的质量。

（2）检查、检验、验证业主提供产品满足规定要求的方法。

（3）对不合格品的处理办法。

6．材料、机械、设备、劳务及试验等采购控制

由企业自行采购的工程材料、工程机械设备、施工机械设备、工具等，质量计划做如下规定：

（1）对供方产品标准及质量管理体系的要求。

（2）选择、评估、评价和控制供方的方法。

（3）必要时，对供方质量计划的要求及引用的质量计划。

（4）采购的法规要求。

（5）有可追溯性（追溯所考虑对象的历史、应用情况或所处场所的能力）要求时，要明确追溯内容的形成，记录、标志的主要方法。

（6）需要的特殊质量保证证据。

7．产品标识和可追溯性控制

（1）隐蔽工程、分项分部工程质量验评、特殊要求的工程等必须做可追溯性记录，质量计划要对其可追溯性范围、程序、标识、所需记录及如何控制和分发这些记录等内容做出规定。

（2）坐标控制点、标高控制点、编号、沉降观测点、安全标志、标牌等是工程重要标识记录，质量计划要对这些标识的准确性控制措施、记录等内容做规定。

（3）重要材料（水泥、钢材、构件等）及重要施工设备的运作必须具有可追溯性。

8．施工工艺过程的控制

（1）对工程从合同签订到交付全过程的控制方法做出规定。

（2）对工程的总进度计划、分段进度计划、分包工程的进度计划、特殊部位进度计划、中间交付的进度计划等做出过程识别和管理规定。

（3）规定工程实施全过程各阶段的控制方案、措施、方法及特别要求等。

（4）规定工程实施过程需用的程序文件、作业指导书（如工艺标准、操作规程、工法等），作为方案和措施必须遵循的办法。

（5）规定对隐蔽工程、特殊工程进行控制、检查、鉴定验收、中间交付的方法。

（6）规定工程实施过程需要使用的主要施工机械、设备、工具的技术和工作条件，运行方案，操作人员上岗条件和资格等内容，作为对施工机械设备的控制方式。

（7）规定对各分包单位项目上的工作表现及其工作质量进行评估的方法、评估结果送交

有关部门、对分包单位的管理办法等，以此控制分包单位。

9. 搬运、储存、包装、成品保护和交付过程的控制

（1）规定工程实施过程在形成的分项、分部、单位工程的半成品、成品保护方案、措施、交接方式等内容，作为保护半成品、成品的准则。

（2）规定工程期间交付、竣工交付及工程的收尾、维护、验评、后续工作处理的方案、措施，作为管理的控制方式。

（3）规定重要材料及工程设备的包装防护的方案及方法。

10. 安装和调试的过程控制

对于工程水、电、暖、电信、通风、机械设备等的安装、检测、调试、验评、交付、不合格的处置等内容规定方案、措施、方式。由于这些工作同土建施工交叉配合较多，因此对于交叉接口程序、验证哪些特性、交接验收、检测、试验设备要求、特殊要求等内容要做明确规定，以便各方面实施时遵循。

11. 检验、试验和测量的过程控制

（1）规定材料、构件、施工条件、结构形式在什么条件、什么时间必须进行检验、试验、复验，以验证是否符合质量和设计要求，如钢材进场必须进行型号、钢种、炉号、批量等内容的检验，不清楚时要进行取样试验或复验。

（2）规定施工现场必须设立试验室（室、员），配置相应的试验设备，完善试验条件，规定试验人员资格和试验内容；对于特定要求，要规定试验程序及对程序过程进行控制的措施。

（3）当企业和现场条件不能满足所需各项试验要求时，要规定委托上级试验或外单位试验的方案和措施。当有合同要求的专业试验时，应规定有关的试验方案和措施。

（4）对于需要进行状态检验和试验的内容，必须规定每个检验试验点所需检验、试验的特性、所采用的程序、验收准则、必需的专用工具、技术人员资格、标识方式、记录等要求，如结构的荷载试验等。

（5）对于施工安全设施、用电设施、施工机械设备安装、使用、拆卸等，要规定专门的安全技术方案、措施，使用的检查验收标准等内容。

（6）要编制现场计量网络图，明确工艺计量、检测计量、经营计量的网络，计量器具的配备方案，检测数据的控制管理和计量人员的资格。

（7）编制控制测量、施工测量的方案，制定测量仪器配置、人员资格、测量记录控制及标识确认、纠正、管理等措施。

（8）要编制分项、分部、单位工程和项目检查验收、交付验评的方案，作为交验时进行控制的依据。

12. 不合格品的控制

（1）要编制工种、分项、分部工程不合格产品出现的方案、措施，以及防止与合格产品之间发生混淆的标识和隔离措施。规定哪些范围不允许出现不合格产品；明确一旦出现不合格产品哪些允许修补返工，哪些必须推倒重来，哪些必须局部更改设计或降级处理。

（2）编制控制质量事故发生的措施及一旦发生后的处置措施。

六、施工项目质量计划的审批

施工单位的施工项目质量计划或施工组织设计文件编成后，应按照工程施工管理程序进

行审批，包括施工企业内部的审批和项目监理机构的审查。

1. 企业内部的审批

施工单位的施工项目质量计划或施工组织设计的编制与审批，应根据企业质量管理程序性文件规定的权限和流程进行。通常是由项目经理部主持编制，报企业组织管理层批准。

施工项目质量计划或施工组织设计文件的审批过程，是施工企业自主技术决策和管理决策的过程，也是发挥企业职能部门与施工项目管理团队的智慧和经验的过程。

2. 监理工程师的审查

实施工程监理的施工项目，按照我国建设工程监理规范的规定，施工承包单位必须填写施工组织设计（方案）报审表并附施工组织设计（方案），报送项目监理机构审查。

规范规定项目监理机构"在工程开工前，总监理工程师应组织专业监理工程师审查承包单位报送的施工组织设计（方案）报审表，提出意见，并经总监理工程师审核、签认后报建设单位"。

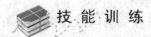 技 能 训 练

一、单选题

1. 建筑工程质量控制的基本原理中，（　　）是人们在管理实践中形成的基本理论方法。

  A. 三阶段控制原理　　　　　　　　　　B. 三全控制管理

  C. 全员参与控制　　　　　　　　　　　D. PDCA 循环原理

2. 对于重要的工序或对工程质量有重大影响的工序交接检查，实行（　　）。

  A. 三检制　　　　　　B. 自检制　　　　　　C. 互检制　　　　　　D. 保护检查

3. 实测检查法的手段，可归纳为（　　）四个字。

  A. 看、摸、量、套　　　　　　　　　　B. 靠、吊、敲、照

  C. 摸、吊、敲、套　　　　　　　　　　D. 靠、吊、量、套

4. 质量控制统计方法中，排列图法又称（　　）。

  A. 管理图法　　　　　　　　　　　　　B. 分层法

  C. 频数分布直方图法　　　　　　　　　D. 主次因素分析图法

5. 质量控制统计方法中的（　　），可以使杂乱的数据和错综复杂的因素系统化、条理化，从而找出主要原因，采取相应措施。

  A. 排列图法　　　　　　B. 控制图法　　　　　　C. 分层法　　　　　　D. 散布图法

6. 施工项目质量计划应由（　　）主持编制。

  A. 项目经理　　　　　　　　　　　　　B. 项目技术负责人

  C. 质量员　　　　　　　　　　　　　　D. 施工员

7. 隐蔽工程、分项分部工程质量验评、特殊要求的工程等必须做（　　）记录。

  A. 真实性　　　　　　B. 有效性　　　　　　C. 及时性　　　　　　D. 可追溯性

二、多选题

1. 三阶段控制原理就是通常所说的（　　）。

  A. 事前控制　　　　　　　　　　　　　B. 全面质量控制

    C. 事中控制   D. 事后控制

    E. 全过程质量控制

2. 事后质量控制的具体工作内容包括（   ）。

    A. 质量处理有复查

    B. 准备竣工验收资料，组织自检和初步验收

    C. 按规定的质量评定标准和办法，对完成的分项、分部工程，单位工程进行质量评定

    D. 组织竣工验收

    E. 质量文件编目建档和办理工程交接手续

3. 现场进行质量检查的方法有（   ）。

    A. 触摸法   B. 判断处理法   C. 目测法   D. 量测法

    E. 试验法

4. 施工项目质量计划的内容，一般应包括（   ）。

    A. 质量总目标及其分解目标   B. 质量管理组织机构和职责

    C. 施工准备及资源配置计划   D. 确定施工工艺和施工方案

三、案例分析题

    某6层砖混结构办公楼的2楼悬挑阳台突然断裂，阳台悬挂在墙面上。幸好是夜间发生，没有人员伤亡。经事故调查和原因分析发现，造成该质量事故的主要原因是施工队伍素质差，在施工时将本应放在上部的受拉钢筋放在了阳台板的下部，使得悬臂结构受拉区无钢筋而产生脆性破坏。

    根据以上内容，回答下列问题：

    1. 针对工程项目的质量问题，现场常用的质量检查方法有哪些？

    2. 工程项目质量检验的内容有哪些？

项目二　质量验收统一标准

　　《建筑工程施工质量验收统一标准》（GB 50300—2013）是对建筑工程各专业工程施工质量验收中的共性要求作出的统一准则，建筑工程各专业工程施工质量验收标准应与本标准配合使用。所以学习本标准，掌握质量验收的层次划分方式，掌握质量验收的标准、程序和组织等，是提高质量员及监理工程师实务工作能力的基本功。

任务一　质量验收层次划分

一、质量验收层次划分及目的

1. 质量验收层次划分

　　随着我国经济发展和施工技术的进步，工程建设规模不断扩大，技术复杂程度越来越高，出现了大量工程规模较大的单体工程和具有综合使用功能的综合性建筑物。由于大型单体工程可能在功能或结构上由若干个单体组成，且整个建设周期较长，可能出现已建成可使用的部分单体需先投入使用，或先将工程中一部分提前建成使用等情况，需要进行分段验收。再加之对规模特别大的工程进行一次验收也不方便等。因此，《建筑工程施工质量验收统一标准》（GB 50300—2013）规定，建筑工程施工质量验收应划分为单位工程、分部工程、分项工程和检验批4个层次，如图2-1所示。也就是说，为了更加科学地评价工程施工质量和有利于对其进行验收，根据工程特点，按结构分解的原则，将单位或子单位工程划分为若干个分部或子分部工程。每个分部或子分部工程又可划分为若干个分项工程。每个分项工程中又可划分为若干个检验批。检验批是工程施工质量验收的最小单位。

```
┌──────────────┐ 划分 ┌──────────────────┐ 划分 ┌──────────┐ 划分 ┌────────┐
│ 单位（子单位）工程 │────→│ 分部（子分部）工程 │────→│ 分项工程 │────→│ 检验批 │
└──────────────┘      └──────────────────┘      └──────────┘      └────────┘
```

图 2-1　质量验收层次划分

2. 质量验收层次划分目的

　　工程施工质量验收涉及工程施工过程质量验收和竣工质量验收，是工程施工质量控制的重要环节。根据工程特点，按项目层次分解的原则合理划分工程施工质量验收层，将有利于对工程施工质量进行过程控制和阶段质量验收，特别是不同专业工程的验收的确定，将直接影响到工程施工质量验收工作的科学性、经济性、实用性和可操作性。因此，对施工质量验收层次进行合理划分非常必要，这有利于工程施工质量的过程控制和最终把关，确保工程质量符合有关标准。

二、单位工程的划分

　　单位工程是指具备独立的设计文件、独立的施工条件并能形成独立使用功能的建筑或构筑物。对于建筑工程，单位工程的划分应按下列原则确定：

（1）具备独立施工条件并能形成独立使用功能的建筑物或构筑物为一个单位工程。例如，一所学校中的一栋教学楼、办公楼、传达室，某城市的广播电视塔等。

（2）对于规模较大的单位工程，可将其能形成独立使用功能的部分划分为一个子单位工程。

子单位工程的划分一般可根据工程的建筑设计分区、使用功能的显著差异、结构缝的设置等实际情况，施工前，应由建设、监理、施工单位商定划分方案，并据此收集整理施工技术资料和验收。

（3）室外工程可根据专业类别和工程规模划分单位工程或子单位工程、分部工程。室外工程的划分如表 2-1 所示。

表 2-1   室外工程的单位工程、分部工程划分

单位工程	子单位工程	分部工程
室外设施	道路	路基、基层、面层、广场与停车场、人行道、人行地道、挡土墙、附属构筑物
	边坡	土石方、挡土墙、支护
附属建筑及室外环境	附属建筑	车棚、围墙、大门、挡土墙
	室外环境	建筑小品、亭台、水景、连廊、花坛、场坪绿化、景观桥
室外安装	给水排水	室外给水系统、室外排水系统
	供热	室外供热系统
	电气	室外供电系统、室外照明系统

三、分部工程的划分

分部工程，是单位工程的组成部分，一般按专业性质、工程部位或特点、功能和工程量确定。对于建筑工程，分部工程的划分应按下列原则确定：

（1）分部工程的划分应按专业性质、工程部位确定。例如，建筑工程划分为地基与基础、主体结构、建筑装饰装修、屋面、建筑给水排水及供暖、通风与空调、建筑电气、建筑智能化、建筑节能、电梯十个分部工程。

（2）当分部工程较大或较复杂时，可按材料种类、施工特点、施工程序、专业系统及类别将分部工程划分为若干子分部工程。例如，建筑智能化分部工程中就包含了通信网络系统、计算机网络系统、建筑设备监控系统、火灾报警及消防联动系统、会议系统与信息导航系统、专业应用系统、安全防范系统、综合布线系统、智能化集成系统、电源与接地、计算机机房工程、住宅智能化系统等子分部工程。

四、分项工程的划分

分项工程，是分部工程的组成部分，可按主要工种、材料、施工工艺、设备类别进行划分。例如，建筑工程主体结构分部工程中，混凝土结构子分部工程按主要工种分为模板、钢筋、混凝土等分项工程；按施工工艺又分为预应力、现浇结构、装配式结构等分项工程。

地基与基础分部工程的子分部工程、分项工程划分如表 2-2 所示。

表 2 - 2　　　　　　　　　地基与基础分部工程的子分部工程、分项工程划分

分部工程	子分部工程	分项工程
地基与基础	地基	素土、灰土地基，砂和砂石地基，土工合成材料地基，粉煤灰地基，强夯地基，注浆地基，预压地基，砂石桩复合地基，高压旋喷注浆地基，水泥土搅拌桩地基，土和灰土挤密桩复合地基，水泥粉煤灰碎石桩复合地基，夯实水泥土桩复合地基
	基础	无筋扩展基础，钢筋混凝土扩展基础，筏形与箱形基础，钢结构基础，钢管混凝土结构基础，型钢混凝土结构基础，钢筋混凝土预制桩基础，泥浆护壁成孔灌注桩基础，干作业成孔桩基础，长螺旋钻孔压灌桩基础，沉管灌注桩基础，钢桩基础，锚杆静压桩基础，岩石锚杆基础，沉井与沉箱基础
	基坑支护	灌注桩排桩围护墙，板桩围护墙，咬合桩围护墙，型钢水泥土搅拌墙，土钉墙，地下连续墙，水泥土重力式挡墙，内支撑，锚杆，与主体结构相结合的基坑支护
	地下水控制	降水与排水，回灌
	土方	土方开挖，土方回填，场地平整
	边坡	喷锚支护，挡土墙，边坡开挖
	地下防水	主体结构防水，细部构造防水，特殊施工法结构防水，排水，注浆

主体结构分部工程的子分部工程、分项工程划分如表 2 - 3 所示。

表 2 - 3　　　　　　　　主体结构分部工程的子分部工程、分项工程划分

分部工程	子分部工程	分项工程
主体结构	混凝土结构	模板，钢筋，混凝土，预应力，现浇结构，装配式结构
	砌体结构	砖砌体，混凝土小型空心砌块砌体，石砌体，配筋砌体，填充墙砌体
	钢结构	钢结构焊接，紧固件连接，钢零部件加工，钢构件组装及预拼装，单层钢结构安装，多层及高层钢结构安装，钢管结构安装，预应力钢索和膜结构，压型金属板，防腐涂料涂装，防火涂料涂装
	钢管混凝土结构	构件现场拼装，构件安装，钢管焊接，构件连接，钢管内钢筋骨架，混凝土
	型钢混凝土结构	型钢焊接，紧固件连接，型钢与钢筋连接，型钢构件组装及预拼装，型钢安装，模板，混凝土
	铝合金结构	铝合金焊接，紧固件连接，铝合金零部件加工，铝合金构件组装，铝合金构件预拼装，铝合金框架结构安装，铝合金空间网格结构安装，铝合金面板，铝合金幕墙结构安装，防腐处理
	木结构	方木与原木结构，胶合木结构，轻型木结构，木结构的防护

建筑装饰装修分部工程的子分部工程、分项工程划分如表 2-4 所示。

表 2-4　　　　　　　　　　建筑装饰装修分部工程的子分部工程、分项工程划分

分部工程	子分部工程	分项工程
建筑装饰装修	建筑地面	基层铺设，整体面层铺设，板块面层铺设，木、竹面层铺设
	抹灰	一般抹灰，保温层薄抹灰，装饰抹灰，清水砌体勾缝
	外墙防水	外墙砂浆防水，涂膜防水，透气膜防水
	门窗	木门窗安装，金属门窗安装，塑料门窗安装，特种门安装，门窗玻璃安装
	吊顶	整体面层吊顶，板块面层吊顶，格栅吊顶
	轻质隔墙	板材隔墙，骨架隔墙，活动隔墙，玻璃隔墙
	饰面板	石板安装，陶瓷板安装，木板安装，金属板安装，塑料板安装
	饰面砖	外墙饰面砖粘贴，内墙饰面砖粘贴
	幕墙	玻璃幕墙安装，金属幕墙安装，石材幕墙安装，陶板幕墙安装
	涂饰	水性涂料涂饰，溶剂型涂料涂饰，美术涂饰
	裱糊与软包	裱糊，软包
	细部	橱柜制作与安装，窗帘盒和窗台板制作与安装，门窗套制作与安装，护栏和扶手制作与安装，花饰制作与安装

屋面分部工程的子分部工程、分项工程划分如表 2-5 所示。

表 2-5　　　　　　　　　　屋面分部工程的子分部工程、分项工程划分

分部工程	子分部工程	分项工程
屋面	基层与保护	找坡层和找平层，隔汽层，隔离层，保护层
	保温与隔热	板状材料保温层，纤维材料保温层，喷涂硬泡聚氨酯保温层，现浇泡沫混凝土保温层，种植隔热层，架空隔热层，蓄水隔热层
	防水与密封	卷材防水层、涂膜防水层、复合防水层、接缝密封防水
	瓦面与板面	烧结瓦和混凝土瓦铺装、沥青瓦铺装、金属板铺装、玻璃采光顶铺装
	细部构造	檐口，檐沟和天沟，女儿墙和山墙，水落口，变形缝，伸出屋面管道，屋面出入口，反梁过水孔，设施基座，屋脊，屋顶窗

五、检验批的划分

检验批在《建筑工程施工质量验收统一标准》（GB 50300—2013）中是指按相同的生产条件或按规定的方式汇总起来供抽样检验用的，由一定数量样本组成的检验体。它是建筑工程质量验收划分中的最小验收单位。

分项工程可由一个或若干个检验批组成，检验批可根据施工、质量控制和专业验收的需要，按工程量、楼层、施工段、变形缝进行划分。施工前，应由施工单位制定分项工程和检验批的划分方案，并由项目监理机构审核。对于《建筑工程施工质量验收统一标准》（GB 50300—2013）及相关专业验收规范未涵盖的分项工程和检验批，可由建设单位组织监理、

施工等单位协商确定。

通常，多层及高层建筑的分项工程可按楼层或施工段来划分检验批；单层建筑的分项工程可按变形缝等划分检验批；地基与基础的分项工程一般划分为一个检验批，有地下层的基础工程可按不同地下层划分检验批；屋面工程的分项工程可按不同楼层屋面划分为不同的检验批；其他分部工程中的分项工程，一般按楼层划分检验批；对于工程量较少的分项工程可划分为一个检验批；安装工程一般按一个设计系统或设备组别划分为一个检验批；室外工程一般划分为一个检验批；散水、台阶、明沟等含在地面检验批中。

任务二 质量验收组织

一、工程施工质量验收基本规定

（1）施工现场应具有健全的质量管理体系、相应的施工技术标准、施工质量检验制度和综合施工质量水平评定考核制度。

施工现场质量管理检查记录应由施工单位按表 2-6 填写，总监理工程师进行检查，并做出检查结论。

表 2-6　　　　　　　　　　　　施工现场质量管理检查记录

工程名称			施工许可证号		
建设单位			项目负责人		
设计单位			项目负责人		
监理单位			总监理工程师		
施工单位		项目负责人		项目技术负责人	
序号	项目		主要内容		
1	项目部质量管理体系				
2	现场质量责任制				
3	主要专业工种操作岗位证书				
4	分包单位管理制度				
5	图纸会审记录				
6	地质勘察资料				
7	施工技术标准				
8	施工组织设计编制及审批				
9	物资采购管理制度				
10	施工设施和机械设备管理制度				
11	计量设备配备				
12	检测试验管理制度				
13	工程质量检查验收制度				

自检结果：　　　　　　　　　　　　　　　检查结论：

施工单位项目负责人：　　　　年　月　日　　总监理工程师：　　　　年　月　日

（2）当工程未实行监理时，建设单位相关人员应履行有关验收规范涉及的监理职责。

（3）建筑工程的施工质量控制应符合下列规定：

1）建筑工程采用的主要材料、半成品、成品、建筑构配件、器具和设备应进行进场检验。凡涉及安全、节能、环境保护和主要使用功能的重要材料、产品，应按各专业工程施工规范、验收规范和设计文件等规定进行复验，并应经专业监理工程师检查认可。

2）各施工工序应按施工技术标准进行质量控制，每道施工工序完成后，经施工单位自检符合规定后，才能进行下道工序施工。各专业工种之间的相关工序应进行交接检验，并应记录。

3）对于项目监理机构提出检查要求的重要工序，应经专业监理工程师检查认可，才能进行下道工序施工。

（4）当专业验收规范对工程中的验收项目未做出相应规定时，应由建设单位组织监理、设计、施工等相关单位制定专项验收要求。涉及结构安全、节能、环境保护等项目的专项验收要求应由建设单位组织专家论证。

（5）建筑工程施工质量应按下列要求进行验收：

1）工程施工质量验收均应在施工单位自检合格的基础上进行；

2）参加工程施工质量验收的各方人员应具备相应的资格；

3）检验批的质量应按主控项目和一般项目验收；

4）对涉及结构安全、节能、环境保护和主要使用功能的试块、试件及材料，应在进场时或施工中按规定进行见证检验；

5）隐蔽工程在隐蔽前应由施工单位通知项目监理机构进行验收，并应形成验收文件，验收合格后方可继续施工；

6）对涉及结构安全、节能、环境保护等的重要分部工程应在验收前按规定进行抽样检验；

7）工程的观感质量应由验收人员现场检查，并应共同确认。

（6）建筑工程施工质量验收合格应符合下列规定：

1）符合工程勘察、设计文件的规定；

2）符合《建筑工程施工质量验收统一标准》（GB 50300—2013）和相关专业验收规范的规定。

二、检验批质量验收

1. 检验批质量验收程序

检验批是工程施工质量验收的最小单位，是分项工程乃至整个建筑工程质量验收的基础。检验批质量验收应由专业监理工程师组织施工单位项目专业质量检查员、专业工长等进行。

验收前，施工单位应先对施工完成的检验批进行自检，合格后由项目专业质量检查员填写检验批质量验收记录（见表2-7，有关监理验收记录及结论不填写）及检验批报审、报验表，并报送项目监理机构申请验收；专业监理工程师对施工单位所报资料进行审查，并组织相关人员到验收现场进行主控项目和一般项目的实体检查、验收。对验收不合格的检验批，专业监理工程师应要求施工单位进行整改，并自检合格后予以复验；对验收合格的检验批，专业监理工程师应签认检验批报审、报验表及质量验收记录，准许进行下道工序施工。

表 2 - 7　　　　　　　　　　　**_____ 检验批质量验收记录**

单位（子单位） 工程名称			分部（子分部） 工程名称		分项工程 名称	
施工单位			项目负责人		检验批容量	
分包单位			分包单位项目 负责人		检验批部位	
施工依据				验收依据		

		验收项目	设计要求及 规范规定	最小/实际 抽样数量	检查记录	检查结果
主控项目	1					
	2					
	3					
	4					
	5					
	6					
	7					
	8					
	9					
	10					
一般项目	1					
	2					
	3					
	4					
	5					
施工单位 检查结果		专业工长： 项目专业质量检查员： 　　　　　　　　　　　　　　　　　年 月 日				
监理单位 验收结论		专业监理工程师： 　　　　　　　　　　　　　　　　　年 月 日				

2. 检验批质量验收合格的规定

（1）主控项目的质量经抽样检验均应合格。

（2）一般项目的质量经抽样检验合格。当采用计数抽样时，合格点率应符合有关专业验收规范的规定，且不得存在严重缺陷。

（3）具有完整的施工操作依据、质量验收记录。

　　检验批质量验收合格条件除主控项目和一般项目的质量经抽样检验合格外，其施工操作依据、质量验收记录尚应完整且符合设计、验收规范的要求。只有符合检验批质量验收合格条件，该检验批质量方能判定合格。

　　为加深理解检验批质量验收合格条件，应注意以下三个方面的内容：

　　（1）主控项目的质量经抽样检验均应合格。主控项目是指建筑工程中对安全、节能、环境保护和主要使用功能起决定性作用的检验项目，如钢筋连接的主控项目为：纵向受力钢筋的连接方式应符合设计要求。

　　主控项目是对检验批的基本质量起决定性影响的检验项目，是保证工程安全和使用功能的重要检验项目，因此必须全部符合有关专业验收规范的规定。主控项目如果达不到规定的质量指标，降低要求就相当于降低该工程的性能指标，就会严重影响工程的安全性能。这意味着主控项目不允许有不符合要求的检验结果，必须全部合格。例如，混凝土、砂浆强度等级是保证混凝土结构、砌体强度的重要性能，必须全部达到要求。

　　为了使检验批的质量符合工程安全和使用功能的基本要求，达到保证工程质量的目的，各专业工程质量验收规范对各检验批的主控项目的合格质量给予明确的规定。例如，钢筋安装验收时的主控项目为：受力钢筋的品种、级别、规格和数量必须符合设计要求。

　　主控项目包括的主要内容：

　　1）工程材料、构配件和设备的技术性能等。例如，水泥、钢材的质量，预制墙板、门窗等构配件的质量，风机等设备的质量。

　　2）涉及结构安全、节能、环境保护和主要使用功能的检测项目。例如，混凝土、砂浆的强度，钢结构的焊缝强度，管道的压力试验，风管的系统测定与调整，电气的绝缘、接地测试，电梯的安全保护、试运转结果等。

　　3）一些重要的允许偏差项目，必须控制在允许偏差限值之内。

　　（2）一般项目的质量经抽样检验合格。当采用计数抽样时，合格点率应符合有关专业验收规范的规定，且不得存在严重缺陷。

　　一般项目是指除主控项目以外的检验项目。为了使检验批的质量符合工程安全和使用功能的基本要求，达到保证工程质量的目的，各专业工程质量验收规范对各检验批一般项目的合格质量给予明确的规定。例如，钢筋连接的一般项目为：钢筋的接头宜设置在受力较小处。同一纵向受力钢筋不宜设置两个或两个以上接头。接头末端至钢筋弯起点的距离不应小于钢筋直径的 10 倍。对于一般项目，虽然允许存在一定数量的不合格点，但某些不合格点的指标与合格要求偏差较大或存在严重缺陷时，仍将影响使用功能或感观的要求，对这些位置应进行维修处理。

　　一般项目包括的主要内容：

　　1）允许有一定偏差的项目，而放在一般项目中，用数据规定的标准，可以有个别偏差范围。

　　2）对不能确定偏差值而又允许出现一定缺陷的项目，则以缺陷的数量来区分。例如，砖砌体预埋拉结筋，其留置间距偏差；混凝土钢筋露筋，露出一定长度等。

　　3）其他一些无法定量的而采用定性的项目。例如，碎拼大理石地面颜色协调，无明显裂缝和坑洼等。

　　（3）具有完整的施工操作依据、质量验收记录。质量控制资料反映了检验批从原材料到最终验收的各施工工序的操作依据，检查情况及保证质量所必需的管理制度等。对其完整性的检查，实际是对过程控制的确认，这是检验批质量验收合格的前提。质量控制资料主要为：

1）图纸会审记录、设计变更通知单、工程洽商记录、竣工图；

2）工程定位测量、放线记录；

3）原材料出厂合格证书及进场检验、试验报告；

4）施工试验报告及见证检测报告；

5）隐蔽工程验收记录；

6）施工记录；

7）按专业质量验收规范规定的抽样检验、试验记录；

8）分项、分部工程质量验收记录；

9）工程质量事故调查处理资料；

10）新技术论证、备案及施工记录。

3. 检验批质量检验方法

（1）检验批质量检验，可根据检验项目的特点在下列抽样方案中选取：

1）计量、计数的抽样方案；

2）一次、二次或多次抽样方案；

3）对重要的检验项目，当有简易快速的检验方法时，选用全数检验方案；

4）根据生产连续性和生产控制稳定性情况，采用调整型抽样方案；

5）经实践证明有效的抽样方案。

（2）计量抽样的错判概率 α 和漏判概率 β 可按下列规定采取：

错判概率 α，是指合格批被判为不合格批的概率，即合格批被拒收的概率。

漏判概率 β，是指不合格批被判为合格批的概率，即不合格批被误收的概率。

抽样检验必然存在这两类风险，要求通过抽样检验的检验批 100% 合格是不合理的，也是不可能的。在抽样检验中，两类风险的一般控制范围是：

1）主控项目：α 和 β 均不宜超过 5%；

2）一般项目：α 不宜超过 5%，β 不宜超过 10%。

（3）检验批抽样样本应随机抽取，满足分布均匀、具有代表性的要求，抽样数量不应低于有关专业验收规范的规定。

明显不合格的个体可不纳入检验批，但必须进行处理，使其满足有关专业验收规范的规定，并对处理情况予以记录。

三、隐蔽工程质量验收

隐蔽工程是指在下道工序施工后将被覆盖或掩盖，不易进行质量检查的工程，例如，钢筋混凝土工程中的钢筋工程，地基与基础工程中的混凝土基础和桩基础等。因此隐蔽工程完成后，在被覆盖或掩盖前必须进行隐蔽工程质量验收。隐蔽工程可能是一个检验批，也可能是一个分项工程或子分部工程，所以可按检验批或分项工程、子分部工程进行验收。

当隐蔽工程为检验批时，其质量验收应由专业监理工程师组织施工单位项目专业质量检查员、专业工长等进行。

施工单位应对隐蔽工程质量进行自检，合格后填写隐蔽工程质量验收记录（有关监理验收记录及结论不填写）及隐蔽工程报审、报验表，并报送项目监理机构申请验收；专业监理工程师对施工单位所报资料进行审查，并组织相关人员到验收现场进行实体检查、验收，同时应留有照片、影像等资料。对验收不合格的工程，专业监理工程师应要求施工单位进行整改，自检合格后予以复查；对验收合格的工程，专业监理工程师应签认隐蔽工程报审、报验表及质量验收记录，准予进行下一道工序施工。

四、分项工程质量验收

1. 分项工程质量验收程序

分项工程质量验收应由专业监理工程师组织施工单位项目技术负责人等进行。

验收前，施工单位应先对施工完成的分项工程进行自检，合格后填写分项工程质量验收记录（见表2-8）及分项工程报审、报验表，并报送项目监理机构申请验收。专业监理工程师对施工单位所报资料逐项进行审查，符合要求后签认分项工程报审、报验表及质量验收记录。

表 2-8 _____分项工程质量验收记录

工程名称		结构类型		检验批数	
施工单位		项目负责人		项目技术负责人	
分包单位		单位负责人		项目负责人	
序号	检验批名称及部位、区段	施工、分包单位检查结果		监理单位验收结论	
1					
2					
3					
4					
5					
6					
7					
8					
9					
10					
说明：					
施工单位检查结果	项目专业技术负责人： 年 月 日		监理单位验收结论	专业监理工程师： 年 月 日	

2. 分项工程质量验收合格的规定

（1）分项工程所含检验批的质量均应验收合格。

（2）分项工程所含检验批的质量验收记录应完整。

分项工程验收是在检验批的基础上进行的。一般情况下，检验批和分项工程两者具有相同或相近的性质，只是批量的大小不同而已，将有关的检验批汇集构成分项工程。

实际上，分项工程质量验收是一个汇总统计的过程，并无新的内容和要求。分项工程质量验收合格条件比较简单，只要构成分项工程的各检验批的质量验收资料完整，并且均已验收合格，则分项工程质量验收合格。因此，在分项工程质量验收时应注意以下三点：

（1）核对检验批的部位、区段是否全部覆盖分项工程的范围，有没有缺漏的部位没有验收到。

（2）一些在检验批中无法检验的项目，在分项工程中直接验收，如砖砌体工程中的全高垂直度、砂浆强度的评定。

（3）检验批验收记录的内容及签字人是否正确、齐全。

五、分部工程质量验收

1. 分部（子分部）工程质量验收程序

分部（子分部）工程质量验收应由总监理工程师组织施工单位项目负责人和项目技术、质量负责人等进行。由于地基与基础、主体结构工程要求严格，技术性强，关系到整个工程的安全，为严把质量关，规定勘察、设计单位项目负责人和施工单位技术、质量负责人应参加地基与基础分部工程的验收。设计单位项目负责人和施工单位技术、质量负责人应参加主体结构、节能分部工程的验收。

验收前，施工单位应先对施工完成的分部工程进行自检，合格后填写分部工程质量验收记录（见表2-9）及分部工程报验表，并报送项目监理机构申请验收。总监理工程师应组织相关人员进行检查、验收，对验收不合格的分部工程，应要求施工单位进行整改，自检合格后予以复查。对验收合格的分部工程，应签认分部工程报验表及验收记录。

表2-9　　　　　　　　　　　　_____分部工程质量验收记录

单位（子单位）工程名称		子分部工程数量		分项工程数量	
施工单位		项目负责人		技术（质量）负责人	
分包单位		分包单位负责人		分包内容	
序号	子分部工程名称	分项工程名称	检验批数量	施工单位检查结果	监理单位验收结论
1					
2					
3					
4					
5					
6					
7					
8					

续表

质量控制资料		
安全和功能检验结果		
观感质量检验结果		
综合验收结论		

施工单位 项目负责人： 年 月 日	勘察单位 项目负责人： 年 月 日	设计单位 项目负责人： 年 月 日	监理单位 总监理工程师： 年 月 日

2. 分部（子分部）工程质量验收合格的规定

（1）所含分项工程的质量均应验收合格。

（2）质量控制资料应完整。

（3）有关安全、节能、环境保护和主要使用功能的抽样检验结果应符合相应规定。

（4）观感质量应符合要求。

分部工程质量验收是在其所含各分项工程质量验收的基础上进行的。首先，分部工程所含各分项工程必须已验收合格且相应的质量控制资料齐全、完整，这是验收的基本条件。此外，由于各分项工程的性质不尽相同，因此作为分部工程不能简单地组合而加以验收，尚须进行以下两方面的检查项目：

（1）涉及安全、节能、环境保护和主要使用功能等抽样检验结果应符合相应规定，即涉及安全、节能、环境保护和主要使用功能的地基与基础、主体结构和设备安装等分部工程应进行有关见证检验或抽样检验。例如，建筑物垂直度、标高、全高测量记录，建筑物沉降观测测量记录，给水管道通水试验记录，暖气管道、散热器压力试验记录，照明全负荷试验记录等。总监理工程师应组织相关人员，检查各专业验收规范中规定检测的项目是否都进行了检测；查阅各项检测报告（记录），核查有关检测方法、内容、程序、检测结果等是否符合有关标准规定；核查有关检测单位的资质，见证取样与送样人员资格，检测报告出具单位负责人的签署情况是否符合要求。

（2）观感质量验收，这类检查往往难以定量，只能以观察、触摸或简单量测的方式进行观感质量验收，并由验收人的主观判断，检查结果并不给出"合格"或"不合格"的结论，而是综合给出"好""一般""差"的质量评价结果。所谓"一般"是指观感质量检验能符合验收规范的要求；所谓"好"是指在质量符合验收规范的基础上，能到达精致、流畅的要求，细部处理到位、精度控制好；所谓"差"是指勉强达到验收规范要求，或有明显的缺陷，但不影响安全或使用功能的。评为"差"的项目能进行返修的应进行返修，不能返修的只要不影响结构安全和使用功能的可通过验收。有影响安全和使用功能的项目，不能评价，应返修后再进行评价。

六、单位工程质量验收

1. 单位（子单位）工程质量验收程序

（1）预验收。当单位（子单位）工程完成后，施工单位应依据验收规范、设计图纸等组织有关人员进行自检，对检查结果进行评定，符合要求后填写单位工程竣工验收报审表，以及质量竣工验收记录、质量控制资料核查记录、安全和功能检验资料核查及观感质量检查记录等，并将单位工程竣工验收报审表及有关竣工资料报送项目监理机构申请验收。

总监理工程师应组织专业监理工程师审查施工单位提交的单位工程竣工验收报审表及有关竣工资料，并对工程质量进行竣工预验收。存在质量问题时，应由施工单位及时整改，整改完毕且合格后，总监理工程师应签认单位工程竣工验收报审表及有关资料，并向建设单位提交工程质量评估报告。施工单位向建设单位提交工程竣工报告，申请工程竣工验收。

对需要进行功能试验的项目（包括单机试车和无负荷试车），专业监理工程师应督促施工单位及时进行试验，并对重要项目进行现场监督、检查，必要时请建设单位和设计单位参加；专业监理工程师应认真审查试验报告单并督促施工单位搞好成品保护和现场清理。

单位工程中的分包工程完工后，分包单位应对所施工的建筑工程进行自检，并应按规定的程序进行验收。验收时，总包单位应派人参加。验收合格后，分包单位应将所分包工程的质量控制资料整理完整后，移交给总包单位。建设单位组织单位工程质量验收时，分包单位负责人应参加验收。

（2）验收。建设单位收到施工单位提交的工程竣工报告和完整的质量控制资料，以及项目监理机构提交的工程质量评估报告后，由建设单位项目负责人组织设计、勘察、监理、施工等单位项目负责人进行单位工程验收。对验收中提出的整改问题，项目监理机构应督促施工单位及时整改。工程质量符合要求的，总监理工程应在工程竣工验收报告中签署验收意见。

《建设工程质量管理条例》规定，建设工程竣工验收应当具备下列条件：

1）完成建设工程设计和合同约定的各项内容；

2）有完整的技术档案和施工管理资料；

3）有工程使用的主要建筑材料、建筑构配件和设备的进场试验报告；

4）有勘察、设计、施工、工程监理等单位分别签署的质量合格文件；

5）有施工单位签署的工程保修书。

对于不同性质的建设工程还应满足其他一些具体要求，如工业建设项目，还应满足环境保护设施、劳动、安全与卫生设施、消防设施及必需的生产设施已按设计要求与主体工程同时建成，并经有关专业部门验收合格可交付使用。

在一个单位工程中，对满足生产要求或具备使用条件，施工单位经自行检验，专业监理工程师已预验收通过的子单位工程，建设单位可组织进行验收。有几个施工单位负责施工的单位工程，当其中的施工单位所负责的子单位工程已按设计完成，并经自行检验，也可按规定的程序组织正式验收，办理交工手续。在整个单位工程进行全部验收时，已验收的子单位工程验收资料应作为单位工程验收的附件。

单位工程验收时，如有因季节影响需后期调试的项目，单位工程可先行验收。后期调试项目可约定具体时间另行验收。例如，一般空调制冷性能不能在冬季验收，采暖工程不能在夏季验收。

2. 单位（子单位）工程质量验收合格的规定

（1）所含分部（子分部）工程的质量均应验收合格；

（2）质量控制资料应完整；

（3）所含分部工程中有关安全、节能、环境保护和主要使用功能等的检验资料应完整；

（4）主要使用功能的抽查结果应符合相关专业质量验收规范的规定；

（5）观感质量应符合要求。

单位工程质量验收也称质量竣工验收，是建筑工程投入使用前的最后一次验收，也是最重要的一次验收。参建各方责任主体和有关单位及人员，应加以重视，认真做好单位工程质量竣工验收，把好工程质量关。

为加深理解单位（子单位）工程质量验收合格条件，应注意以下五个方面的内容：

（1）所含分部（子分部）工程的质量均应验收合格。施工单位事前应认真做好验收准备，将所有分部工程的质量验收记录表及相关资料，及时进行收集整理，并列出目次表，依序将其装订成册。在核查和整理过程中，应注意以下三点：

1）核查各分部工程中所含的子分部工程是否齐全；

2）核查各分部工程质量验收记录表及相关资料的质量评价是否完善；

3）核查各分部工程质量验收记录表及相关资料的验收人员是否是规定的有相应资质的技术人员，并进行了评价和签认。

（2）质量控制资料应完整。质量控制资料完整是指所收集到的资料，能反映工程所采用的建筑材料、构配件和设备的质量技术性能，施工质量控制和技术管理状况，涉及结构安全和使用功能的施工试验和抽样检测结果，以及工程参建各方质量验收的原始依据、客观记录、真实数据和见证取样等资料，能确保工程结构安全和使用功能，满足设计要求。它是客观评价工程质量的主要依据。

尽管质量控制资料在分部工程质量验收时已经检查过，但某些资料由于受试验龄期的影响，或受系统测试的需要等，难以在分部工程验收时到位。因此应对所有分部工程质量控制资料的系统性和完整性进行一次全面的核查，在全面梳理的基础上，重点检查资料是否齐全、有无遗漏，从而达到完整无缺的要求。

（3）所含分部工程中有关安全、节能、环境保护和主要使用功能等检验资料应完整。对涉及安全、节能、环境保护和主要使用功能的分部工程的检验资料应复查合格，资料复查不仅要全面检查其完整性，不得有漏检缺项，而且对分部工程验收时的见证抽样检验报告也要进行复核，这体现了对安全和主要使用功能的重视。

（4）主要使用功能的抽查结果应符合相关专业质量验收规范的规定。对主要使用功能应进行抽查，使用功能的检查是对建筑工程和设备安装工程最终质量的综合检验，也是用户最为关心的内容，体现了过程控制的原则，也将减少工程投入使用后的质量投诉和纠纷。因此，在分项、分部工程质量验收合格的基础上，竣工验收时再做全面的检查。

主要使用功能抽查项目，已在各分部工程中列出，有的是在分部工程完成后进行检测，有的还要待相关分部工程完成后才能检测，有的则需要等单位工程全部完成后进行检测。这些检测项目应在单位工程完工，施工单位向建设单位提交工程竣工验收报告之前，全部进行完毕，并将检测报告写好。至于在竣工验收时抽查什么项目，应在检查资料文件的基础上由参加验收的各方人员商定，并用计量、计数的方法抽样检验，检验结果应符合有关专业验收规范的要求。

（5）观感质量应符合要求。观感质量验收不单纯是对工程外表质量进行检查，同时也是对部分使用功能和使用安全所作的一次全面检查。例如，门窗启闭是否灵活、关闭后是否严密；又如，室内顶棚抹灰层的空鼓、楼梯踏步高差过大等。涉及使用的安全，在检查时应加以关注。观感质量验收须由参加验收的各方人员共同进行，检查的方法、内容、结论等已在分部工程的相应部分中阐述，最后共同协商确定是否通过验收。

3. 单位工程质量竣工验收记录

单位（子单位）工程质量竣工验收报审表按表 2-10 填写，单位工程质量竣工验收记录按表 2-11 填写，单位工程质量控制资料核查记录按表 2-12 填写，单位工程安全和功能检验资料核查及主要功能抽查记录按表 2-13 填写，单位工程观感质量检查记录按表 2-14 填写。表 2-11 中的验收记录由施工单位填写，验收结论由监理单位填写。综合验收结论由参加验收各方共同商定，由建设单位填写，并应对工程质量是否符合设计和规范要求及总体质量水平做出评价。

表 2-10　　　　　　　　　　　　单位工程质量竣工验收报审表

工程名称：　　　　　　　　　　　　　　　　　　　　　　　　　　　　　　编号：

致：＿＿＿＿＿（项目监理机构） 　　我方已按施工合同要求完成＿＿＿＿＿工程，经自检合格，请予以验收。 附件：1. 工程质量验收报告 　　　2. 工程功能检验资料   　　　　　　　　　　　　　　　　　施工单位（盖章） 　　　　　　　　　　　　　　　　　项目经理（签字） 　　　　　　　　　　　　　　　　　　　　　　　　　　　年　月　日
预验收意见： 　　经预验收，该工程合格/不合格，可以/不可以组织正式验收。   　　　　　　　　　　　　　　　　　项目监理机构（盖章） 　　　　　　　　　　　　　　　　　总监理工程师（签字、加盖执业印章） 　　　　　　　　　　　　　　　　　　　　　　　　　　　年　月　日

表 2 - 11　　　　　　　　　　　　　单位工程质量竣工验收记录

工程名称		结构类型		层数/建筑面积	
施工单位		技术负责人		开工日期	
项目负责人		项目技术负责人		竣工日期	

序号	项目		验收记录	验收结论	
1	分部工程验收		共__分部，经查__分部，符合设计及标准规定__分部		
2	质量控制资料核查		共__项，经核查符合规定__项，经核查不符合规定__项		
3	安全和使用功能核查及抽查结果		共核查__项，符合规定__项，共抽查__项，符合规定__项，经返工处理符合规定__项		
4	观感质量验收		共抽查__项，达到"好"和"一般"的__项，经返修处理符合要求的__项		
	综合验收结论				

参加验收单位	建设单位	监理单位	施工单位	设计单位	勘察单位
	（公章） 项目负责人： 　年　月　日	（公章） 总监理工程师： 　年　月　日	（公章） 项目负责人： 　年　月　日	（公章） 项目负责人： 　年　月　日	（公章） 项目负责人： 　年　月　日

注　单位工程验收时，验收签手人员应由相应单位的法人代表书面授权。

表 2 - 12　　　　　　　　　　　　　单位工程质量控制资料核查记录

工程名称				施工单位			
序号	项目	资料名称	份数	施工单位		监理单位	
				核查意见	核查人	核查意见	核查人
1	建筑与结构	图纸会审记录、设计变更通知单、工程洽商记录					
2		工程定位测量、放线记录					
3		原材料出厂合格证书及进场检验、试验报告					
4		施工试验报告及见证检测报告					
5		隐蔽工程验收记录					
6		施工记录					
7		地基、基础、主体结构检验及抽样检测资料					
8		分项、分部工程质量验收记录					
9		工程质量事故调查处理资料					
10		新技术论证、备案及施工记录					

工程名称			施工单位				
序号	项目	资料名称	份数	施工单位		监理单位	
				核查意见	核查人	核查意见	核查人

结论：

施工单位项目负责人：　　　　　　　　　　　　　　　总监理工程师：
　　　　　　　年　月　日　　　　　　　　　　　　　　　　年　月　日

表 2 - 13　　　　　　　单位工程安全和功能检验资料核查及主要功能抽查记录

工程名称			施工单位				
序号	项目	安全和功能检查项目	份数	检查意见	抽查结果	核查(抽查)人	
1		地基承载力检验报告					
2		桩基承载力检验报告					
3		混凝土强度试验报告					
4		砂浆强度试验报告					
5		主体结构尺寸、位置抽查记录					
6		建筑物垂直度、标高、全高测量记录					
7	建筑与结构	屋面淋水或蓄水试验记录					
8		地下室渗漏水检测记录					
9		有防水要求的地面蓄水试验记录					
10		抽气（风）道检查记录					
11		外窗气密性、水密性、耐风压检测报告					
12		幕墙气密性、水密性、耐风压检测报告					
13		建筑物沉降观测测量记录					
14		节能、保温测试记录					
15		室内环境检测报告					
16		土壤氡气浓度检测报告					

结论：

施工单位项目负责人：　　　　　　　　　　　　　　　总监理工程师：
　　　　　　　年　月　日　　　　　　　　　　　　　　　　年　月　日

注　抽查项目由验收组协商确定。

表 2 - 14 　　　　　　　　　　　　　　单位工程观感质量检查记录

工程名称			施工单位	
序号		项目	抽查质量状况	质量评价
1	建筑结构	主体结构外观	共检查　点，好　点，一般　点，差　点	
2		室外墙面	共检查　点，好　点，一般　点，差　点	
3		变形缝、雨水管	共检查　点，好　点，一般　点，差　点	
4		屋面	共检查　点，好　点，一般　点，差　点	
5		室内墙面	共检查　点，好　点，一般　点，差　点	
6		室内	共检查　点，好　点，一般　点，差　点	
7		室内	共检查　点，好　点，一般　点，差　点	
8		楼梯、踏步、护栏	共检查　点，好　点，一般　点，差　点	
9		门窗	共检查　点，好　点，一般　点，差　点	
10		雨罩、台阶、坡道、散水	共检查　点，好　点，一般　点，差　点	
观感质量综合评价				

结论：

施工单位项目负责人：　　　　　　　　　　　　　　　　　总监理工程师：
　　　　　　　　年　月　日　　　　　　　　　　　　　　　　　　　年　月　日

注 1. 对质量评价为差的项目应进行返修。
　　2. 观感质量现场检查原始记录应作为本表附件。

七、工程质量验收意见分歧的解决

参加质量验收的各方对工程质量验收意见不一致时，可采取协商、调解、仲裁和诉讼四种方式解决。

1. 协商

协商是指产品质量争议产生之后，争议的各方当事人本着解决问题的态度，互谅互让，争取当事人各方自行调解解决争议的一种方式。当事人通过这种方式解决纠纷既不伤和气，节省了大量的精力和时间，也免去了调解机构、仲裁机构和司法机关不必要的工作。因此，协商是解决产品质量争议的较好的方式。

2. 调解

调解是指当事人各方在发生产品质量争议后经协商不成时，向有关的质量监督机构或建设行政主管部门提出申请，由这些机构在查清事实、分清是非的基础上，依照国家的法律、法规、规章等，说服争议各方，使各方能互相谅解，自愿达成协议，解决质量争议的方式。

3. 仲裁

仲裁是指产品质量纠纷的争议各方在争议发生前或发生后达成协议，自愿将争议交给仲裁机构做出裁决，争议各方有义务执行的解决产品质量争议的一种方式。

4. 诉讼

诉讼是指因产品质量发生争议时，在当事人与有关诉讼人的参加下，由人民法院依法审理纠纷案时所进行的一系列活动。它与其他民事诉讼一样，在案例的审理原则、诉讼程序及其他有关方面都要遵守《民事诉讼法》和其他法律、法规的规定。

以上四种解决方式，具体采用哪种方式来解决争议，法律并没有强制规定，当事人可根据具体情况自行选择。

八、工程施工质量验收不符合要求的处理

一般情况下，不合格现象在检验批验收时就应发现并及时处理，但实际工程中不能完全避免不合格情况的出现，因此工程施工质量验收不符合要求的应按下列进行处理：

（1）经返工或返修的检验批，应重新进行验收。在检验批验收时，对于主控项目不能满足验收规范规定或一般项目超过偏差限值时，应及时进行处理。其中，对于严重的质量缺陷应重新施工；一般的质量缺陷可通过返修或更换予以解决，允许施工单位在采取相应的措施后重新验收。如能够符合相应的专业验收规范要求，则应认为该检验批合格。

（2）经有资质的检测单位检测鉴定能够达到设计要求的检验批，应予以验收。当个别检验批发现问题，难以确定能否验收时，应请具有资质的法定检测单位进行检测鉴定。当鉴定结果认为能够达到设计要求时，该检验批可以通过验收。这种情况通常出现在某检验批的材料试块强度不满足设计要求时。

（3）经有资质的检测单位检测鉴定达不到设计要求，但经原设计单位核算认可能够满足安全和使用功能要求，该检验批可予以验收。如经检测鉴定达不到设计要求，但经原设计单位核算、鉴定，仍可满足相关设计规范和使用功能的要求，该检验批可予以验收。一般情况下，标准、规范规定的是满足安全和功能的最低要求，而设计往往在此基础上留有一些余量。在一定范围内，会出现不满足设计要求而符合相应规范要求的情况，两者并不矛盾。

（4）经返修或加固处理的分项、分部工程，满足安全及使用功能要求时，可按技术处理方案和协商文件的要求予以验收。经法定检测单位检测鉴定以后认为达不到规范的相应要求，即不能满足最低限度的安全储备和使用功能时，则必须按一定的技术处理方案进行加固处理，使之能满足安全使用的基本要求。这样可能会造成一些永久性的影响，如增大结构外形尺寸，影响一些次要的使用功能等。但为了避免建筑物的整体或局部拆除，避免社会财富更大的损失，在不影响安全和主要使用功能条件下，可按技术处理方案和协商文件的要求进行验收，责任方应按法律法规承担相应的经济责任和接受处罚。这种方法不能作为降低质量要求、变相通过验收的一种出路，这是应该特别注意的。

（5）经返修或加固处理仍不能满足安全或重要使用要求的分部工程及单位或子单位工程，严禁验收。分部工程及单位工程如存在影响安全和使用功能的严重缺陷，经返修或加固处理仍不能满足安全使用要求的，严禁通过验收。

（6）工程质量控制资料应齐全完整，当部分资料缺失时，应委托有资质的检测单位按有关标准进行相应的实体检测或抽样试验，并出具检测（试验）报告单。实际工程中偶尔会遇到因遗漏检验或资料丢失而导致部分施工验收资料不全的情况，使工程无法正常验收。对此可有针对性地进行工程质量检验，采取实体检测或抽样试验的方法确定工程质量状况。上述工作应由有资质的检测单位完成，检验报告可用于工程施工质量验收。

技能训练

一、单选题

1. 建筑工程施工质量验收是工程建设质量控制的重要环节，它包括工程施工质量的（ ）和竣工质量验收。

    A. 工序交接检查   B. 施工过程质量验收

    C. 工程质量监督   D. 关键工序检查

2. （ ）是施工质量验收的最小单位，是质量验收的基础。

    A. 检验批   B. 分项工程   C. 分部工程   D. 单位工程

3. 具备独立的设计文件并能形成独立使用功能的建筑物及构筑物为（ ）。

    A. 分部工程   B. 分项工程   C. 单位工程   D. 单项工程

4. 关于检验批质量验收的说法，正确的是（ ）。

    A. 主控项目达不到质量验收规范条文要求的可以适当降低要求

    B. 一般项目都必须达到质量验收规范条文要求

    C. 主控项目都必须达到质量验收规范条文要求

    D. 一般项目大多数质量指标都必须达到要求，其余30％可以超过一定的指标，但不能超过规定值的1.5倍

5. 在制定检验批的抽样方案时，主控项目对应于合格质量水平的错判概率 α 和漏判概率 β（ ）。

    A. 均不宜超过10％   B. 可以超过10％

    C. 均不宜超过5％   D. 可以超过5％

6. 检验批的质量验收记录由施工项目专业（ ）填写。

    A. 质量检查员   B. 资料检查员   C. 安全检查员   D. 施工员

7. 分项工程质量的验收是在（ ）验收的基础上进行的。

    A. 检验批   B. 分部工程   C. 分项工程   D. 单位工程

8. （ ）质量验收，是建筑工程投入使用前的最后一次验收。

    A. 单位工程   B. 分部工程   C. 分项工程   D. 检验批

9. 检验批由（ ）组织，（ ）进行验收。

    A. 监理工程师，施工员   B. 监理员，专业技术负责人

    C. 总监理工程师，专业质量员   D. 监理工程师，项目专业质量检查员

10. 分项工程应由（ ）组织，（ ）等进行验收。

    A. 监理工程师，施工员

    B. 监理员，专业技术负责人

    C. 总监理工程师，专业质量员

    D. 监理工程师，专业质量（技术）负责人

11. 分部工程应由（ ）组织，（ ）等进行验收。

    A. 监理工程师，施工员   B. 监理员，专业技术负责人

    C. 总监理工程师，施工项目经理   D. 监理工程师，专业技术负责人

12. 单位工程验收记录中综合验收结论由 ( ) 填写。

　　A. 施工单位　　　　B. 监理单位　　　　C. 设计单位　　　　D. 建设单位

13. 单位工程验收时,单位 (子单位) 工程所含分部工程有关 ( ) 的检测资料应完整。

　　A. 安全和功能　　　　　　　　　　　　B. 材料质量

　　C. 使用要求　　　　　　　　　　　　　D. 材料和工序质量

14. 一栋 6 层砖混结构住宅工程,每层的砌砖部分作为 ( ) 验收。

　　A. 分项工程　　　　B. 单位工程　　　　C. 分部工程　　　　D. 检验批

二、多选题

1. 具备独立施工条件并能形成独立使用功能的建筑物及构筑物为一个单位工程,如 ( )。

　　A. 一栋住宅　　　　B. 一个商店　　　　C. 一栋教学楼　　　　D. 一所学校

2. 检验批按 ( ) 进行划分。

　　A. 施工段　　　　B. 施工工艺　　　　C. 楼层　　　　D. 变形缝

3. 分部工程的划分应按 ( ) 确定。

　　A. 材料　　　　B. 设备类别　　　　C. 专业性质　　　　D. 建筑部位

4. 属于组成一个单位工程的分部工程的是 ( )。

　　A. 地基与基础　　　　　　　　　　　　B. 主体结构

　　C. 建筑电气　　　　　　　　　　　　　D. 钢筋混凝土的模板工程

5. 分项工程是按 ( ) 等进行划分。

　　A. 主要工种　　　　B. 材料　　　　C. 施工工艺　　　　D. 建筑部位

6. 一般项目在制定检验批的抽样方案时,对应于合格质量水平的 ( )。

　　A. 错判概率 α 不宜超过 5%　　　　　　B. 错判概率 α 不宜超过 10%

　　C. 漏判概率 β 不宜超 10%　　　　　　D. 漏判概率 β 不宜超过 15%

　　E. 错判概率 α 不宜超过 15%

7. 检验批合格条件中,主控项目验收内容包括 ( )。

　　A. 对不能确定偏差值而又允许出现一定缺陷的项目,则以缺陷的数量来区分

　　B. 建筑材料、构配件及建筑设备的技术性能与进场复验要求

　　C. 涉及结构安全、使用功能的检测项目

　　D. 一些重要的允许偏差项目,必须控制在允许偏差限值之内

　　E. 其他一些无法定量而采用定性的项目

8. 检验批合格是指所含的 ( ) 的质量经抽样检验合格。

　　A. 主控项目　　　　B. 一般项目　　　　C. 特殊项目　　　　D. 关键点

9. 分项工程质量验收合格应符合下列规定中的 ( )。

　　A. 分项工程所含的检验批均应符合合格质量的规定

　　B. 质量控制资料应完整

　　C. 分项工程所含的检验批的质量验收记录应完整

　　D. 观感质量验收应符合要求

　　E. 地基与基础、主体结构有关安全及功能的检验和抽样检测结果应符合有关规定

10. 分项工程质量验收合格应符合的规定的是（　　）。

　　A. 主控项目和一般项目的质量经抽样检验合格

　　B. 所含的检验批均应符合合格质量的规定

　　C. 所含的检验批的质量验收记录应完整

　　D. 质量控制资料应完整

11. 分部工程质量验收合格应符合的规定的是（　　）。

　　A. 主控项目和一般项目的质量经抽样检验合格

　　B. 所含的检验批均应符合合格质量的规定

　　C. 观感质量应符合质量要求

　　D. 质量控制资料应完整

12. 主体结构分部工程进行验收时的参与人员为（　　）。

　　A. 总监理工程师　　　　　　　　　B. 施工单位项目负责人

　　C. 施工单位技术部门负责人　　　　D. 分包单位项目负责人

13. 验收分项工程时应注意（　　）。

　　A. 质量控制资料是否完整

　　B. 核对检验批的部位、区段是否全部覆盖分项工程的范围

　　C. 观感质量是否符合要求

　　D. 检验批验收记录的内容及签字人是否正确、齐全

14. 参与分部工程质量验收的单位及人员有（　　）。

　　A. 监理（建设）单位：总监理工程师（建设单位项目负责人）

　　B. 施工单位：专职质量员

　　C. 勘察单位：项目负责人

　　D. 设计单位：项目负责人

三、案例分析题

某住宅楼工程，位于城市中心区，单位建筑面积为 32142m²，地下 2 层，地上 17 层，局部 8 层。于 2012 年 8 月 8 日进行竣工验收，在竣工验收中，参加质量验收的各方对墙体偏差验收意见不一致。

根据以上内容，回答下列问题：

1. 什么是建筑工程施工质量验收的主控项目和一般项目？

2. 建筑工程施工质量验收中单位（子单位）工程的划分原则是什么？

3. 在验收过程中，参加质量验收的各方对工程质量验收意见不一致时，可采取的解决方式有哪些？

项目三　地基与基础工程

任务一　基本规定与验槽

一、基本规定

（1）地基基础工程施工质量验收应符合下列规定：

1）地基基础工程施工质量应符合验收规定的要求。

2）质量验收的程序应符合验收规定的要求。

3）工程质量的验收应在施工单位自行检查评定合格的基础上进行。

4）质量验收应进行分部、分项工程验收。

5）质量验收应按主控项目和一般项目验收。

（2）地基基础工程验收时应提交下列资料：

1）岩土工程勘察报告。

2）设计文件、图纸会审记录和技术交底资料。

3）工程测量、定位放线记录。

4）施工组织设计及专项施工方案。

5）施工记录及施工单位自查评定报告。

6）监测资料。

7）隐蔽工程验收资料。

8）检测与检验报告。

9）竣工图。

（3）施工前及施工过程中所进行的检验项目应制作表格，并应做相应记录、校审存档。

（4）主控项目的质量检验结果必须全部符合检验标准，一般项目的验收合格率不得低于80%。

（5）检查数量应按检验批抽样，当《建筑地基基础工程施工质量验收标准》（GB 50202—2018）有具体规定时，应按相应条款执行，无规定时应按检验批抽检。检验批的划分和检验批抽检数量可按照现行国家标准《建筑工程施工质量验收统一标准》（GB 50300—2013）的规定执行。

（6）地基基础标准试件强度评定不满足要求或对试件的代表性有怀疑时，应对实体进行强度检测，当检测结果符合设计要求时，可按合格验收。

（7）原材料的质量检验应符合下列规定：

1）钢筋、混凝土等原材料的质量检验应符合设计要求和现行国家标准《混凝土结构工程施工质量验收规范》（GB 50204—2015）的规定；

2）钢材、焊接材料和连接件等原材料及成品的进场、焊接或连接检测应符合设计要求和现行国家标准《钢结构工程施工质量验收标准》（GB 50205—2020）的规定；

3）砂、石子、水泥、石灰、粉煤灰、矿（钢）渣粉等掺和料、外加剂等原材料的质量、检验项目、批量和检验方法，应符合国家现行有关标准的规定。

二、验槽

地基基础工程必须进行验槽，验槽检验要点应符合下列规定。

（一）一般规定

（1）勘察、设计、监理、施工、建设等各方相关技术人员应共同参加验槽。

（2）验槽时，现场应具备岩土工程勘察报告、轻型动力触探记录（可不进行轻型动力触探的情况除外）、地基基础设计文件、地基处理或深基础施工质量检测报告等。

（3）当设计文件对基坑坑底检验有专门要求时，应按设计文件要求进行。

（4）验槽应在基坑或基槽开挖至设计标高后进行，对留置保护土层时其厚度不应超过100mm；槽底应为无扰动的原状土。

（5）遇到下列情况之一时，尚应进行专门的施工勘察。

1）工程地质与水文地质条件复杂，出现详勘阶段难以查清的问题时。

2）开挖基槽发现土质、地层结构与勘察资料不符时。

3）施工中地基土受严重扰动，天然承载力减弱，需进一步查明其性状及工程性质时。

4）开挖后发现需要增加地基处理或改变基础型式，已有勘察资料不能满足需求时。

5）施工中出现新的岩土工程或工程地质问题，已有勘察资料不能充分判别新情况时。

（6）进行过施工勘察时，验槽时要结合详勘和施工勘察成果进行。

（7）验槽完毕填写验槽记录或检验报告，对存在的问题或异常情况提出处理意见。

（二）天然地基验槽

（1）天然地基验槽应检验下列内容：

1）根据勘察、设计文件核对基坑的位置、平面尺寸、坑底标高。

2）根据勘察报告核对基坑底、坑边岩土体和地下水情况。

3）检查空穴、古墓、古井、暗沟、防空掩体及地下埋设物的情况，并应查明其位置、深度和性状。

4）检查基坑底土质的扰动情况以及扰动的范围和程度。

5）检查基坑底土质受到冰冻、干裂、受水冲刷或浸泡等扰动情况，并应查明影响范围和深度。

（2）在进行直接观察时，可用袖珍式贯入仪或其他手段作为验槽辅助。

（3）天然地基验槽前应在基坑或基槽底普遍进行轻型动力触探检验，检验数据作为验槽依据。轻型动力触探应检查下列内容：

1）地基持力层的强度和均匀性。

2）浅埋软弱下卧层或浅埋突出硬层。

3）浅埋的会影响地基承载力或基础稳定性的古井、墓穴和空洞等。

轻型动力触探宜采用机械自动化实施，检验完毕后。触探孔位处应灌砂填实。

（4）采用轻型动力触探进行基槽检验时，检验深度及间距应按表3-1执行。

表 3 - 1　　　　　　　　　　　　轻型动力触探检验深度及间距　　　　　　　　　　　　　　　m

排列方式	基坑或基槽宽度	检验深度	检验间距
中心一排	<0.8	1.2	一般 1.0～1.5m，出现明显异常时，需加密至足够掌握异常边界
两排错开	0.8～2.0	1.5	
梅花型	>2.0	2.1	

注　对于设置有抗拔桩或抗拔锚杆的天然地基，轻型动力触探布点间距可根据抗拔桩或抗拔锚杆的布置进行适当调整：在土层分布均匀部位可只在抗拔桩或抗拔锚杆间距中心布点，对土层不太均匀部位以掌握土层不均匀情况为目的，参照上表间距布点。

（5）遇下列情况之一时，可不进行轻型动力触探：

1）承压水头可能高于基坑底面标高，触探可造成冒水涌砂时。

2）基础持力层为砾石层或卵石层，且基底以下砾石层或卵石层厚度大于 1m 时。

3）基础持力层为均匀、密实砂层，且基底以下厚度大于 1.5m 时。

（三）地基处理工程验槽

（1）设计文件有明确地基处理要求的，在地基处理完成、开挖至基底设计标高后进行验槽。

（2）对于换填地基、强夯地基，应现场检查处理后的地基均匀性、密实度等检测报告和承载力检测资料。

（3）对于增强体复合地基，应现场检查桩位、桩头、桩间土情况和复合地基施工质量检测报告。

（4）对于特殊土地基，应现场检查处理后地基的湿陷性、地震液化、冻土保温、膨胀土隔水、盐渍土改良等方面的处理效果检测资料。

（5）经过地基处理的地基承载力和沉降特性，应以处理后的检测报告为准。

（四）桩基工程验槽

（1）设计计算中考虑桩筏基础、低桩承台等桩间土共同作用时，应在开挖清理至设计标高后对桩间土进行检验。

（2）对人工挖孔桩，应在桩孔清理完毕后，对桩端持力层进行检验。对大直径挖孔桩，应逐孔检验孔底的岩土情况。

（3）在试桩或桩基施工过程中，应根据岩土工程勘察报告对出现的异常情况、桩端岩土层的起伏变化及桩周岩土层的分布进行判别。

任务二　土方工程质量控制与验收

土方工程是地基与基础分部工程的子分部工程。对于无支护的土方工程可以划分为土方开挖和土方回填两个分项工程。土方开挖工程就是按照设计文件和工程地质条件等编制土方施工方案，按方案要求将场地开挖到设计标高，为地基与基础处理施工创造工作面。待地基与基础分部施工完毕并验收合格后，就可以将基坑回填到设计标高即土方回填工程。

一、土方开挖工程

（一）土方开挖工程质量控制

1. 土方开挖工程的施工质量控制点

（1）基底标高；

（2）开挖尺寸；

（3）基坑边坡；

（4）表面平整度；

（5）基底土质。

2. 土方开挖工程质量控制措施

（1）施工前的质量控制措施。

1）施工前，应调查施工现场及其周围环境，应对施工区域内的工程地质，地下水位，地上及地下各种管线、文物、建（构）筑物，以及周边取（弃）土等情况进行调查。

2）根据建设工程的特点和要求结合建筑施工企业的具体情况，编制土方开挖方案。基坑（槽）开挖深度超过 5m（含 5m）时还应单独制订土方开挖安全专项施工方案（凡深度超过 5m 的基坑或深度未超过 5m，但地质情况和周围环境较复杂的基坑，开挖前须经过专家论证后方可施工）。应对参与施工的人员逐级进行书面的安全与技术交底，并应按规定履行签字手续。

3）土方开挖施工时，应按建筑施工图和测量控制网进行测量放线，开挖前应按设计平面图，认真检查建筑物或构筑物的定位桩或轴线控制桩；按基础平面图和放坡宽度，对基坑的灰线进行轴线和几何尺寸的复核，做好工程定位测量记录、基槽验线记录。

4）在挖方前，应视天气及地下水位情况，做好地面排水和降低地下水位的工作。平整场地的表面坡度应符合设计要求。

（2）开挖过程中的质量控制措施。

1）土方开挖时应遵循"分层开挖，严禁超挖"的原则，检查开挖的顺序、平面位置、水平标高和边坡坡度。

2）土方开挖时，要注意保护标准定位桩、轴线桩、标准高程桩。要防止邻近建筑物的下沉，应预先采取防护措施，并在施工过程中进行沉降和位移观测。

3）如果采用机械开挖，要配合一定程度的人工清土，将机械挖不到地方的弃土运到机械作业半径内，由机械运走。机械开挖到接近槽底时，用水准仪控制标高，预留 20～30cm 厚的土层进行人工开挖，以防止超挖。

4）测量和校核。开挖过程中，应经常测量和校核土方的平面位置、水平标高、边坡坡度，并随时观测周围的环境变化，对地面排水和降低地下水位的工作情况进行检查和监控。

5）雨期、冬期施工的注意事项。雨期施工时，要加强对边坡的保护，可适当放缓边坡或设置支护，同时在坑外侧围挡土堤或开挖水沟，防止地面水流入。冬期施工时，要防止地基受冻。

6）基坑（槽）挖深要注意减少对基土的扰动。若基础不能及时施工，可预留 20～30cm 厚的土层不挖，待作基础时再挖。

（二）土方开挖工程检验批施工质量验收

检验批划分：一般情况下，土方开挖都是一次完成的，然后进行验槽，故大多土方开挖分项工程都只有一个检验批。但也有部分工程土方开挖分为两段施工，要进行两次验收，形成两个或两个以上检验批。在施工中，虽然形成不同的检验批，但各检验批检查和验收的内容及方法都是一样的。

1. 主控项目

柱基、基坑、基槽土方开挖工程主控项目质量检验标准见表 3-2。

表 3-2　　　　　　柱基、基坑、基槽土方开挖工程主控项目质量检验标准

序号	项目	允许值或允许偏差		检查方法
		单位	数值	
1	标高	mm	0 −50	水准仪测量
2	长度、宽度 （由设计中心线向两边量）	mm	+200 −50	全站仪或用钢尺量
3	坡率	设计值		目测法或用坡度尺检查

2. 一般项目

柱基、基坑、基槽土方开挖工程一般项目质量检验标准见表 3-3。

表 3-3　　　　　　柱基、基坑、基槽土方开挖工程一般项目质量检验标准

序号	项目	允许偏差或允许值		检查方法
		单位	数值	
1	表面平整度	mm	±20	用 2m 靠尺
2	基底土性	设计要求		目测法或土样分析

二、土方回填工程

（一）土方回填工程质量控制

1. 土方回填工程的施工质量控制点

（1）标高；

（2）压实度；

（3）回填土料；

（4）表面平整度。

2. 土方回填工程质量控制措施

（1）填料质量控制包括以下两方面：

1）回填土料应符合设计要求，土料宜采用就地挖出的黏性土及塑性指数大于 4 的粉土，土内不得含有松软杂质和冻土，不得使用耕植土；土料使用前应过筛，其颗粒粒径不应大于 15mm。回填土含水率应符合压实要求，若土含水量偏高，要进行翻晒处理或掺入生石灰等；若土含水量偏低，可适当洒水湿润。

2）碎石类土、砂土和爆破石渣可用于表层以下的填料，其最大颗粒粒径不大于 50mm。

（2）施工过程质量控制应注意以下方面：

1）土方回填前应清除基底的垃圾、树根等杂物，基底有积水、淤泥时应将其抽除。例如，在松土上填方，应在基底压（夯）实后再进行。

2）填土前应检验土料含水率，土料含水率一般以"手握成团，落地开花"为宜。

3）土方回填过程中，填筑厚度及压实遍数应根据土质、压实系数及所用机具确定。如

果无试验依据，应符合相应规定，见表 3 - 4。

表 3 - 4 填土施工时的分层厚度及压实遍数

压实机具设备	分层厚度（mm）	每层压实遍数	压实机具设备	分层厚度（mm）	每层压实遍数
平碾	250～300	6～8	柴油打夯机	200～250	3～4
振动压实机	250～350	3～4	人工打夯	小于 200	3～4

4）基坑（槽）回填应在相对两侧或四周同时、对称进行回填和夯实。

5）回填管沟应通过人工作业方式先将管子周围的填土回填夯实，并应从管道两边同时进行，直到管顶 0.5m 以上。此时，在不损坏管道的前提下，方可用机械填土回填夯实。注意：管道下方若夯填不实，易造成管道受力不匀而使其折断、渗漏。

6）冬期和雨期施工要制订相应的专项施工方案，防止基坑灌水、塌方及基土受冻。

（二）土方回填工程检验批施工质量验收

检验批划分：土方回填分项工程检验批的划分可根据工程实际情况按施工组织设计进行确定，可以按室内和室外划分为两个检验批，也可以按轴线分段划分为两个或两个以上检验批。若工程项目较小，也可以将整个填方工程作为一个检验批。

1. 主控项目

柱基、基坑、基槽土方回填工程主控项目质量检验标准见表 3 - 5。

表 3 - 5 柱基、基坑、基槽土方回填工程主控项目质量检验标准

序号	项目	允许偏差或允许值		检查方法
		单位	数值	
1	标高	mm	0 −50	水准测量
2	分层压实系数	不小于设计值		环刀法、灌水法、灌砂法

2. 一般项目

柱基、基坑、基槽土方回填工程一般项目质量检验标准见表 3 - 6。

表 3 - 6 柱基、基坑、基槽土方回填工程一般项目质量检验标准

序号	项目	允许值或允许偏差		检查方法
		单位	数值	
1	回填土料	设计要求		取样检查或直接鉴别
2	分层厚度	设计值		水准测量及抽样检查
3	含水量	最优含水量±2%		烘干法
4	表面平整度	mm	±20	用 2m 靠尺
5	有机质含量	≤5%		灼烧减量法
6	辗迹重叠长度	mm	500～1000	用钢尺量

任务三　基坑支护工程质量控制与验收

基坑支护结构施工前应对放线尺寸进行校核，施工过程中应根据施工组织设计复核各项施工参数，施工完成后宜在一定养护期后进行质量验收。

围护结构施工完成后的质量验收应在基坑开挖前进行，支锚结构的质量验收应在对应的分层土方开挖前进行，验收内容应包括质量和强度检验、构件的几何尺寸、位置偏差及平整度等。

基坑开挖过程中，应根据分区分层开挖情况及时对基坑开挖面的围护墙表观质量，支护结构的变形、渗漏水情况以及支撑竖向支承构件的垂直度偏差等项目进行检查。除强度或承载力等主控项目外，其他项目应按检验批抽取。基坑支护工程验收应以保证支护结构安全和周围环境安全为前提。

一、排桩支护工程

（一）灌注桩排桩支护工程质量控制

（1）灌注桩排桩施工前，应对原材料进行检验。

（2）灌注桩施工前应进行试成孔，试成孔数量应根据工程规模和场地地层特点确定，且不宜少于2个。

（3）灌注桩排桩施工中应加强过程控制，对成孔、钢筋笼制作与安装、混凝土灌注等各项技术指标进行检查验收。

混凝土灌注桩设有预埋件时，应根据预埋件用途和受力特点的要求，控制其安装位置及方向。钢筋笼制作应按设计要求进行，分段制作的钢筋笼，其接头宜用焊接，主筋净间距必须大于混凝土骨料最大粒径的3倍以上；主筋的底端不宜设弯钩，施工工艺要求设弯钩时必须符合设计要求；钢筋笼内径应比导管接头处外径大100mm以上。钢筋笼吊放时，应按设计要求的方向垂直下放，就位后立即固定；伸入冠梁中的钢筋要保护好，不得弯折。非均匀配筋的钢筋笼吊放安装时，严禁旋转或倒置，钢筋笼扭转角度应小于5°。检查桩体混凝土浇筑的方法和质量是否符合施工组织设计及相应规范要求。

（4）灌注桩排桩应采用低应变法检测桩身完整性，检测桩数不宜少于总桩数的20%，且不得少于5根。采用桩墙合一时，低应变法检测桩身完整性的检测数量应为总桩数的100%；采用声波透射法检测的灌注桩排桩数量不应低于总桩数的10%，且不应少于3根。当根据低应变法或声波透射法判定的桩身完整性为Ⅲ类、Ⅳ类时，应采用钻芯法进行验证。

（5）灌注桩混凝土强度检验的试件应在施工现场随机抽取。灌注桩每浇筑50m³必须至少留置1组混凝土强度试件，单桩不足50m³的桩，每连续浇筑12h必须至少留置1组混凝土强度试件。有抗渗等级要求的灌注桩尚应留置抗渗等级检测试件，一个级配不宜少于3组。

（二）灌注桩排桩支护工程检验批施工质量验收

检验批的划分：在施工方案中确定，划分原则是相同规格、材料、工艺和施工条件的排桩支护工程，每300根桩划分为一个检验批，不足300根也应为一个检验批。

（1）主控项目。灌注桩排桩主控项目质量检验标准见表3-7。

表 3-7   灌注桩排桩主控项目质量检验标准

序号	检查项目	允许值或允许偏差		检查方法
		单位	数值	
1	孔深	不小于设计值		测钻杆长度或用测绳
2	桩身完整性	设计要求		GB 50202—2018 第 7.2.4 条
3	混凝土强度	不小于设计值		28d 试块强度或钻芯法
4	嵌岩深度	不小于设计值		取岩样或超前钻孔取样
5	钢筋笼主筋间距	mm	±10	用钢尺量

（2）一般项目。灌注桩排桩一般项目质量检验标准见表 3-8。

表 3-8   灌注桩排桩一般项目质量检验标准

序号	检查项目		允许值或允许偏差		检查方法
			单位	数值	
1	垂直度		≤1/100（≤1/200）		测钻杆、用超声波或井径仪测量
2	孔径		不小于设计值		测钻头直径
3	桩位		mm	≤50	开挖前量护筒，开挖后量桩中心
4	泥浆指标		GB 50202—2018 第 5.6 节		100 泥浆试验
5	钢筋笼质量	长度	mm	±100	用钢尺量
		钢筋连接质量	设计要求		试验室试验
		箍筋间距	mm	±20	用钢尺量
		笼直径	mm	±10	用钢尺量
6	沉渣厚度		mm	≤200	用沉渣仪或重锤测
7	混凝土坍落度		mm	180～220	坍落度仪
8	钢筋笼安装深度		mm	±100	用钢尺量
9	混凝土充盈系数		≥1.0		实际灌注量与理论灌注量的比
10	桩顶标高		mm	±50	水准测量，需扣除桩顶浮浆层及劣质桩体

二、土钉墙支护工程

（一）土钉墙支护工程质量控制

（1）土钉墙支护工程施工前应对钢筋、水泥、砂石、机械设备性能等进行检验。

（2）土钉墙支护工程施工过程中应对放坡系数，土钉位置，土钉孔直径、深度及角度，土钉杆体长度，注浆配比、注浆压力及注浆量，喷射混凝土面层厚度、强度等进行检验。

（3）成孔。

1）人工成孔时，检查孔径、孔深，另外对硬土层的长土孔，对其长度也应控制；人工成孔过程中碰到孔中有水或软弱土层、砂层等不良地层时，易造成堵孔，应严格检查。

2）成孔过程中遇到障碍需调整孔位时，不应降低原有支护设计的安全度。

3）土钉杆（钢筋）安放前，应对土钉杆的长度、钢筋规格、托架形式和间距进行检查，确保其符合设计要求。

4）土钉筋体保护层厚度不应小于25mm。

（4）土钉注浆。

土钉注浆施工过程中，注浆管应深入孔口。检查是否发生塌孔，检查孔中是否注满浆，以免留下严重的质量隐患。

土钉应进行抗拔承载力检验，检验数量不宜少于土钉总数的1%，且同一土层中的土钉检验数量不应小于3根。

（5）钢筋网的铺设。

1）钢筋网宜在喷射一层混凝土后铺设，钢筋与坡面的间隙不宜小于20mm。

2）采用双层钢筋网时，第二层钢筋网应在第一层钢筋网被混凝土覆盖后铺设。

3）钢筋网宜焊接或绑扎，钢筋网格允许误差应为±10mm，钢筋网搭接长度不应小于300mm，焊接长度不应小于钢筋直径的10倍。

4）网片与加强联系钢筋交接部位应绑扎或焊接。

5）面层钢筋网片的绑扎连接和钢筋网片的规格、间距、相邻网片的连接，网片与土钉杆的连接均应符合设计要求。

（6）喷射混凝土施工。

1）成孔注浆后，应将坡面按设计要求的坡度清理平整。

2）喷射混凝土骨料的最大粒径不应大于15mm。

3）喷射混凝土作业是分段进行，同一段是自下而上，一次喷射厚度不宜小于40mm，并且喷射混凝土作业时，喷射设备应与受喷射面垂直，距离宜为0.8～1.0m。

4）在面层混凝土施工过程中，土层不能有渗水或流水现象，应检查土体表面是否有渗水或流水现象，必要时应采取有效措施。

5）在喷射面板混凝土前对钢筋网片的绑扎连接、网片与土钉杆的连接、钢筋网片的位置限定、面板混凝土的厚度控制标志进行隐蔽工程检查。

（7）挖土。土钉和面层施工完之后，应待土钉和面层混凝土达到设计要求的强度时，方可开挖下层土。

（二）土钉墙支护工程检验批施工质量验收

检验批的划分：相同材料、工艺和施工条件的按300m²或100根划分为一个检验批，不足300m²或不足100根的也应划分为一个检验批。

1. 主控项目

土钉墙支护主控项目质量检验标准见表3-9。

表3-9　　　　　　　　　　　　土钉墙支护主控项目质量检验标准

序号	检查项目	允许值或允许偏差		检查方法
		单位	数值	
1	抗拔承载力	不小于设计值		土钉抗拔试验
2	土钉长度	不小于设计值		用钢尺量
3	分层开挖厚度	mm	±200	水准测量或钢尺量

2. 一般项目

土钉墙支护一般项目质量检验标准见表3-10。

表3-10 土钉墙支护一般项目质量检验标准

序号	检查项目	允许值或允许偏差		检查方法
		单位	数值	
1	土钉位置	mm	±100	用钢尺量
2	土钉直径	不小于设计值		用钢尺量
3	土钉倾斜度	(°)	≤3	测倾角
4	水胶比	设计值		实际用水量与水泥等胶凝材料的重量比
5	注浆量	不小于设计值		查看流量表
6	注浆压力	设计值		检查压力表读数
7	浆体强度	不小于设计值		试块强度
8	钢筋网间距	mm	±30	用钢尺量
9	土钉面层厚度	mm	±10	用钢尺量
10	面层混凝土强度	不小于设计值		28d试块强度
11	预留土墩尺寸及间距	mm	±500	用钢尺量
12	微型桩桩位	mm	≤50	全站仪或用钢尺量
13	微型桩垂直度	≤1/200		经纬仪测量

三、内支撑支护工程

（一）内支撑支护工程质量控制

内支撑施工前，应对放线尺寸、标高进行校核。对混凝土支撑的钢筋和混凝土、钢支撑的产品构件和连接构件以及钢立柱的制作质量等进行检验。

（1）混凝土支撑施工。

1）腰梁施工前应去除腰梁处围护墙体表面浮泥和突出墙面的混凝土，冠梁施工前应清除围护墙体顶部泛浆。

2）支撑底模应具有一定的强度、刚度和稳定性，宜用模板隔离，采用土底模挖土时应清除吸附在支撑底部的砂浆块体。施工中应对混凝土支撑下垫层或模板的平整度和标高进行检验。

3）冠梁、腰梁与支撑宜整体浇筑，超长支撑杆件宜分段浇筑养护。

4）顶层支承端应与冠梁或腰梁连接牢固。

5）混凝土支撑应达到设计要求的强度后方可进行支撑下土方开挖。

（2）钢支撑的施工。

1）支撑端头应设置封头端板，端板与支撑杆件应满焊。

2）支撑与冠梁、腰梁的连接应牢固，钢腰梁与围护墙体之间的空隙应填充密实，采用无腰梁的钢支撑系统时，钢支撑与围护墙体的连接应满足受力要求。

3）支撑安装完毕后，应及时检查各节点的连接状况，经确认符合要求后方可施加预应力，预应力应均匀、对称、分级施加。

4）预应力施加过程中应检查支撑连接节点，预应力施加完毕后应在额定压力稳定后予以锁定。

5）主撑端部的八字撑可在主撑预应力施加完毕后安装。

6）钢支撑使用过程应定期进行预应力监测，预应力损失对基坑变形有影响时应对预应力损失进行补偿。

（3）立柱施工。

1）立柱的制作、运输、堆放应控制平直度。

2）立柱的定位和垂直度宜采用专门措施进行控制，对格构柱、H型钢柱，尚应同时控制转向偏差。

3）采用钢立柱时，立柱周围的空隙应用碎石回填密实，并宜辅以注浆措施。

4）立柱桩采用钻孔灌注桩时，宜先安装立柱，再浇筑桩身混凝土，混凝土的浇筑面宜高于设计桩顶 500mm。

5）基坑开挖前，立柱周边的桩孔应均匀回填密实。

6）施工结束后，对应的下层土方开挖前应对水平支撑的尺寸、位置、标高、支撑与围护结构的连接节点、钢支撑的连接节点和钢立柱的施工质量进行检验。

（4）支撑拆除。

1）支撑拆除应在形成可靠换撑并达到设计要求后进行。

2）钢筋混凝土支撑的拆除，应根据支撑结构特点、永久结构施工顺序、现场平面布置等确定拆除顺序。

3）支撑结构爆破拆除前，应对永久结构及周边环境采取隔离防护措施。采用爆破拆除钢筋混凝土支撑，爆破孔宜在钢筋混凝土支撑施工时预留，爆破前应先切断支撑与围檩或主体结构连接的部位。

（二）内支撑支护工程检验批施工质量验收

检验批的划分：按有关施工质量验收规范及现场实际情况划分。

（1）钢筋混凝土支撑的质量检验应符合表 3 - 11 的规定。

表 3 - 11   钢筋混凝土支撑质量检验标准

项目	序号	检查项目	允许值或允许偏差		检查方法
			单位	数值	
主控项目	1	混凝土强度	不小于设计值		28d 试块强度
	2	截面宽度	mm	+20 0	用钢尺量
	3	截面高度	mm	+20 0	用钢尺量
一般项目	1	标高	mm	±20	水准测量
	2	轴线平面位置	mm	≤20	用钢尺量
	3	支撑与垫层或模板的隔离措施	设计要求		目测法

（2）钢支撑的质量检验应符合表 3 - 12 的规定。

表 3-12 钢支撑质量检验标准

项目	序号	检查项目	允许值或允许偏差		检查方法
			单位	数值	
主控项目	1	外轮廓尺寸	mm	±5	用钢尺量
	2	预加顶力	kN	±10%	应力检测
一般项目	1	轴线平面位置	mm	≤30	用钢尺量
	2	连接质量	设计要求		超声波或射线探伤

（3）钢立柱的质量检验应符合表 3-13 的规定。

表 3-13 钢立柱质量检验标准

项目	序号	检查项目	允许值或允许偏差		检查方法
			单位	数值	
主控项目	1	截面尺寸（立柱）	mm	≤5	用钢尺量
	2	立柱长度	mm	±50	用钢尺量
	3	垂直度	≤1/200		经纬仪测量
一般项目	1	立柱挠度	mm	≤l/200	用钢尺量
	2	截面尺寸（缀板或缀条）	mm	≥−1	用钢尺量
	3	缀板间距	mm	±20	用钢尺量
	4	钢板厚度	mm	≥−1	用钢尺量
	5	立柱顶标高	mm	±20	水准测量
	6	平面位置	mm	≤20	用钢尺量
	7	平面转角	°	≤5	用量角器量

注 l 为型钢长度，单位为 mm。

四、锚杆支护工程

（一）锚杆支护工程质量控制

（1）土层开挖与成孔。

1）检查现场降水系统是否能确保正常工作，施工设备如挖掘机、钻机、压浆泵、搅拌机等应能正常运转。

2）一般情况下，应遵循分段开挖、分段支护的原则。不宜按一次性开挖后再进行支护。

3）检查成孔机具、注浆泵、空压机、混凝土喷射机、搅拌机的工作状况，有条件应进行试成孔，以检验成孔机具和工艺是否适应地质特点及环境，以保证进钻和抽出过程中不引起坍孔。

4）施工中应对锚杆位置，钻孔直径、深度及角度，锚杆或土钉插入长度，注浆配比、压力及注浆量，喷锚墙面厚度及强度、锚杆或土钉应力等进行检查。

5）每段支护体施工完后，应检查坡顶或坡面位移，坡顶沉降及周围环境变化。如有异常情况应采取措施，恢复正常后方可继续施工。

6）对于湿法成孔，必须控制好泥浆浓度。在注浆前应采取措施，将泥浆稀释或置换出来。成孔过程中，要检查孔位、孔的倾角、孔径及孔深。

(2) 锚杆的灌浆。

1) 锚杆施工前应对钢绞线、锚具、水泥、机械设备等进行检验。

2) 灌浆前应清孔，排放孔内积水。

3) 注浆管宜与锚杆同时放入孔内；向水平孔或下倾孔内注浆时，注浆管出浆口应插入距孔底 100～300mm 处，浆液自下而上连续灌注；向上倾斜的钻孔内注浆时，应在孔口设置密封装置。

4) 孔口溢出浆液或排气管停止排气并满足注浆要求时，可停止注浆。

5) 根据工程条件和设计要求确定灌浆方法和压力，确保钻孔灌浆饱满和浆体密实。

6) 锚杆施工中应对锚杆位置，钻孔直径、长度及角度，锚杆杆体长度，注浆配比、注浆压力及注浆量等进行检验。浆体强度检验用试块的数量每 30 根锚杆不应少于一组，每组试块不应少于 6 个。

(3) 预应力锚杆锚头承压板及其安装。

1) 承压板应安装平整、牢固，承压面应与锚孔轴线垂直。

2) 承压板底部的混凝土应填充密实，并满足局部抗压强度要求。

(4) 预应力锚杆的张拉与锁定。

1) 锚杆张拉宜在锚固体强度大于 20MPa 并达到设计强度的 80% 后进行。

2) 锚杆张拉顺序应避免相近锚杆相互影响。

3) 锚杆张拉控制应力不宜超过 0.65 倍钢筋或钢绞线的强度标准值。

4) 锚杆进行正式张拉之前，应取 0.10～0.20 倍锚杆轴向拉力值，对锚杆预张拉 1～2 次，使其各部位的接触紧密和杆体完全平直。

5) 宜进行锚杆设计预应力值 1.05～1.10 倍的超张拉，预应力保留值应满足设计要求；对地层及被锚固结构位移控制要求较高的工程，预应力锚杆的锁定值宜为锚杆轴向拉力特征值；对容许地层及被锚固结构产生一定变形的工程，预应力锚杆的锁定值宜为锚杆设计预应力值的 0.75～0.90 倍。

6) 施工完成后应进行锚杆抗拔承载力检验，检验数量不宜少于锚杆总数的 5%，且同一土层中的锚杆检验数量不应少于 3 根。

(二) 锚杆支护工程检验批施工质量验收

检验批的划分：相同材料、工艺和施工条件的按 300m² 或 100 根划分为一个检验批，不足 300m² 或不足 100 根的也应划分为一个检验批。

1. 主控项目

锚杆支护主控项目质量检验标准见表 3-14。

表 3-14　　　　　　锚杆支护主控项目质量检验标准

序号	检查项目	允许值或允许偏差		检查方法
		单位	数值	
1	抗拔承载力	不小于设计值		锚杆抗拔试验
2	锚固体强度	不小于设计值		试块强度
3	预加力	不小于设计值		检查压力表读数
4	锚杆长度	不小于设计值		用钢尺量

2. 一般项目

锚杆支护一般项目质量检验标准见表 3 - 15。

表 3 - 15 锚杆支护一般项目质量检验标准

序号	检查项目	允许值或允许偏差		检查方法
		单位	数值	
1	钻孔孔位	mm	≤100	用钢尺量
2	锚杆直径	不小于设计值		用钢尺量
3	钻孔倾斜度	≤3°		测倾角
4	水胶比（或水泥砂浆配比）	设计值		实际用水量与水泥等胶凝材料的重量比（实际用水、水泥、砂的重量比）
5	注浆量	不小于设计值		检查计量数据
6	注浆压力	设计值		用钢尺量
7	自由段套管长度	mm	±50	用钢尺量

任务四 地下水控制工程质量控制与验收

一、降排水工程

（一）降排水工程质量控制

1. 一般要求

（1）采用集水明排的基坑，应检验排水沟、集水井的尺寸。基坑内明排水应设置排水沟及集水井，排水沟纵坡宜控制在 1‰～2‰。排水时集水井内水位应低于设计要求水位不小于 0.5m。

（2）降水井施工前，应检验进场材料质量。

（3）降水井正式施工时应进行试成井。试成井数量不应少于 2 口（组），并应根据试成井检验成孔工艺、泥浆配比，复核地层情况等。

（4）检查孔深和洗井结果是否达到设计及相应规范要求。

（5）检查井管、滤网、滤料的质量是否符合设计和相应规范要求。

（6）降水井施工中应检验成孔垂直度。降水井的成孔垂直度偏差为 1/100，井管应居中竖直沉设。

（7）降水系统施工完后，应试运转，检验成井质量和降水效果，检查单井抽水和群井抽水试运行的结果是否达到设计要求，基坑中心或最深处的地下水是否降到设计水位，检查抽、排水管路系统运行情况是否符合设计要求。

如发现井管失效，应采取措施使其恢复正常，如无可能恢复则应报废，另行设置新的井管。

（8）降水运行应独立配电。降水运行前，应检验现场用电系统。连续降水的工程项目，尚应检验双路以上独立供电电源或备用发电机的配置情况。

（9）降水运行过程中，应监测和记录降水场区内和周边的地下水位。采用悬挂式帷幕基坑降水的，尚应计量和记录降水井抽水量。

（10）降水运行结束后，应检验降水井封闭的有效性。

2. 轻型井点降水

（1）检查集水总管、滤管和水泵的位置及标高是否正确。

（2）检查井点系统各部件是否均安装严密，防止漏气。

（3）检查隔膜泵底是否平整稳固，出水的接管应平接，不得上弯，皮碗应安装准确、对称，使工作时受力平衡。

（4）降排水运行前，应检验工程场区的排水系统。排水系统最大排水能力不应小于工程所需最大排量的 1.2 倍。

（5）基坑工程开挖前应验收预降排水时间。预降排水时间应根据基坑面积、开挖深度、工程地质与水文地质条件以及降排水工艺综合确定。减压预降水时间应根据设计要求或减压降水验证试验结果确定。

（6）降水过程中，应定时观测水流量、真空度和水位观测井内的水位。

（7）降排水运行中，应检验基坑降排水效果是否满足设计要求。分层、分块开挖的土质基坑，开挖前潜水水位应控制在土层开挖面以下 0.5m～1.0m；承压含水层水位应控制在安全水位埋深以下。岩质基坑开挖施工前，地下水位应控制在边坡坡脚或坑中的软弱结构面以下。

（8）设有截水帷幕的基坑工程，宜通过预降水过程中的坑内外水位变化情况检验帷幕止水效果。

（二）降排水工程检验批施工质量验收

（1）轻型井点施工质量验收应符合表 3-16 的规定。

表 3-16   轻型井点施工质量检验标准

项目	序号	检查项目	允许值或允许偏差		检查方法
			单位	数值	
主控项目	1	出水量	不小于设计值		查看流量表
一般项目	1	成孔孔径	mm	±20	用钢尺量
	2	成孔深度	mm	+1000 -200	测绳测量
	3	滤料回填量	不小于设计计算体积的 95%		测算滤料用量且测绳测量回填高度
	4	黏土封孔高度	mm	≥1000	用钢尺量
	5	井点管间距	m	0.8～1.6	用钢尺量

（2）轻型井点运行质量检验标准应符合表 3-17 的规定。

表 3-17   轻型井点运行质量检验标准

项目	序号	检查项目	允许值或允许偏差		检查方法
			单位	数值	
主控项目	1	降水效果	设计要求		量测水位、观测土体固结或沉降情况
一般项目	2	真空负压	MPa	≥0.065	查看真空表
	3	有效井点数	mm	≥90	现场目测出水情况

二、回灌工程

（一）回灌工程质量控制

（1）对于坑内减压降水，坑外回灌井深度不宜超过承压含水层中基坑截水帷幕的深度。

（2）对于坑外减压降水，回灌井与减压井的间距宜通过计算确定，回灌砂井或回灌砂沟与降水井点的距离一般不宜小于 6m。

（3）回灌砂沟应设在透水性较好的土层内。在回灌保护范围内，应设置水位观测井，根据水位动态变化调节回灌水量。

（4）回灌井施工结束至开始回灌，应至少有 2～3 周的时间间隔。井管外侧止水封闭层顶至地面之间，宜用素混凝土充填密实。

（5）为保证回灌畅通，回灌井过滤器部位宜扩大孔径或采用双层过滤结构。回灌过程中为防止回灌井堵塞，每天应进行至少 1～2 次回扬，至出水由浑浊变清后，恢复回灌。

（6）回灌水必须是洁净的自来水或利用同一含水层中的地下水，并应经常检查回灌设施，防止堵塞。

（二）回灌工程检验批施工质量验收

（1）回灌管井施工质量检验标准应符合表 3 - 18 的规定。

表 3 - 18　　　　　　　　　　　　回灌管井施工质量检验标准

项目	序号	检查项目		允许值或允许偏差		检查方法
				单位	数值	
主控项目	1	泥浆比重		1.05～1.10		比重计
	2	滤料回填高度		+10% 0		现场搓条法检验土性、测算封填黏土体积、孔口浸水检验密封性
	3	封孔		设计要求		现场检验
	4	出水量		不小于设计值		查看流量表
一般项目	1	成孔孔径		mm	±50	用钢尺量
	2	成孔深度		mm	±20	测绳测量
	3	扶中器		设计要求		测量扶中器高度或厚度、间距，检查数量
	4	活塞洗井	次数	次	≥20	检查施工记录
			时间	h	≥2	检查施工记录
	5	沉淀物高度		≤5‰井深		测锤测量
	6	含沙量（体积比）		≤1/20 000		现场目测或用含砂量计测量

（2）回灌管井运行质量检验标准应符合表 3 - 19 的规定。

表 3 - 19　　　　　　　　　　　　回灌管井运行质量检验标准

项目	序号	检查项目	允许值或允许偏差		检查方法
			单位	数值	
主控项目	1	观测井水位	设计值		量测水位
	2	回灌水质	不低于回灌目的层水质		实验室化学分析

续表

项目	序号	检查项目	允许值或允许偏差		检查方法
			单位	数值	
一般项目	1	回灌量		+10% 0	查看流量表
	2	回灌压力		+5% 0	检查压力表读数
	3	回扬	设计要求		检查施工记录

任务五 地基工程质量控制与验收

一、灰土地基工程

（一）质量控制

（1）铺设前应先检查基槽，待合格后方可施工。

（2）灰土的体积配合比应满足一般规定，一般说来，体积比为 3∶7 或 2∶8。

（3）灰土施工时，应适当控制其含水量，采用最优含水量，以手握成团，两指轻捏能碎为宜，如土料水分过多或不足，可以晾干或洒水润湿。灰土应拌和均匀，颜色一致，拌好应及时铺设夯实。灰土最大虚铺厚度按表 3-20 规定，厚度用样桩控制。每层灰土夯打遍数应根据设计的干土质量密度在现场试验确定。

表 3-20   灰土最大虚铺厚度

序号	夯实机具种类	质量（t）	虚铺厚度（mm）	备注
1	石夯	0.04~0.08	200~250	人力送夯，落距 400~500mm，一夯压半夯，夯实后 80~100mm 厚
2	轻型夯实机械	0.12~0.4	200~250	蛙式夯机、柴油打夯机。夯实后 100~150mm 厚
3	压路机	6~10	200~250	双轮

（4）在地下水位以下的基槽、基坑内施工时，应先采取排水措施，一定要在无水的情况下施工。应注意夯实后的灰土 3 天内不得受水浸泡。

（5）灰土分段施工时，不得在墙角、柱墩及承重窗间墙下接缝，上下相邻两层灰土的接缝间距不得小于 500mm，接缝处的灰土应充分夯实。

（6）灰土夯实后，应及时进行基础施工，并随时准备回填土；否则，须做临时遮盖，防止日晒雨淋。如刚夯实完毕或还未打完夯实的灰土，突然受雨淋浸泡，则须将积水及松软土除去并补填夯实，稍微受到浸泡的灰土，可以在晾干后再补夯。

（7）冬季施工时，应采取有效的防冻措施，不得采用冻土或含有冻土的土块作为灰土地基的材料。

（8）质量检查可以用环刀取样测土质量密度，按设计要求或不小于表 3-21 的规定。

（9）确定贯入度时，应先进行现场试验。

（二）检验批施工质量验收

检验批划分：地基基础的检验批划分原则为一个分项划为一个检验批。

1. 主控项目

灰土地基主控项目质量检验标准见表3-22。

表3-21　　　灰土质量标准

项次	土料种类	灰土最小干土质量密度（g/cm³）
1	粉土	1.55～1.60
2	粉质黏土	1.50～1.55
3	黏土	1.45～1.50

表3-22　　　　　　　　　灰土地基主控项目质量检验标准

序号	检查项目	允许值或允许偏差		检查方法
		单位	数值	
1	地基承载力	不小于设计值		静载试验
2	配合比	设计值		检查拌合时的体积比
3	压实系数	不小于设计值		环刀法

2. 一般项目

灰土地基一般项目质量检验标准见表3-23。

表3-23　　　　　　　　　灰土地基一般项目质量检验标准

序号	检查项目	允许值或允许偏差		检查方法
		单位	数值	
1	石灰粒径	mm	≤5	筛析法
2	土料有机质含量	%	≤5	灼烧减量法
3	土颗粒粒径	mm	≤15	筛析法
4	含水量	最优含水量±2%		烘干法
5	分层厚度	mm	±50	水准测量

二、砂和砂石地基工程

（一）砂和砂石地基质量控制

（1）铺设前应先验槽，清除基底表面浮土、淤泥杂物。地基槽底如有孔洞、沟、井、墓穴应先填实，基底无积水。槽应有一定坡度，防止振捣时塌方。

（2）砂石级配应根据设计要求或现场试验确定，拌和应均匀，然后再行铺夯填实。可选用振实或夯实等方法。

（3）由于垫层标高不尽相同，施工时应分段施工，接头处应做成斜坡或阶梯搭接，并按先深后浅的顺序施工。搭接处每层应错开0.5～1.0m，并注意充分捣实。

（4）砂石地基应分层铺垫、分层夯实。每层铺设厚度、捣实方法按规范规定选用。每铺好一层垫层，经干密度检验合格后方可进行上一层施工。

（5）当地下水位较高或在饱和软土地基上铺设砂和砂石时，应加强基坑边坡稳定性措施，或采取降低地下水位措施，使地下水位降低到基坑底500mm以下。

（6）当采用水撼法或插振法施工时，以振捣棒振幅半径的1.75倍为间距（一般为400～500mm）插入振捣，依次振实，以不再冒气泡为准，直至完成；同时应采取措施做好注水和排水的控制。垫层接头应重叠振捣，插入式振动棒振完所留孔洞应用砂填实；在振动首层的垫层时，不得将振动棒插入原土层或基槽边部，以免泥土混入砂垫层而降低砂垫层的强度。

（7）垫层铺设完毕，应立即进行下道工序的施工，严禁人员及车辆在砂石层面上行走，必要时应在垫层上铺设板供行走。

（8）冬期施工时，应注意防止砂石内水分冻结，须采取相应的防冻措施。

（二）砂和砂石地基工程质量验收

检验批的划分：地基基础的检验批划分原则为一个分项划为一个检验批。

1. 主控项目

砂和砂石地基主控项目质量检验标准见表 3 - 24。

表 3 - 24　　　　　　　　砂和砂石地基主控项目质量检验标准

序号	检查项目	允许值或允许偏差		检查方法
		单位	数值	
1	地基承载力	不小于设计值		静载试验
2	配合比	设计值		检查拌合时的体积比或重量比
3	压实系数	不小于设计值		灌砂法、灌水法

2. 一般项目

砂和砂石地基一般项目质量检验标准见表 3 - 25。

表 3 - 25　　　　　　　　砂和砂石地基一般项目质量检验标准

序号	检查项目	允许值或允许偏差		检查方法
		单位	数值	
1	砂石料有机质含量	%	≤5	灼烧减量法
2	砂石料含泥量	%	≤5	水洗法
3	砂石料粒径	mm	≤50	筛析法
4	分层厚度	mm	±50	水准测量

任务六　基础工程质量控制与验收

一、无筋扩展基础

（一）无筋扩展基础质量控制

施工前应对放线尺寸进行检验。施工中应对砌筑质量、砂浆强度、轴线及标高等进行检验。施工结束后，应对混凝土强度、轴线位置、基础顶面标高等进行检验。

1. 砖砌体基础施工

（1）砖及砂浆的强度应符合设计要求，砂浆的稠度宜为 70～100mm，砖的规格应一致，砖应提前浇水湿润。

（2）砌筑应上下错缝，内外搭砌，竖缝错开不应小于1/4砖长，砖基础水平缝的砂浆饱满度不应低于80%，内外墙基础应同时砌筑，对不能同时砌筑而又必须留置的临时间断处，应砌筑成斜槎，斜槎的水平投影长度不应小于高度的2/3。

（3）深浅不一致的基础，应从低处开始砌筑，并应由高处向低处搭砌，当设计无要求时，搭接长度不应小于基础底的高差，搭接长度范围内下层基础应扩大砌筑，砌体的转角处和交接处应同时砌筑，不能同时砌筑时应留槎、接槎。

（4）宽度大于300mm的洞口，上方应设置过梁。

2. 毛石砌体基础施工

（1）毛石的强度、规格尺寸、表面处理和毛石基础的宽度、阶宽、阶高等应符合设计要求。

（2）粗料毛石砌筑灰缝不宜大于20mm，各层均应铺灰坐浆砌筑，砌好后的内外侧石缝应用砂浆勾缝。

（3）基础的第一皮及转角处、交接处和洞口处，应采用较大的平毛石，并采取大面朝下的方式坐浆砌筑，转角、阴阳角等部位应选用方正平整的毛石互相拉结砌筑，最上面一皮毛石应选用较大的毛石砌筑。

（4）毛石基础应结合牢靠，砌筑应内外搭砌，上下错缝，拉结石、丁砌石交错设置，不应在转角或纵横墙交接处留设接槎，接槎应采用阶梯式，不应留设直槎或斜槎。

3. 混凝土基础施工

（1）混凝土基础台阶应支模浇筑，模板支撑应牢固可靠，模板接缝不应漏浆。

（2）台阶式基础宜一次浇筑完成，每层宜先浇边角，后浇中间，坡度较陡的锥形基础可采取支模浇筑的方法。

（3）不同底标高的基础应开挖成阶梯状，混凝土应由低到高浇筑。

（4）混凝土浇筑和振捣应满足均匀性和密实性的要求，浇筑完成后应采取养护措施。

（二）无筋扩展基础质量验收

1. 主控项目

无筋扩展基础主控项目质量检验标准见表3-26。

表3-26 　　　　　　　　　　　　无筋扩展基础主控项目质量检验标准

序号	检查项目		允许值或允许偏差			检查方法
			单位	数值		
1	轴线位置	砖基础	mm	≤10		经纬仪或用钢尺量
		毛石基础	mm	毛石砌体	料石砌体	
					毛料石 | 粗料石	
				≤20	≤20 | ≤15	
		混凝土基础	mm	≤15		
2	混凝土强度		不小于设计值			28d试块强度
3	砂浆强度		不小于设计值			28d试块强度

2. 一般项目

无筋扩展基础一般项目质量检验标准见表 3-27。

表 3-27　　　　　　　　　　无筋扩展基础一般项目质量检验标准

序号	检查项目		允许值或允许偏差			检查方法
			单位	数值		
1	L（或 B）≤30		mm	±5		用钢尺量
	30<L（或 B）≤60		mm	±10		
	60<L（或 B）≤90		mm	±15		
	L（或 B）>90		mm	±20		
2	基础顶面标高	砖基础	mm	±15		水准测量
		毛石基础	mm	毛石砌体	料石砌体	
					毛料石　　粗料石	
				±25	±25　　　±15	
		混凝土基础	mm	±15		
3	毛石砌体厚度		mm	+30 0	+30 0　　+15 0	用钢尺量

二、钢筋混凝土扩展基础

（一）钢筋混凝土扩展基础质量控制

施工前应对放线尺寸进行检验。施工中应对钢筋、模板、混凝土、轴线等进行检验。施工结束后，应对混凝土强度、轴线位置、基础顶面标高等进行检验。

1. 柱下钢筋混凝土独立基础施工

（1）混凝土宜按台阶分层连续浇筑完成，对于阶梯形基础，每一台阶作为一个浇捣层，每浇筑完一台阶宜稍停 0.5～1.0h，待其初步沉实后，再浇筑上层，基础上有插筋埋件时，应固定其位置。

（2）杯形基础的支模宜采用封底式杯口模板，施工时应将杯口模板压紧，在杯底应预留观测孔或振捣孔，混凝土浇筑应对称均匀下料，杯底混凝土振捣应密实。

（3）锥形基础模板应随混凝土浇捣分段支设并固定牢靠，基础边角处的混凝土应振捣密实。

2. 钢筋混凝土条形基础施工

（1）绑扎钢筋时，底部钢筋应绑扎牢固；采用 HPB300 钢筋时，端部弯钩应朝上，柱的锚固钢筋下端应用 90°弯钩与基础钢筋绑扎牢固，按轴线位置校核后上端应固定牢靠。

（2）混凝土宜分段分层连续浇筑，每层厚度宜为 300～500mm，各段各层间应互相衔接，混凝土浇捣应密实。

3. 养护

基础混凝土浇筑完后，外露表面应在 12h 内覆盖并保湿养护。

（二）钢筋混凝土扩展基础质量验收

1. 主控项目

钢筋混凝土扩展基础主控项目质量检验标准见表 3-28。

表 3-28　　　　　　　　钢筋混凝土扩展基础主控项目质量检验标准

序号	检查项目	允许值或允许偏差		检查方法
		单位	数值	
1	混凝土强度	不小于设计值		28d 试块强度
2	轴线位置	mm	≤15	经纬仪或用钢尺量

2. 一般项目

钢筋混凝土扩展基础一般项目质量检验标准见表 3-29。

表 3-29　　　　　　　　钢筋混凝土扩展基础一般项目质量检验标准

序号	检查项目	允许值或允许偏差		检查方法
		单位	数值	
1	L（或 B）≤30	mm	±5	用钢尺量
	30<L（或 B）≤60	mm	±10	
	60<L（或 B）≤90	mm	±15	
	L（或 B）>90	mm	±20	
2	基础顶面标高	mm	±15	水准测量

三、筏形与箱形基础

（一）筏形与箱形基础质量控制

施工前应对放线尺寸进行检验。施工中应对轴线、预埋件、预留洞中心线位置、钢筋位置及钢筋保护层厚度等进行检验。施工结束后，应对筏形和箱形基础的混凝土强度、轴线位置、基础顶面标高及平整度进行检验。

1. 浇筑要求

（1）基础混凝土可采用一次连续浇筑，也可留设施工缝分块连续浇筑，施工缝宜留设在结构受力较小且便于施工的位置。

（2）采用分块浇筑的基础混凝土，应根据现场场地条件、基坑开挖流程、基坑施工监测数据等合理确定浇筑的先后顺序。

（3）在浇筑基础混凝土前，应清除模板和钢筋上的杂物，表面干燥的垫层、木模板应浇水湿润。

2. 基础混凝土浇筑

（1）混凝土应连续浇筑，且应均匀、密实。

（2）混凝土浇筑的布料点宜接近浇筑位置，应采取减缓混凝土下料冲击的措施。

（3）混凝土自高处倾落的自由高度应根据混凝土的粗骨料粒径确定，粗骨料粒径大于 25mm 时自由高度不应大于 3m，粗骨料粒径不大于 25mm 时自由高度不应大于 6m。

3. 基础大体积混凝土浇筑

（1）混凝土宜采用低水化热水泥，合理选择外掺料、外加剂，优化混凝土配合比。

（2）混凝土宜采用斜面分层浇筑方法，混凝土应连续浇筑，分层厚度不应大于500mm，层间间隔时间不应大于混凝土的初凝时间。

（3）大体积混凝土施工过程中检查混凝土的坍落度、配合比、浇筑的分层厚度、坡度以及测温点的设置，上下两层的浇筑搭接时间不应超过混凝土的初凝时间。养护时混凝土结构构件表面以内50～100mm位置处的温度与混凝土结构构件内部的温度差值不宜大于25℃，且与混凝土结构构件表面温度的差值不宜大于25℃。

4．基础后浇带和施工缝的施工

（1）地下室柱、墙、反梁的水平施工缝应留设在基础顶面。

（2）基础垂直施工缝应留设在平行于平板式基础短边的任何位置且不应留设在柱角范围，梁板式基础垂直施工缝应留设在次梁跨度中间的1/3范围内。

（3）后浇带和施工缝处的钢筋应贯通，侧模应固定牢靠。

（4）箱形基础的后浇带两侧应限制施工荷载，梁、板应有临时支撑措施。

（5）后浇带混凝土强度等级宜比两侧混凝土提高一级，施工缝处后浇混凝土应待先浇混凝土强度达到1.2MPa后方可进行。

（二）筏形与箱形基础质量验收

1．主控项目

筏形与箱形基础主控项目质量检验标准见表3-30。

表3-30　　　　　　　　　　筏形与箱形基础主控项目质量检验标准

序号	检查项目	允许值或允许偏差		检查方法
		单位	数值	
1	混凝土强度	不小于设计值		28d试块强度
2	轴线位置	mm	≤15	经纬仪或用钢尺量

2．一般项目

筏形与箱形基础一般项目质量检验标准见表3-31。

表3-31　　　　　　　　　　筏形与箱形基础一般项目质量检验标准

序号	检查项目	允许值或允许偏差		检查方法
		单位	数值	
1	基础顶面标高	mm	±15	水准测量
	平整度	mm	±10	用2m靠尺
	尺寸	mm	+15 −10	用钢尺量
	预埋件中心位置	mm	≤10	用钢尺量
2	预留洞中心线位置	mm	≤15	用钢尺量

四、钢筋混凝土预制桩

（一）钢筋混凝土预制桩质量控制

施工前应检验成品桩构造尺寸及外观质量。施工中应检验接桩质量、锤击及静压的技术指标、垂直度以及桩顶标高等。施工结束后，应对承载力及桩身完整性进行检验。

1. 一般规定

（1）混凝土预制桩应进行桩位、桩长、桩径、桩身质量和单桩承载力的检验。

（2）施工前应严格对桩位进行检验。

（3）预制桩在施工现场运输、吊装过程中，严禁采用拖拉取桩方法。

（4）接桩时，接头宜高出地面 0.5～1.0m，不宜在桩端进入硬土层时停顿或接桩。单根桩沉桩宜连续进行。

（5）预制桩（混凝土预制桩、钢桩）施工过程中应进行下列检验：

1）打入（静压）深度、停锤标准、静压终止压力值及桩身（架）垂直度检查。

2）接桩质量、接桩间歇时间及桩顶完整状况。

3）每米进尺锤击数、最后 1.0m 进尺锤击数、总锤击数，最后三阵贯入度及桩尖标高等。

2. 动力沉桩

（1）一般要求。

1）复核桩位，检查打桩顺序。

2）检查沉桩用的桩机平台地基是否坚实安全。

3）检查机械垂直度设备的标定结果，确保施工设备的垂直度。

4）检查插桩的施工工艺是否符合施工组织设计中要求。

5）在施工过程的检查中，如发现已打好的桩上浮或周边建筑物发生异常情况必须要求施工单位停止施工，并做好记录，要研究切实可行的措施，并报监理工程师批准后方可继续施工。

6）检查打桩机械的垂直度、桩位和桩顶标高的控制措施、桩头的保护以及机械行走顺序和地面变形等，发现问题应及时采取相应措施，确保施工质量。

（2）锤击沉桩。

1）地表以下有厚度为 10m 以上的流塑性淤泥土层时，第一节桩下沉后宜设置防滑箍进行接桩作业。

2）桩锤、桩帽及送桩器应和桩身在同一中心线上，桩插入时的垂直度偏差不得大于 1/200。

3）沉桩顺序应按先深后浅、先大后小、先长后短、先密后疏的次序进行。

4）密集桩群应控制沉桩速率，宜自中间向两个方向或四周对称施打，一侧毗邻建（构）筑物或设施时，应由该侧向远离该侧的方向施打。

（3）暂停打桩。当遇到贯入度剧变，桩身突然发生倾斜、位移或有严重回弹、桩顶或桩身出现严重裂缝、破碎等情况时，应暂停打桩，并分析原因，采取相应措施。

（4）锤击桩终止沉桩的控制标准。

1）终止沉桩应以桩端标高控制为主，贯入度控制为辅，当桩端达到坚硬、硬塑的黏性土，中密以上粉土、砂土、碎石类土及风化岩时，可以贯入度控制为主，桩端标高控制为辅。

2）贯入度已达到设计要求而桩端标高未达到时，应继续锤击 3 阵，按每阵 10 击的贯入度不大于设计规定的数值予以确认，必要时施工控制贯入度应通过试验与设计协商确定。

3. 静力沉桩

（1）一般要求。

1）复核桩位，检查沉桩顺序。

2）检查沉桩机械平台所处的地面必须平整坚实安全。

3）检查静压沉桩仪的工作状态，查验维修记录和标定结果。

（2）静力压桩。

1）第一节桩下压时垂直度偏差不应大于 0.5%。

2）宜将每根桩一次性连续压到底，且最后节有效桩长不宜小于 5m。

3）抱压力不应大于桩身允许侧向压力的 1.1 倍。

4）对于大面积桩群，应控制日压桩量。

（3）静压送桩。

1）测量桩的垂直度并检查桩头质量，合格后方可送桩，压桩、送桩作业应连续进行。

2）送桩应采用专制钢质送桩器，不得将工程桩用作送桩器。

3）当场地上多数桩的有效桩长小于或等于 15m 或桩端持力层为风化软质岩，需要复压时，送桩深度不宜超过 1.5m。当桩的垂直度偏差小于 1%，且桩的有效桩长大于 15m 时，静压桩送桩深度不宜超过 8m。

4）送桩的最大压桩力不宜超过桩身允许抱压压桩力的 1.1 倍。

（4）引孔压桩。

1）引孔宜采用螺旋钻干作业法，引孔的垂直度偏差不宜大于 0.5%。

2）引孔作业和压桩作业应连续进行，间隔时间不宜大于 12h，在软土地基中不宜大于 3h。

3）引孔中有积水时，宜采用开口型桩尖。

（5）静压桩终压。

1）静压桩应以标高为主，压力为辅。

2）静压桩终压标准可结合现场试验结果确定。

3）终压连续复压次数应根据桩长及地质条件等因素确定，对于入土深度大于或等于 8m 的桩，复压次数可为 2～3 次，对于入土深度小于 8m 的桩，复压次数可为 3～5 次。

4）稳压压桩力不应小于终压力，稳定压桩的时间宜为 5～10s。

（二）钢筋混凝土预制桩检验批施工质量验收

钢筋混凝土预制桩主要包括锤击预制桩和静压预制桩。

（1）锤击预制桩质量检验标准应符合表 3-32 的规定。

表 3-32　　　　　　　　　　　　锤击预制桩质量检验标准

项目	序号	检查项目	允许值或允许偏差		检查方法
			单位	数值	
主控项目	1	承载力	不小于设计值		静载试验、高应变法等
	2	桩身完整性	—		低应变法

续表

项目	序号	检查项目	允许值或允许偏差		检查方法
			单位	数值	
一般项目	1	成品桩质量	表面平整，颜色均匀，掉角深度小于10mm，蜂窝面积小于总面积的0.5%		查产品合格证
	2	桩位	GB 50202—2018 表 5.1.2		全站仪或用钢尺量
	3	电焊条质量	设计要求		查产品合格证
	4	接桩：焊缝质量	GB 50202—2018 表 5.10.4		GB 50202—2018 表 5.10.4
		电焊结束后停歇时间	min	8（3）	用表计时
		上下节平面偏差	mm	≤10	用钢尺量
		节点弯曲矢高	同桩体弯曲要求		用钢尺量
	5	收锤标准	设计要求		用钢尺量或查沉桩记录
	6	桩顶标高	mm	±50	水准测量
	7	垂直度	≤1/100		经纬仪测量

注　电焊结束后停歇时间项括号中为采用二氧化碳气体保护焊时的数值。

（2）静压预制桩质量检验标准应符合表 3-33 的规定。

表 3-33　　　　　　　　　　静压预制桩质量检验标准

项目	序号	检查项目	允许值或允许偏差		检查方法
			单位	数值	
主控项目	1	承载力	不小于设计值		静载试验、高应变法等
	2	桩身完整性	—		低应变法
一般项目	1	成品桩质量	表面平整，颜色均匀，掉角深度小于10mm，蜂窝面积小于总面积的0.5%		查产品合格证
	2	桩位	GB 50202—2018 表 5.1.2		全站仪或用钢尺量
	3	电焊条质量	设计要求		查产品合格证
	4	接桩：焊缝质量	GB 50202—2018 表 5.10.4		GB 50202—2018 表 5.10.4
		电焊结束后停歇时间	min	6（3）	用表计时
		上下节平面偏差	mm	≤10	用钢尺量
		节点弯曲矢高	同桩体弯曲要求		用钢尺量
	5	终压标准	设计要求		现场实测或查沉桩记录
	6	桩顶标高	mm	±50	水准测量
	7	垂直度	≤1/100		经纬仪测量
	8	混凝土灌芯	设计要求		查灌注量

注　电焊结束后停歇时间项括号中为采用二氧化碳气体保护焊时的数值。

五、泥浆护壁成孔灌注桩

（一）泥浆护壁成孔灌注桩质量控制

施工前应检验灌注桩的原材料及桩位处的地下障碍物处理资料。施工中应对成孔、钢筋笼制作与安装、水下混凝土灌注等各项质量指标进行检查验收；嵌岩桩应对桩端的岩性和入岩深度进行检验。施工后应对桩身完整性、混凝土强度及承载力进行检验。

1. 成孔的控制深度

摩擦型桩：摩擦桩应以设计桩长控制成孔深度；端承摩擦桩必须保证设计桩长及桩端进入持力层深度。当采用锤击沉管法成孔时，桩管入土深度控制应以标高为主，以贯入度控制为辅。

端承型桩：当采用钻（冲）、挖掘成孔时，必须保证桩端进入持力层的设计深度；当采用锤击沉管法成孔时，桩管入土深度控制以贯入度为主，以控制标高为辅。

2. 钢筋笼制作与安装

（1）钢筋笼制作。

1）钢筋笼宜分段制作，分段长度应根据钢筋笼整体刚度、钢筋长度以及起重设备的有效高度等因素确定。钢筋笼接头宜采用焊接或机械式接头，接头应相互错开。

2）钢筋笼应采用环形胎模制作，钢筋笼主筋净距应符合设计要求。

3）钢筋笼的材质、尺寸应符合设计要求，钢筋笼制作允许偏差应符合设计或标准的规定。

4）钢筋笼主筋混凝土保护层允许偏差应为±20mm，钢筋笼上应设置保护层垫块，每节钢筋笼不应少于2组，每组不应少于3块，且应均匀分布于同一截面上。

（2）钢筋笼安装。

1）钢筋笼安装入孔时，应保持垂直，对准孔位轻放，避免碰撞孔壁。

2）下节钢筋笼宜露出操作平台1m。

3）上下节钢筋笼主筋连接时，应保证主筋部位对正，且保持上下节钢筋笼垂直，焊接时应对称进行。

4）钢筋笼全部安装入孔后应固定于孔口，安装标高应符合设计要求，允许偏差应为±100mm。

3. 泥浆护壁

（1）泥浆制备应选用高塑性黏土或膨润土。泥浆应根据施工机械、工艺及穿越土层情况进行配合比设计。

（2）施工期间护筒内的泥浆面应高出地下水位1.0m以上，在受水位涨落影响时，泥浆面最高水位1.5m以上。

（3）在清孔过程中，应不断置换泥浆，直至灌注水下混凝土。

（4）灌注混凝土前，孔底500mm以内的泥浆相对密度应小于1.25；含砂率不得大于8%。

4. 埋设护筒

（1）成孔时宜在孔位埋设护筒，护筒应采用钢板制作，应有足够刚度及强度；上部应设置溢流孔，下端外侧应采用黏土填实，护筒高度应满足孔内泥浆面高度要求，护筒埋设应进入稳定土层。

（2）护筒上应标出桩位，护筒中心与孔位中心偏差不应大于50mm。

（3）护筒内径应比钻头外径大100mm，冲击成孔和旋挖成孔的护筒内径应比钻头外径大200mm，垂直度偏差不宜大于1/100。

5. 正、反循环成孔钻进

（1）成孔直径不应小于设计桩径，钻头宜设置保径装置。

（2）在软土层中钻进，应根据泥浆补给及排渣情况控制钻进速度。

（3）钻机转速应根据钻头形式、土层情况、扭矩及钻头切削具磨损情况进行调整，硬质合金钻头的转速宜为 40～80r/min，钢粒钻头的转速宜为 50～120r/min，牙轮钻头的转速宜为 60～180r/min。

6. 冲击成孔质量控制

（1）在成孔前以及过程中应定期检查钢丝绳、卡扣及转向装置，冲击时应控制钢丝绳放松量。

（2）开孔时，应低锤密击，当表土为淤泥、细砂等软弱土层时，可加黏土块夹小片石反复冲击造壁，孔内泥浆面应保持稳定。

（3）进入基岩后，应采用大冲程、低频率冲击，当发现成孔偏移时，应回填片石至偏孔上方 300～500mm 处，然后重新冲孔。

（4）成孔过程中应及时排除废渣，排渣可采用泥浆循环或淘渣筒，淘渣筒直径宜为孔径的 50%～70%，每钻进 0.5～1.0m 应淘渣一次，淘渣后应及时补充孔内泥浆。

（5）应采取有效的技术措施防止扰动孔壁、塌孔、扩孔、卡钻和掉钻及泥浆流失等事故。

（6）每钻进 4～5m 应验孔一次，在更换钻头前或容易缩孔处，均应验孔。

（7）进入基岩后，非桩端持力层每钻进 300～500mm 和桩端持力层每钻进 100～300m 时，应清孔取样一次，并应做记录。

（8）钢筋笼吊装完毕后，应安置导管或气泵管二次清孔，并应进行孔位、孔径、垂直度、孔深，沉渣厚度等检验，合格后应立即灌注混凝土。

7. 灌注水下混凝土

（1）开始灌注混凝土时，导管底部至孔底的距离宜为 300～500mm。

（2）应有足够的混凝土储备量，导管一次埋入混凝土灌注面以下不应少于 0.8m。

（3）导管埋入混凝土深度宜为 2～6m。严禁将导管提出混凝土灌注面，并应控制提拔导管速度，应有专人测量导管埋深及管内外混凝土灌注面的高差，填写水下混凝土灌注记录。

（4）灌注水下混凝土必须连续施工，每根桩的灌注时间应按初盘混凝土的初凝时间控制，对灌注过程中的故障应记录备案。

（5）应控制最后一次灌注量，超灌高度宜为 0.8～1.0m，凿除泛浆后必须保证暴露的桩顶混凝土强度达到设计等级。

（二）泥浆护壁成孔灌注桩检验批施工质量验收

1. 主控项目

泥浆护壁成孔灌注桩主控项目质量检验标准应符合表 3-34 的规定。

表 3-34　　　　　　泥浆护壁成孔灌注桩主控项目质量检验标准

序号	检查项目	允许值或允许偏差		检查方法
		单位	数值	
1	承载力	不小于设计值		静载试验
2	孔深	不小于设计值		用测绳或井径仪测量

续表

序号	检查项目	允许值或允许偏差		检查方法
		单位	数值	
3	桩身完整性	—		钻芯法，低应变法，声波透射法
4	混凝土强度	不小于设计值		28d 试块强度或钻芯法
5	嵌岩深度	不小于设计值		取岩样或超前钻孔取样

2. 一般项目

泥浆护壁成孔灌注桩一般项目质量检验标准应符合表 3 - 35 的规定。

表 3 - 35　　　　　　　泥浆护壁成孔灌注桩一般项目质量检验标准

序号	检查项目		允许值或允许偏差		检查方法
			单位	数值	
1	垂直度		GB 50202—2018 表 5.1.4		用超声波或井径仪测量
2	孔径		GB 50202—2018 表 5.1.4		用超声波或井径仪测量
3	桩位		GB 50202—2018 表 5.1.4		全站仪或用钢尺量，开挖前量护筒，开挖后量桩中心
4	泥浆指标	比重（黏土或砂性土中）	1.10～1.25		用比重计测，清孔后在距孔底 500mm 处取样
		含砂率	%	≤8	洗砂瓶
		黏度	s	18～28	黏度计
5	泥浆面标高（高于地下水位）		m	0.5～1.0	目测法
6	钢筋笼质量	主筋间距	mm	±10	用钢尺量
		长度	mm	±100	用钢尺量
		钢筋材质检验	设计要求		抽样送检
		箍筋间距	mm	±20	用钢尺量
		笼直径	mm	±10	用钢尺量
7	沉渣厚度	端承桩	mm	≤50	用沉渣仪或重锤测
		摩擦桩	mm	≤150	
8	混凝土坍落度		mm	180～220	坍落度仪
9	钢筋笼安装深度		mm	+100 / 0	用钢尺量
10	混凝土充盈系数		≥1.0		实际灌注量与计算灌注量的比
11	桩顶标高		mm	+30 / -50	水准测量，需扣除桩顶浮浆层及劣质桩体
12	后注浆	注浆终止条件	注浆量不小于设计要求		查看流量表
			注浆量不小于设计要求 80%，且注浆压力达到设计值		查看流量表，检查压力表读数
		水胶比	设计值		实际用水量与水泥等胶凝材料的重量比

续表

序号	检查项目		允许值或允许偏差		检查方法
			单位	数值	
13	扩底桩	扩底直径	不小于设计值		井径仪测量
		扩底高度	不小于设计值		

六、干作业成孔灌注桩

（一）干作业成孔灌注桩质量控制

施工前应对原材料、施工组织设计中制定的施工顺序、主要成孔设备性能指标、监测仪器、监测方法、保证人员安全的措施或安全专项施工方案等进行检查验收。施工中应检验钢筋笼质量、混凝土坍落度、桩位、孔深、桩顶标高等。施工结束后应检验桩的承载力、桩身完整性及混凝土的强度。人工挖孔桩应复验孔底持力层土岩性，嵌岩桩应有桩端持力层的岩性报告。

（1）开挖前，桩位外应设置定位基准桩，安装护筒或护壁模板应用桩中心点校正其位置。

（2）人工挖孔桩的桩净距小于 2.5m 时，应采用间隔开挖和间隔灌注，且相邻排桩最小施工净距不应小于 5.0m。

（3）挖孔应从上而下进行，挖土次序宜先中间后周边。扩底部分应先挖桩身圆柱体，再按扩底尺寸从上而下进行。

（4）采用螺旋钻孔机钻孔施工应符合下列规定：

1）钻孔前应纵横调平钻机，安装护筒，采用短螺旋钻孔机钻进，每次钻进深度应与螺旋长度相同。

2）钻进过程中应及时清除孔口积土和地面散落土。

3）砂土层中钻进遇到地下水时，钻深不应大于初见水位。

4）钻孔完毕，应用盖板封闭孔口，不应在盖板上行车。

（5）采用混凝土护壁时，第一节护壁应符合下列规定：

1）孔圈中心线与设计轴线的偏差不应大于 20mm。

2）井圈顶面应高于场地地面 150～200mm。

3）壁厚应较下面井壁增厚 100～150mm。

（6）混凝土护壁立切面宜为倒梯形，平均厚度不应小于 100mm，每节高度应根据岩土层条件确定，且不宜大于 1000mm。混凝土强度等级不应低于 C20，并应振捣密实。护壁应根据岩土条件进行配筋，配置的构造钢筋直径不应小于 8mm，竖向筋应上下搭接或拉接。

（7）挖至设计标高终孔后，应清除护壁上的泥土和孔底残渣、积水，验收合格后，应立即封底和灌注桩身混凝土。

（二）干作业成孔灌注桩检验批施工质量验收

检验批的划分：同一规格，相同材料、工艺和施工条件的混凝土灌注桩，每 300 根桩划分为一个检验批，不足 300 根的也应划分为一个检验批。

1. 主控项目

干作业成孔灌注桩主控项目质量检验标准应符合表 3-36 的规定。

表 3-36 干作业成孔灌注桩主控项目质量检验标准

序号	检查项目	允许值或允许偏差		检查方法
		单位	数值	
1	承载力	不小于设计值		静载试验
2	孔深及孔底土岩性	不小于设计值		测钻杆套管长度或用测绳、检查孔底土岩性报告
3	桩身完整性	—		钻芯法（大直径嵌岩桩应钻至桩尖下500mm），低应变法或声波透射法
4	混凝土强度	不小于设计值		28d 试块强度或钻芯法
5	桩径	GB 50202—2018 表 5.1.4		井径仪或超声波检测，干作业时用钢尺量，人工挖孔桩不包括护壁厚

2. 一般项目

干作业成孔灌注桩一般项目质量检验标准见表 3-37。

表 3-37 干作业成孔灌注桩一般项目质量检验标准

序号	检查项目		允许值或允许偏差		检查方法
			单位	数值	
1	桩位		GB 50202—2018 表 5.1.4		全站仪或用钢尺量，基坑开挖前量护筒，开挖后量桩中心
2	垂直度		GB 50202—2018 表 5.1.4		经纬仪测量或线锤测量
3	桩顶标高		+30 −50		水准测量
4	混凝土坍落度		mm	90~150	坍落度仪
5	钢筋笼质量	主筋间距	mm	±10	用钢尺量
		长度	mm	±100	用钢尺量
		钢筋材质检验	设计要求		抽样送检
		箍筋间距	mm	±20	用钢尺量
		笼直径	mm	±10	用钢尺量

任务七 地下防水工程质量控制与验收

地下防水工程是地基与基础分部工程的子分部工程，其分项工程的划分应符合表 3-38 的规定。

表 3-38 地下防水工程的分项工程

子分部工程		分项工程
地下防水工程	主体结构防水	防水混凝土、水泥砂浆防水层、卷材防水层、涂料防水层、塑料防水板防水层、金属板防水层、膨润土防水材料防水层
	细部构造防水	施工缝、变形缝、后浇带、穿墙管、埋设件、预留通道接头、桩头、孔口、坑、池
	特殊施工法结构防水	锚喷支护、地下连续墙、盾构隧道、沉井、逆筑结构
	排水	渗排水、盲沟排水、隧道排水、坑道排水、塑料排水板排水
	注浆	预注浆、后注浆、结构裂缝注浆

一、防水混凝土工程

（一）质量控制

1. 材料要求

（1）水泥的选择应符合下列规定：

1）宜采用普通硅酸盐水泥或硅酸盐水泥，采用其他品种水泥时应经试验确定。

2）在受侵蚀性介质作用时，应按介质的性质选用相应的水泥品种。

3）不得使用过期或受潮结块的水泥，并不得将不同品种或强度等级的水泥混合使用。

（2）砂、石的选择应符合下列规定：

1）砂宜选用中粗砂，含泥量不应大于 3.0%，泥块含量不宜大于 1.0%。

2）不宜使用海砂；在没有使用河砂的条件时，应对海砂进行处理后才能使用，且控制氯离子含量不得大于 0.06%。

3）碎石或卵石的粒径宜为 5～40mm，含泥量不应大于 1.0%，泥块含量不应大于 0.5%。

4）对长期处于潮湿环境的重要结构混凝土用砂、石，应进行碱活性检验。

（3）矿物掺和料的选择应符合下列规定：

1）粉煤灰的级别不应低于 Ⅱ 级，烧失量不应大于 5%；

2）硅粉的比表面积不应小于 15 000m²/kg，SiO_2 含量不应小于 85%；

3）粒化高炉矿渣粉的品质要求应符合《用于水泥、砂浆和混凝土中的粒化高炉矿渣粉》（GB/T 18046—2017）的有关规定。

（4）混凝土拌和用水，应符合《混凝土用水标准》（JGJ 63—2006）的有关规定。

（5）外加剂的选择应符合下列规定：

1）外加剂的品种和用量应经试验确定，所用外加剂应符合《混凝土外加剂应用技术规范》（GB 50119—2013）的质量规定。

2）掺加引气剂或引气型减水剂的混凝土，其含气量宜控制在 3%～5%。

3）考虑外加剂对硬化混凝土收缩性能的影响。

4）严禁使用对人体产生危害、对环境产生污染的外加剂。

2. 防水混凝土的配合比

防水混凝土的配合比应经试验确定，并应符合下列规定：

（1）试配要求的抗渗水压值应比设计值提高 0.2MPa。

（2）混凝土胶凝材料总量不宜小于 320kg/m³，其中水泥用量不宜小于 260kg/m³，粉煤灰掺量宜为胶凝材料总量的 20%～30%，硅粉的掺量宜为胶凝材料总量的 2%～5%。

（3）水胶比不得大于 0.50，有侵蚀性介质时水胶比不宜大于 0.45。

（4）砂率宜为 35%～40%，泵送时可增至 45%。

（5）灰砂比宜为 1：1.5～1：2.5。

（6）混凝土拌和物的氯离子含量不应超过胶凝材料总量的 0.1%；混凝土中各类材料的总碱量即 Na_2O 当量不得大于 3kg/m³。

3. 混凝土拌制和浇筑过程质量控制

（1）拌制混凝土所用材料的品种、规格和用量，每工作班检查不应少于两次。每盘混凝土各组成材料计量结果的偏差应符合表 3-39 的规定。

（2）混凝土在浇筑地点的坍落度，每工作班至少检查两次。混凝土的坍落度试验应符合《普通混凝土拌合物性能试验方法标准》（GB/T 50080—2016）的有关规定。混凝土实测的坍落度与要求坍落度之间的偏差应符合表 3-40 的规定。

（3）防水混凝土采用预拌混凝土时，入泵坍落度宜控制在 120～160mm，坍落度每小时损失不应大于 20mm，坍落度总损失值不应大于 40mm。

表 3-39　混凝土组成材料计量结果的允许偏差

混凝土组成材料	每盘计量（%）	累计计量（%）
水泥、掺和料	±2	±1
粗、细骨料	±3	±2
水、外加剂	±2	±1

注　累计计量仅适用计算机控制计量的搅拌站。

表 3-40　混凝土坍落度允许偏差

要求坍落度（mm）	允许偏差（mm）
≤40	±10
50～90	±15
>90	±20

表 3-41　混凝土入泵时的坍落度允许偏差

所需坍落度（mm）	允许偏差（mm）
≤100	±20
>100	±30

（4）泵送混凝土在交货地点的入泵坍落度，每工作班至少检查两次。混凝土入泵时的坍落度允许偏差应符合表 3-41 的规定。

（5）当防水混凝土拌和物在运输后出现离析，必须进行二次搅拌。当坍落度损失后不能满足施工要求时，应加入原水胶比的水泥浆或掺加同品种的减水剂进行搅拌，严禁直接加水。

4. 防水混凝土抗压强度控制

防水混凝土抗压强度试件，应在混凝土浇筑地点随机取样后制作，并应符合下列规定：

（1）同一工程、同一配合比的混凝土，取样频率与试件留置组数应符合《混凝土结构工程施工质量验收规范》（GB 50204—2015）的有关规定。

（2）抗压强度试验应符合《混凝土物理力学性能试验方法标准》（GB/T 50081—2019）的有关规定。

（3）结构构件的混凝土强度评定应符合《混凝土强度检验评定标准》（GB/T 50107—2010）的有关规定。

5. 防水混凝土抗渗性能控制

防水混凝土抗渗性能应采用标准条件下养护混凝土抗渗试件的试验结果评定，试件应在混凝土浇筑地点随机取样后制作，并应符合下列规定：

（1）连续浇筑混凝土每 500m³ 应留置一组 6 个抗渗试件，且每项工程不得少于两组；采用预拌混凝土的抗渗试件，留置组数应视结构的规模和要求而定。

（2）抗渗性能试验应符合《普通混凝土长期性能和耐久性能试验方法标准》（GB/T 50082—2009）的有关规定。

6. 大体积防水混凝土的施工过程控制

大体积防水混凝土的施工应采取材料选择、温度控制、保温保湿等技术措施。在设计许可的情况下，掺粉煤灰混凝土设计强度等级的龄期宜为 60 天或 90 天。

（二）检验批施工质量验收

检验批划分：在施工方案中确定，按不同地下层的层次、变形缝、施工段或施工面积划分，同时不超过 500m²（展开面积）为一个检验批。假定某高层地下室结构，地下室底板和周围地下室混凝土墙都是防水混凝土，按照设计要求，地下室底板和周围地下室墙体分开施工，留设了水平施工缝；又因为建筑物较长，在建筑物的长度方向设置了后浇带（地下室地板没有）。这样防水混凝土分项工程就形成了 3 个检验批（注意：因设置了后浇带，在此处形成了一个细部构造分项工程检验批）。若设计中地下室底板或周围地下室墙体的混凝土又由不同的抗渗等级组成，检验批的数量还要增加。

检验批的抽样检验数量：防水混凝土分项工程检验批的抽样检验数量，应按混凝土外露面积每 100m² 抽查 1 处，每处 10m²，且不得少于 3 处。

1. 主控项目

防水混凝土主控项目检验标准及检验方法见表 3 - 42。

表 3 - 42　　　　　　　　防水混凝土主控项目检验标准及检验方法

序号	项目	质量标准及要求	检验方法
1	原材料、配合比及坍落度	防水混凝土的原材料、配合比及坍落度必须符合设计要求及有关标准的规定	检查出厂合格证，质量检验报告，配合比通知单、计量措施和现场抽样试验报告
2	抗压强度、抗渗压力	防水混凝土的抗压强度和抗渗压力必须符合设计要求	检查混凝土抗压、抗渗试验报告
3	细部做法	防水混凝土的变形缝、施工缝、后浇带、穿墙管道、埋设件等设置和构造，均需符合设计要求，严禁有渗漏	观察检查和检查隐蔽工程验收记录

2. 一般项目

防水混凝土一般项目检验标准及检验方法见表 3 - 43。

表 3 - 43　　　　　　　　防水混凝土一般项目检验标准及检验方法

序号	项目	质量标准及要求	检验方法
1	表面质量	防水混凝土结构表面应坚实、洁净、平整、干燥，不得有露筋、蜂窝等缺陷；埋设件的位置应正确	观察和尺量检查

序号	项目	质量标准及要求	检验方法
2	裂缝宽度	防水混凝土结构表面的裂缝宽度不应大于0.2mm，并不得贯通	用刻度放大镜检查
3	防水混凝土结构厚度及迎水面钢筋保护层厚度	防水混凝土的结构厚度不应小于250mm，其允许偏差为+15mm，-10mm；迎水面钢筋保护层厚度不应小于50mm，其允许偏差为±10mm	用尺量和检查隐蔽工程验收记录

二、卷材防水层工程

（一）质量控制

（1）卷材防水层应采用高聚物改性沥青防水卷材和合成高分子防水卷材。所选用的基层处理剂、胶黏剂、密封材料等配套材料，均应与铺贴的卷材材性相容。

目前，国内外用的主要卷材品种有：高聚物改性沥青防水卷材，如 SBS、APP 等防水卷材；合成高分子防水卷材有三元乙丙、氯化聚乙烯、聚氯乙烯等防水卷材，该类材料具有延伸率较大、对基层伸缩或开裂变形适应性较强的特点，适用于地下防水施工。不同种类卷材的配套材料不能相互混用，否则有可能发生腐蚀侵害或达不到黏结质量标准。

（2）铺贴防水卷材前，应将找平层清扫干净。在基面上涂刷基层处理剂；当基面较潮湿时，应涂刷湿固化型胶黏剂或潮湿界面隔离剂。

（3）两幅卷材短边和长边的搭接宽度均不应小于100mm。采用多层卷材时，上下两层和相邻两幅卷材的接缝应错开1/4幅宽，且两层卷材不得相互垂直铺贴。

建筑工程地下防水的卷材铺贴方法，主要采用冷黏法和热熔法。底板垫层混凝土平面部位的卷材宜采用空铺法、点黏法或条黏法，其他与混凝土结构相接触的部位应采用满铺法。

（4）冷黏法铺贴卷材应符合下列规定：

1）胶黏剂涂刷应均匀，不露底，不堆积。

2）铺贴卷材时应控制胶黏剂涂刷与卷材铺贴的间隔时间，排除卷材下面的空气，并辊压黏结牢固，不得有空鼓。

3）铺贴卷材应平整、顺直，搭接尺寸正确，不得有扭曲、皱褶。

4）接缝口应用密封材料封严，其宽度不应小于10mm。

（5）热熔法铺贴卷材应符合下列规定：

1）火焰加热器加热卷材应均匀，不得过分加热或烧穿卷材；厚度小于3mm的高聚物改性沥青防水卷材，严禁采用热熔法施工。

2）卷材表面热熔后应立即滚铺卷材，排除卷材下面的空气，并辊压黏结牢固，不得有空鼓。

3）滚铺卷材时接缝部位必须溢出沥青热熔胶，并应随即刮封接口使接缝黏结严密。

4）铺贴后的卷材应平整、顺直，搭接尺寸正确，不得有扭曲、皱褶。

（6）卷材防水层完工并经验收合格后应及时做保护层。保护层应符合下列规定：

1）顶板的细石混凝土保护层与防水层之间宜设置隔离层。

2) 底板的细石混凝土保护层厚度应大于 50mm。

3) 侧墙宜采用聚苯乙烯泡沫塑料保护层或砌保护砖墙（边砌边填实）和铺抹 30mm 厚水泥砂浆。

（二）检验批施工质量验收

检验批划分：在施工方案中确定，按地下楼层、变形缝、施工段及施工面积划分，同时不超过 500m²（展开面积）为一个检验批。

1. 主控项目

卷材防水层主控项目检验标准及检验方法见表 3-44。

表 3-44 卷材防水层主控项目检验标准及检验方法

序号	项目	质量标准及要求	检验方法	检验数量
1	材料要求	卷材防水层所用卷材及主要配套材料必须符合设计要求	检查出厂合格证、质量检验报告和现场抽样试验报告	按铺贴面积每 100m² 抽查 1 处，每处 10m²，且不得少于 3 处
2	细部做法	卷材防水层及其转角处、变形缝、穿墙管道等细部做法均需符合设计要求	观察检查和检查隐蔽工程验收记录	

2. 一般项目

卷材防水层一般项目检验标准及检验方法见表 3-45。

表 3-45 卷材防水层一般项目检验标准及检验方法

序号	项目	质量标准及要求	检验方法	检验数量
1	基层	卷材防水层的基层应牢固，基面应洁净、平整，不得有空鼓、松动、起砂和脱皮现象，基层阴阳角处应做成圆弧形	观察检查和检查隐蔽工程验收记录	按混凝土外露面积每 100m² 抽查 1 处。每处 10m²，且不得少于 3 处
2	搭接缝	卷材防水层的搭接缝应黏（焊）结牢固，密封严密，不得有皱褶、翘边和鼓泡等缺陷	观察检查	
3	保护层	侧墙卷材防水层的保护层与防水层应黏结牢固，接合紧密、厚度均匀一致	观察检查	
4	卷材搭接宽度的允许偏差	卷材搭接宽度的允许偏差为 10mm	观察和尺量检查	

三、细部构造防水工程

（一）质量控制

（1）防水混凝土结构的变形缝、施工缝、后浇带等细部构造，应采用止水带、遇水膨胀橡胶腻子止水条等高分子防水材料和接缝密封材料。

地下工程应设置封闭严密的变形缝，变形缝的构造应以简单可靠、易于施工为原则。选用变形缝的构造形式和材料时，应根据工程特点、地基或结构变形情况及水压、水质影响等因素，适应防水混凝土结构的伸缩和沉降的需要，并保证防水结构不破坏。对水压大于 0.3MPa、变形量为 20～30mm、结构厚度大于或等于 300mm 的变形缝，应采用中埋式橡胶止水带；对环境温度高于 50℃、结构厚度大于或等于 30mm 的变形缝可采用 2mm 厚的紫铜片或 3mm 厚的不锈钢等金属止水带，其中间呈圆弧形。

（2）变形缝的防水施工应符合下列规定：

1）止水带宽度和材质的物理性能均应符合设计要求，无裂缝和气泡；接头应采用热接不得叠接，接缝平整、牢固，不得有裂口和脱胶现象。

2）中埋式止水带中心线应和变形缝中心线重合，止水带不得穿孔或用铁钉固定。

3）变形缝设置中埋式止水带时，混凝土浇筑前应校正止水带位置，表面清理干净，止水带损坏处应修补。顶、底板止水带的下侧混凝土应振捣密实。边墙止水带内外侧混凝土应均匀，保持止水带位置正确、平直，无卷曲现象。

4）变形缝处增设的卷材或涂料层，应按设计要求施工。

（3）施工缝的防水施工应符合下列规定：

1）水平施工缝浇筑混凝土前，应将其表面浮浆和杂物清除，铺水泥砂浆或涂刷混凝土界面处理剂并及时浇筑混凝土。

2）垂直施工缝浇筑混凝土前，应将其表面清理干净，涂刷混凝土界面处理剂并及时浇筑混凝土。

3）施工缝采用遇水膨胀橡胶腻子止水条时，应将止水条牢固地安装在缝表面预留槽内。

4）施工缝采用中埋式止水带时，应确保止水带位置准确、固定牢靠。

（4）后浇带的防水施工应符合下列规定：

1）后浇带应在其两侧混凝土龄期达到 42 天后再施工。

2）后浇带的接缝处理与施工缝相同。

3）后浇带应采用补偿收缩混凝土，其强度等级不得低于两侧混凝土。

4）后浇带混凝土养护时间不得少于 28 天。

（5）穿墙管道的防水施工应符合下列规定：

1）穿墙管止水环与主管或翼环与套管应连续满焊，并做好防腐处理。

2）穿墙管处防水层施工前，应将套管内表面清理干净。套管内的管道安装完毕后，应在两管间嵌入内衬填料，端部用密封材料填缝。柔性穿墙时，穿墙内侧应用法兰压紧。

3）穿墙管外侧防水层应铺设严密，不留接槎；增铺附加层时，应按设计要求施工。

（6）埋设件的防水施工应符合下列规定：

1）埋设件端部或预留孔（槽）底部的混凝土厚度不得小于 250mm；当厚度小于250mm 时，必须局部加厚或采取其他防水措施。

2）预留地坑、孔洞、沟槽内的防水层，应与孔（槽）外的结构防水层保持连续。

3）固定模板用的螺栓必须穿过混凝土结构时，螺栓或套管应满焊止水环或翼环；采用工具式螺栓或螺栓加堵头做法，拆模后应采取加强防水措施将留下的凹槽封堵密实。

（7）密封材料的防水施工应符合下列规定：

1）检查黏结基层的干燥程度及接缝的尺寸，接缝内部的杂物应清除干净。

2）热灌法施工应自下向上进行并尽量减少接头，接头应采用斜槎；密封材料熬制及浇灌温度应按有关材料要求严格控制。

3）冷嵌法施工应分次将密封材料嵌填在缝内，压嵌密实并与缝壁黏结牢固，防止裹入空气。接头应采用斜槎。

4）接缝处的密封材料底部应嵌填背衬材料，外露密封材料上应设置保护层，其宽度不得小于 100mm。

（二）检验批施工质量验收

检验批划分：在施工方案中确定，根据建筑物地下室的部位和分段施工的要求划分。

（1）主控项目。细部构造工程主控项目检验标准及检验方法见表 3-46。

表 3-46　　　　　　　　　　　　　细部构造工程主控项目检验标准及检验方法

序号	项目	质量标准及要求	检验方法	检验数量
1	材料要求	卷材防水层所用卷材及主要配套材料必须符合设计要求	检查出厂合格证、质量检验报告和现场抽样试验报告	全数检查
2	细部做法	卷材防水层及其转角处、变形缝、穿墙管道等细部做法均需符合设计要求	观察检查和检查隐蔽工程验收记录	

（2）一般项目。细部构造工程一般项目检验标准及检验方法见表 3-47。

表 3-47　　　　　　　　　　　　　细部构造工程一般项目检验标准及检验方法

序号	项目	质量标准及要求	检验方法	检验数量
1	止水带埋设	中埋式止水带中心线应与变形缝中心线重合，止水带应固定牢靠、平直，不得有扭曲现象	观察和检查隐蔽工程验收记录	全数检查
2	穿墙管止水环加工	穿墙管止水环与主管或翼环与套管应连续满焊，并做防腐处理		
3	接缝密封材料	接缝处混凝土表面应密实、洁净、干燥。密封材料应嵌填严密、黏结牢固，不得有开裂、鼓泡和下坍现象	观察检查	

四、地下防水子分部工程质量验收

（一）基本规定

（1）地下防水工程必须由持有资质等级证书的防水专业队伍进行施工，主要施工人员应持有省级及以上建设行政主管部门或其指定单位颁发的执业资格证书或防水专业岗位证书。

（2）地下防水工程施工前，应通过图纸会审，掌握结构主体及细部构造的防水要求，施工单位应编制防水工程专项施工方案，经监理单位或建设单位审查批准后执行。

（3）地下工程所使用防水材料的品种、规格、性能等必须符合现行国家或行业产品标准和设计要求。防水材料必须经具备相应资质的检测单位进行抽样检验，并出具产品性能检测报告。地下工程使用的防水材料及其配套材料，应符合《建筑防水涂料中有害物质限量》（JC 1066—2008）的规定，不得对周围环境造成污染。

（4）地下防水工程的施工，应建立各道工序的自检、交接检和专职人员检查的制度，并有完整的检查记录；工程隐蔽前，应由施工单位通知有关单位进行验收，并形成隐蔽工程验收记录；未经监理单位或建设单位代表对上道工序的检查确认，不得进行下道工序的施工。

（5）地下防水工程的分项工程检验批和抽样检验数量应符合下列规定：

1）主体结构防水工程和细部构造防水工程应按结构层、变形缝或后浇带等施工段划分检验批。

2）特殊施工法结构防水工程应按隧道区间、变形缝等施工段划分检验批。

3）排水工程和注浆工程应各为一个检验批。

4）各检验批的抽样检验数量：细部构造应为全数检查，其他均应符合《地下防水工程质量验收规范》（GB 50208—2011）的规定。

（6）地下工程应按设计的防水等级标准进行验收。地下工程渗漏水调查与检测应按《地下防水工程质量验收规范》（GB 50208—2011）附录 C 执行。

（二）具体要求

（1）地下防水工程质量验收的程序和组织，应符合《建筑工程施工质量验收统一标准》（GB 50300—2013）的有关规定。

（2）检验批的合格判定应符合下列规定：

1）主控项目的质量经抽样检验全部合格。

2）一般项目的质量经抽样检验 80% 以上检测点合格，其余不得有影响使用功能的缺陷；对有允许偏差的检验项目，其最大偏差不得超过《地下防水工程质量验收规范》（GB 50208—2011）规定允许偏差的 1.5 倍。

3）施工具有明确的操作依据和完整的质量检查记录。

（3）分项工程质量验收合格应符合下列规定：

1）分项工程所含检验批的质量均应验收合格。

2）分项工程所含检验批的质量验收记录应完整。

（4）子分部工程质量验收合格应符合下列规定：

1）子分部所含分项工程的质量均应验收合格。

2）质量控制资料应完整。

3）地下工程渗漏水检测应符合设计的防水等级标准要求。

4）观感质量检查应符合要求。

（5）地下防水工程竣工和记录资料应符合表 3-48 的规定。

表 3-48　　　　地下防水工程竣工和记录资料

序号	项目	竣工和记录资料
1	防水设计	施工图、设计交底记录、图纸会审记录、设计变更通知单和材料代用核定单
2	资质、资格证明	施工单位资质及施工人员上岗证复印证件
3	施工方案	施工方法、技术措施、质量保证措施
4	技术交底	施工操作要求及安全等注意事项
5	材料质量证明	产品合格证、产品性能检测报告、材料进场检验报告
6	混凝土、砂浆质量证明	试配及施工配合比，混凝土抗压强度、抗渗性能检验报告，砂浆黏结强度、抗渗性能检验报告
7	中间检查记录	施工质量验收记录、隐蔽工程验收记录、施工检查记录
8	检验记录	渗漏水检测记录、观感质量检查记录
9	施工日志	逐日施工情况
10	其他资料	事故处理报告、技术总结

（6）地下防水工程应对下列部位做好隐蔽工程验收记录：

1）防水层的基层。

2）防水混凝土结构和防水层被掩盖的部位。

3）施工缝、变形缝、后浇带等防水构造做法。

4）管道穿过防水层的封固部位。

5）渗排水层、盲沟和坑槽。

6）结构裂缝注浆处理部位。

7）衬砌前围岩渗漏水处理部位。

8）基坑的超挖和回填。

（7）地下防水工程的观感质量检查应符合下列规定：

1）防水混凝土应密实，表面应平整，不得有露筋、蜂窝等缺陷；裂缝宽度不得大于 0.2mm，并不得贯通。

2）水泥砂浆防水层应密实、平整，黏结牢固，不得有空鼓、裂纹、起砂、麻面等缺陷。

3）卷材防水层接缝应粘贴牢固，封闭严密，防水层不得有损伤、空鼓、褶皱等缺陷。

4）涂料防水层应与基层黏结牢固，不得有脱皮、流淌、鼓泡、露胎、褶皱等缺陷。

5）塑料防水板防水层应铺设牢固、平整，搭接焊缝严密，不得有下垂、绷紧破损现象。

6）金属板防水层焊缝不得有裂纹、未熔合、夹渣、焊瘤、咬边、烧穿、弧坑、针状气孔等缺陷。

7）施工缝、变形缝、后浇带、穿墙管、埋设件、预留通道接头、桩头、孔口、坑、池等防水构造应符合设计要求。

8）锚喷支护、地下连续墙、盾构隧道、沉井、逆筑结构等防水构造应符合设计要求。

9）排水系统不淤积、不堵塞，确保排水畅通。

10）结构裂缝的注浆效果应符合设计要求。

（8）地下工程出现渗漏水时，应及时进行治理，符合设计的防水等级标准要求后方可验收。

（9）地下防水工程验收后，应填写子分部工程质量验收记录，随同工程验收资料分别由建设单位和施工单位存档。

任务八 地基基础分部工程质量验收

一、质量验收规定

（1）地基基础工程施工前，必须具备完备的地质勘察资料及工程附近管线、建筑物、构筑物和其他公共设施的构造情况，必要时，应做施工勘察和调查以确保工程质量及邻近建筑的安全。

（2）施工单位必须具备相应专业资质，并应建立完善的质量管理体系和质量检验制度。

（3）从事地基基础工程检测及见证试验的单位，必须具备省级以上（含省、自治区、直辖市）建设行政主管部门颁发的资质证书和计量行政主管部门颁发的计量认证合格证书。

（4）地基施工结束，宜在一个间歇期后，进行质量验收，间歇期由设计确定。

（5）对灰土地基、砂和砂石地基、土工合成材料地基、粉煤灰地基、强夯地基、注浆地基、预压地基，其竣工后的结果（地基强度或承载力）必须达到设计要求的标准。检验数量：每单位工程不应少于 3 点；1000m² 以上工程，每 100m² 至少应有 1 点；3000m² 以上工程，每 300m² 至少应有 1 点。每一独立基础下至少应有 1 点，基槽每 20 延米应有 1 点。

（6）分项工程、分部（子分部）工程质量的验收，均应在施工单位自检合格的基础上进行。施工单位确认自检合格后向项目经理机构提出工程验收申请。

（7）对隐蔽工程应进行中间验收。

（8）分部（子分部）工程验收应由总监理工程师或建设单位项目负责人组织勘察、设计单位及施工单位的项目负责人、技术质量负责人，共同按设计要求和《建筑地基基础工程质量验收标准》（GB 50202—2018）及其他有关规定进行验收。

（9）验收工作应按下列规定进行：

1）分项工程的质量验收应分别按主控项目和一般项目验收。

2）隐蔽工程应在施工单位自检合格后，于隐蔽前通知有关人员检查验收，并形成中间验收文件。

3）分部（子分部）工程的验收，应在分项工程通过验收的基础上，对必要的部位进行见证检验。

（10）主控项目必须符合验收标准规定，发现问题应立即处理直至符合要求，一般项目应有 80％合格。混凝土试件强度评定不合格或对试件的代表性有怀疑时，应采用钻芯取样，检测结果符合设计要求，可按合格验收。

二、安全和功能检验资料核查及主要功能抽查

（1）地基基础工程安全和功能检测应在分项工程或检验批验收时进行。

（2）持力层经检查验收符合设计承载力要求后才允许下道工序施工。

（3）桩基承载力测试要严格按数量、位置要求留置试验桩，检测结果必须满足设计要求。

（4）支护结构必须符合设计，且满足施工方案要求。设计及施工方案中，对深基坑施工必须确保相邻建筑及地下设施的安全。高层及重要建筑施工应有沉降观测记录、建筑物范围内的地下设施的处理记录。

（5）混凝土强度等级经试块检测达不到设计要求或对试块代表性有怀疑时，应钻芯取样，检测结果符合设计要求，可按合格验收。

（6）基土、回填土及建筑材料对环境污染的控制应符合设计要求和国家及省的有关规范规定。

（7）地基基础子分部工程安全和功能检测应具备原件检测报告及相应技术措施数据准确，签章规范，验收应按表 3 - 49 记录，由施工项目质量（技术）负责人填写，由总监理工程师组织监理工程师、项目经理核查和抽查。

表 3 - 49　　　　　　**地基基础子分部工程安全和功能检验资料核查及主要功能抽查记录**

工程名称			施工单位		
序号	安全和功能检验项目	份数	核查意见	抽查结果	抽查（核查）人
1	持力层原位（承载力）测试报告				
2	桩基承载力测试报告				

续表

序号	安全和功能检验项目	份数	核查意见	抽查结果	抽查（核查）人
3	地基处理措施及检测报告				
4	支护结构（符合设计和方案要求）				
5	混凝土强度检测报告				
6	基土、回填土、建筑材料对室内环境污染控制检测报告				

结论：

施工单位项目经理：
　　　　　　　　　　　　　　　　　　　　　　　　　　　总监理工程师：
　　　　　　　　　　　　　　　　　　　　　　　　　　（建设单位项目技术负责人）
　　年　月　日
　　　　　　　　　　　　　　　　　　　　　　　　　　　年　月　日

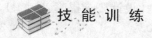 技 能 训 练

一、单选题

1. 对土方开挖检查数量的要求，不正确的是（　　　）。

　　A. 对标高质量检查时，基坑每 $10m^2$ 取 1 点，每坑不少于 2 点

　　B. 对边坡质量检查时，每 $20m$ 取 1 点，每边不少于 1 点

　　C. 表面平整度要求每 $30 \sim 50m^2$ 取 1 点

　　D. 基底土性应全数观察检查

2. 土方开挖工程质量检验的主控项目有标高、长宽和（　　　）。

　　A. 表面平整度　　　　　B. 边坡　　　　　C. 基底土性　　　　　D. 观感质量

3. 土方开挖工程质量检验标准中，柱基按总数抽查（　　　），但不少于 5 个，每个不少于 2 点。

　　A. 5％　　　　　　B. 7％　　　　　　C. 10％　　　　　　D. 15％

4. 土方开挖工程质量检验标准中，基槽、管沟、排水沟、路面基层每（　　　）取 1 点，但不少于 5 个。

　　A. 20m　　　　　　B. 25m　　　　　　C. 30m　　　　　　D. 35m

5. 填土工程质量检验标准中，密实度控制基坑和室内填土，每层按每（　　　）取样一组。

　　A. $20m^2$　　　　　B. $20 \sim 300m^2$　　　　　C. $50 \sim 400m^2$　　　　　D. $100 \sim 500m^2$

6. 填土工程质量检验标准中，基坑和管沟回填每（　　　）取样一组，但每层均不得少于一组，取样部位在每层压实后的下半部。

　　A. $10m^2$　　　　　B. $10 \sim 20m^2$　　　　　C. $20 \sim 50m^2$　　　　　D. $30 \sim 70m^2$

7. 灰土地基验收标准中，石灰粒径应（　　　）。

A. ＞6mm   B. ≥5mm   C. ≤5mm   D. ＜6mm

8. 轻型打夯机施工的灰土分层铺设的厚度一般不大于（　　）。

    A. 250mm   B. 350mm   C. 450mm   D. 1m

9. 灰土地基施工应采用（　　）。

    A. 最大含水量   B. 最小含水量   C. 最优含水量   D. 天然含水量

10. 下列选项中，不属于砂及砂石地基主控项目的是（　　）。

    A. 压实系数   B. 石料粒径   C. 配合比   D. 地基承载力

11. 下列关于灌注桩钢筋笼制作质量控制正确的是（　　）。

    A. 主筋净距必须大于混凝土粗骨料粒径 2 倍以上

    B. 加劲箍宜设在主筋内侧

    C. 钢筋笼的内径应比导管接头处的外径大 100mm 以上

    D. 分节制作的钢筋笼，主筋接头宜用绑扎

12. 混凝土灌注桩检验的主控项目不包括（　　）。

    A. 桩位、孔深和混凝土强度   B. 桩体质量检验

    C. 桩承载力   D. 混凝土充盈系数

13. 试配混凝土的抗渗等级应比设计要求提高（　　）MPa。

    A. 0.1   B. 0.2   C. 0.3   D. 0.4

14. 当规定坍落度为 90mm 时，防水混凝土的坍落度允许偏差为（　　）。

    A. ±15mm   B. ±20mm   C. ±25mm   D. ±30mm

15. 混凝土在浇筑地点的坍落度，每工作班至少检查（　　）次。

    A. 1   B. 2   C. 3   D. 4

二、多选题

1. 下列属于填土工程主控项目的有（　　）。

    A. 表面平整度   B. 标高   C. 回填土料   D. 分层压实系数

2. 下列属于土方开挖工程质量检验标准中主控项目的是（　　）。

    A. 基底土性   B. 标高   C. 边坡   D. 长度、宽度

3. 填土工程质量检验标准中，关于标高说法正确的是（　　）。

    A. 柱基按总数抽查 5％，但不少于 5 个，每个不少于 2 点

    B. 场地平整填方，每层按每 400～900m² 取样一组

    C. 基坑每 20m² 取 1 点，每坑不少于 2 点

    D. 基槽、管沟、排水沟、路面基层每 20m 取 1 点，但不少于 5 点

    E. 场地平整每 100～400m² 取 1 点，但不少于 10 点

4. 灰土地基验收标准的主控项目中，（　　）必须达到设计要求值。

    A. 低级承载力   B. 石料粒径

    C. 灰土配合   D. 砂石料有机含量

    E. 压实系数

5. 下列选项中，关于灰土地基验收标准，说法错误的是（　　）。

    A. 主控项目基本达到设计要求值

    B. 土料中的最大粒径必须小于 15mm

C. 含水量与要求的最优含水量比较，应为±2%

D. 分层铺设厚度偏差，与设计要求比较，应为±50mm

E. 土料中的有机质含量应小于或等于10%

6. 静力压桩施工结束后，应做（　　）等主控项目检验。

A. 桩的承载力　　　　B. 桩体质量　　　　C. 压桩压力　　　　D. 桩外观

7. 当防水混凝土拌和物坍落度损失后不能满足施工要求时，应（　　）。

A. 加入原水胶比的水泥浆进行搅拌　　　　B. 直接二次搅拌

C. 掺加同品种的减水剂进行搅拌　　　　D. 直接加水搅拌

三、案例分析题

某城市建筑公司准备建造某住宅工程，该工程8层，共计22栋，总建筑面积达20 212.34m²。设计为框架结构，混凝土灌注桩，现着手准备土方工程。

根据以上内容，回答下列问题：

1. 土方工程施工前的质量控制措施有哪些？

2. 混凝土灌注桩工程质量检验标准与检验方法的主要内容是什么？

项目四 砌体结构工程

任务一 砖砌体工程质量控制与验收

砖砌体工程的块体，一般采用烧结普通砖、烧结多孔砖、混凝土多孔砖、混凝土实心砖、蒸压灰砂砖、蒸压粉煤灰砖等。

一、砖砌体工程质量控制

（1）块体质量要求。

1）砌体砌筑时，混凝土多孔砖、混凝土实心砖、蒸压灰砂砖、蒸压粉煤灰砖等块体的产品龄期不应小于28天。

2）不同品种的砖不得在同一楼层混砌。

3）砌筑烧结普通砖、烧结多孔砖、蒸压灰砂砖、蒸压粉煤灰砖砌体时，砖应提前1～2天适度湿润，严禁采用干砖或处于吸水饱和状态的砖砌筑，块体湿润程度宜符合下列规定：

a. 烧结类块体的相对含水率为60%～70%。

b. 混凝土多孔砖及混凝土实心砖不需浇水湿润，但在气候干燥炎热的情况下，宜在砌筑前对其喷水湿润。其他非烧结类块体的相对含水率为40%～50%。

（2）砌筑砂浆拌制和使用要求。

1）砂浆配合比、和易性应符合设计及施工要求。砂浆现场拌制时，各组分材料应采用质量计量。

2）拌制水泥砂浆时，应先将砂和水泥干拌均匀后，再加水搅拌均匀；拌制水泥混合砂浆时，应先将砂与水泥干拌均匀后，再添掺加料（石灰膏、黏土膏）和水搅拌均匀；拌制水泥粉煤灰砂浆时，应先将水泥、粉煤灰、砂干拌均匀后，再加水搅拌均匀；掺用外加剂拌制砂浆时，应先将外加剂按规定浓度溶于水中，在拌和水加入时投入外加剂溶液，外加剂不得直接加入拌制的砂浆中。

3）砌筑砂浆应采用机械搅拌，自投料完起算其搅拌时间，水泥砂浆和水泥混合砂浆不少于2min；水泥粉煤灰砂浆和掺用外加剂的砂浆不得少于3min；掺用有机塑化剂的砂浆应控制在3～5min。对于掺用缓凝剂的砂浆，其使用时间可根据具体情况而适当延长。

4）砌筑砂浆应随拌随用。水泥砂浆和水泥混合砂浆应分别在3h和4h内使用完毕；当施工期间最高气温超过30℃时，必须分别在拌成后2h和3h内使用完毕。超出上述时间的砂浆，不得使用，并不应再次拌和使用。

5）砂浆拌和后和使用过程中，均应盛入储灰器中。当出现泌水现象时，应在砌筑前再次拌和方可使用。

6）施工中应在砂浆拌和地点留置砂浆强度试块，各类型及强度等级的砌筑砂浆每一检验批不超过250m³的砌体，每台搅拌机应至少制作一组试块（每组6块），其标准养护试块28天的抗压强度应满足设计要求。

（3）砌筑前检查测量放线的测量结果并进行复核。标志板、皮数杆设置位置准确牢固。

(4) 施工过程中应随时检查砌体的组砌形式，保证上下皮砖至少错开 1/4 的砖长，避免产生通缝；240mm 厚承重墙的每层墙的最上一皮砖，砖砌体的阶台水平面上及挑出层的外皮砖，应整砖丁砌；多孔砖的孔洞应垂直于受压面砌筑。半盲孔多孔砖的封底面应朝上砌筑。

(5) 施工中应采用适当的砌筑方法。采用铺浆法砌筑砌体，铺浆长度不得超过 750mm；当施工期间气温超过 30℃时，铺浆长度不得超过 500mm。

(6) 施工过程中应随时检查墙体平整度和垂直度，并应采取"三皮一吊、五皮一靠"的检查方法，保证墙面横平竖直；随时检查砂浆的饱满度，水平灰缝饱满度应达到 80％，竖向灰缝不应出现瞎缝、透明缝和假缝。

(7) 施工过程中应检查转角处和交接处的砌筑及接槎的质量。检查时要注意砌体的转角处和交接处应同时砌筑，严禁无可靠措施的内外墙分砌施工。抗震设防区应按规定在转角和交接部位设置拉结钢筋（拉结筋的设置应予以特别的关注）。砖砌体施工临时间断处补砌时，必须将接槎处表面清理干净，洒水湿润，并填实砂浆，保持灰缝平直。

(8) 设计要求的洞口、管线、沟槽、应在砌筑时按设计留设或预埋。超过 300mm 的口上部应设过梁，不得随意在墙体上开洞、凿槽，尤其严禁开凿水平槽。

(9) 在砌体上预留的施工洞口，其洞口侧边距墙端不应小于 500mm，洞口净宽不应超过 1m，并在洞口设过梁。

(10) 检查脚手架眼的设置是否符合要求。在下列位置不得留设脚手架眼：半砖厚墙、料石清水墙和砖柱；过梁上，与过梁成 60°的三角形范围及过梁净跨 1/2 的高度范围内；门窗洞口两侧 200mm 及转角 450mm 范围内的砖砌体；宽度小于 1m 的窗间墙；梁及梁垫下及其左右 500mm 范围内。

(11) 检查构造柱的设置、施工（构造柱与圈梁交接处箍筋间距不均匀是常见的质量缺陷）是否符合设计及施工规范的要求。

(12) 砌体的伸缩缝、沉降缝、防震缝中，不得有混凝土、砂浆块、砖块等杂物。

(13) 砌体中的预埋件应做防腐处理。

二、砖砌体工程质量验收

1. 主控项目

(1) 砖和砂浆的强度等级必须符合设计要求。

抽检数量：每一生产厂家，烧结普通砖、混凝土实心砖每 15 万块，烧结多孔砖、混凝土多孔砖、蒸压灰砂砖及蒸压粉煤灰砖每 10 万块各为一验收批，不足上述数量时按 1 批计，抽检数量为 1 组。砂浆试块的抽检数量执行《砌体结构工程施工质量验收规范》（GB 50203—2011）的有关规定。

检验方法：检查砖和砂浆试块试验报告。

(2) 砌体灰缝砂浆应密实饱满，砖墙水平灰缝的砂浆饱满度不得低于 80％；砖柱水平灰缝和竖向灰缝饱满度不得低于 90％。

抽检数量：每检验批抽查不应少于 5 处。

检验方法：用百格网检查砖底面与砂浆的黏结痕迹面积。每处检测 3 块砖，取其平均值。

(3) 砖砌体的转角处和交接处应同时砌筑，严禁无可靠措施的内外墙分砌施工。在抗震设防烈度为 8 度及 8 度以上的地区，对不能同时砌筑而又必须留置的临时间断处应砌成斜槎，普通砖砌体斜槎水平投影长度不应小于高度的 2/3。多孔砖砌体的斜槎长高比不应小于 1/2。斜槎高度不得超过一步脚手架的高度。

抽检数量：每检验批抽查不应少于 5 处。

检验方法：观察检查。

(4) 非抗震设防及抗震设防烈度为 6、7 度地区的临时间断处，当不能留斜槎时，除转角处外，可留直槎，但直槎必须做成凸槎，且应加设拉结钢筋，拉结钢筋应符合下列规定：

1) 每 120mm 墙厚放置 φ6 拉结钢筋（120mm 厚墙应放置 25φ6 拉结钢筋）。

2) 间距沿墙高不应超过 500mm，且竖向间距偏差不应超过 100mm。

3) 埋入长度从留槎处算起每边均不应小于 500mm，对抗震设防烈度为 6、7 度的地区，不应小于 1000mm。

4) 末端应有 90°弯钩。

抽检数量：每检验批抽查不应少于 5 处。

检验方法：观察和尺量检查。

2. 一般项目

(1) 砖砌体组砌方法应正确，内外搭砌，上、下错缝。清水墙、窗间墙无通缝；混水墙中不得有长度大于 300mm 的通缝，长度为 200~300mm 的通缝每间不超过 3 处，且不得位于同一面墙体上。砖柱不得采用包心砌法。

抽检数量：每检验批抽查不应少于 5 处。

检验方法：观察检查。砌体组砌方法抽检每处应为 3~5m。

(2) 砖砌体的灰缝应横平竖直，厚薄均匀。水平灰缝厚度及竖向灰缝宽度宜为 10mm，但不应小于 8mm，也不应大于 12mm。

抽检数量：每检验批抽查不应少于 5 处。

检验方法：水平灰缝厚度用尺量 10 皮砖砌体高度折算。竖向灰缝宽度用尺量 2m 砌体长度折算。

(3) 砖砌体尺寸、位置的允许偏差及检验应符合表 4-1 的规定。

表 4-1　　　　　　　　　　　　砖砌体尺寸、位置的允许偏差及检验

项次	项目			允许偏差（mm）	检验方法	抽检数量
1	轴线位移			10	用经纬仪和尺或用其他测量仪器检查	承重墙、柱全数检查
2	基础、墙、柱顶面标高			±15	用水准仪和尺检查	不应小于 5 处
3	墙面垂直度	每层		5	用 2m 托线板检查	不应小于 5 处
		全高	≤10m	10	用经纬仪、吊线和尺或其他测量仪器检查	外墙全部阳角
			>10m	20		
4	表面平整度	清水墙、柱		5	用 2m 靠尺和楔形塞尺检查	不应小于 5 处
		混水墙、柱		8		
5	水平灰缝平直度	清水墙		7	拉 5m 线和尺检查	不应小于 5 处
		混水墙		10		

项次	项目	允许偏差（mm）	检验方法	抽检数量
6	门窗洞口高、宽（塞口）	.±10	用尺检查	不应小于5处
7	外墙下窗口偏移	20	以底层窗口为准，用经纬仪或吊线检查	不应小于5处
8	清水墙游丁走缝	20	以每层第一皮砖为准，用吊线和尺检查	不应小于5处

3. 砖砌体工程检验批质量验收记录

砖砌体工程检验批质量验收按表4-2进行记录。

表 4-2　　　　　　　　　　　　砖砌体工程检验批质量验收记录

工程名称			分部工程名称			验收部位	
施工单位						项目经理	
施工执行标准名称及编号						专业工长	
分包单位						施工班组长	

质量验收规范的规定			施工单位检查评定记录							监理（建设）单位验收记录
主控项目	砖强度等级	设计要求 MU								
	砂浆强度等级	设计要求 M								
	斜槎留置	5.2.3条								
	转角、交接处	5.2.3条								
	直槎拉结钢筋及接槎处理	5.2.4条								
	砂浆饱满度	≥80%（墙）								
		≥90%（柱）								
一般项目	轴线位移	≤10mm								
	垂直度（每层）	≤5mm								
	组砌方法	5.3.1条								
	水平灰缝厚度	5.3.2条								
	竖向灰缝宽度	5.3.2条								
	基础、墙、柱顶面标高	±15mm 以内								
	表面平整度	≤5mm（清水）								
		≤8mm（混水）								
	门窗洞口高、宽（后塞口）	±10mm 以内								
	窗口偏移	≤20mm								
	水平灰缝平直度	≤7mm（清水）								
		≤10mm（清水）								
	清水墙游丁走缝	≤20m								

续表

施工单位检查评定结果	项目专业质量检查员：　　　　　　　　　项目专业质量（技术）负责人： 　　年　月　日　　　　　　　　　　　　　　　　　年　月　日
监理（建设）单位验收结论	监理工程师(建设单位项目工程师)： 　　　　　　　　　　　　　　　　　　　　　　　　　　　年　月　日

　　注　1. 本表由施工项目专职质量检查员填写，监理工程师（建设单位项目技术负责人）组织项目专业质量（技术）负责人等进行验收。对表中有数值要求的项目，应填写检测数据。

　　　　2. 本表摘自《砌体结构工程施工质量验收规范》（GB 50203—2011）附录 A。

任务二　混凝土小型空心砌块砌体工程质量控制与验收

　　混凝土小型空心砌块（以下简称小砌块）包括普通混凝土小型空心砌块和轻骨料混凝土小型空心砌块两种。

　　一、混凝土小型空心砌块砌体工程质量控制

　　（1）施工前，应按房屋设计图编绘小砌块平、立面排块图，施工中应按排块图施工。

　　（2）施工采用的小砌块的产品龄期不应小于 28 天。

　　（3）砌筑小砌块时，应清除表面污物，剔除外观质量不合格的小砌块。

　　（4）砌筑小砌块砌体，宜选用专用小砌块砌筑砂浆。

　　（5）底层室内地面以下或防潮层以下的砌体，应采用强度等级不低于 C20（或 Cb20）的混凝土灌实小砌块的孔洞。

　　（6）砌筑普通混凝土小型空心砌块砌体，不需对小砌块浇水湿润，如遇天气干燥炎热，宜在砌筑前对其喷水湿润；对轻骨料混凝土小砌块，应提前浇水湿润，块体的相对含水率宜为 40%～50%。雨天及小砌块表面有浮水时，不得施工。

　　（7）承重墙体使用的小砌块应完整、无破损、无裂缝。

　　（8）小砌块墙体应孔对孔、肋对肋错缝搭砌。单排孔小砌块的搭接长度应为块体长度的 1/2；多排孔小砌块的搭接长度可适当调整，但不宜小于小砌块长度的 1/3，且不应小于 90mm。墙体的个别部位不能满足上述要求时，应在灰缝中设置拉结钢筋或钢筋网片，但竖向通缝仍不得超过两皮小砌块。

　　（9）小砌块应将生产时的底面朝上反砌于墙上。

　　（10）小砌块墙体宜逐块坐（铺）浆砌筑。

　　（11）在散热器、厨房和卫生间等设备的卡具安装处砌筑的小砌块，宜在施工前用强度等级不低于 C20（或 Cb20）的混凝土将其孔洞灌实。

　　（12）每步架墙（柱）砌筑完后，应随即刮平墙体灰缝。

　　（13）芯柱处小砌块墙体砌筑应符合下列规定：

　　1）每一楼层芯柱处第一皮小砌块应采用开口小砌块；

2）砌筑时应随砌随清除小砌块孔内的毛边，并将灰缝中挤出的砂浆刮净。

（14）芯柱混凝土宜选用专用小砌块灌孔混凝土。浇筑芯柱混凝土应符合下列规定：

1）每次连续浇筑的高度宜为半个楼层，但不应大于1.8m；

2）浇筑芯柱混凝土时，砌筑砂浆强度应大于1MPa；

3）清除孔内掉落的砂浆等杂物，并用水冲淋孔壁；

4）浇筑芯柱混凝土前，应先注入适量与芯柱混凝土成分相同的去石砂浆；

5）每浇筑400～500mm高度捣实一次，或边浇筑边捣实。

二、混凝土小型空心砌块砌体工程质量验收

检验批划分：依据拟定的施工方案内容要求，按不同的结构层、变形缝、施工段，以及不同砌块规格、品种、组砌形式、砌筑方法或砌筑面积大小为一个检验批。

1. 主控项目

（1）小砌块和芯柱混凝土、砌筑砂浆的强度等级必须符合设计要求。

抽检数量：每一生产厂家，每1万块小砌块为一验收批，不足1万块按一批计，抽检数量为1组；用于多层以上建筑的基础和底层的小砌块抽检数量不应少于2组。砂浆试块的抽检数量应执行《砌体结构工程施工质量验收规范》（GB 50203—2011）的有关规定。

检验方法：检查小砌块和芯柱混凝土、砌筑砂浆试块试验报告。

（2）砌体水平灰缝和竖向灰缝的砂浆饱满度，按净面积计算不得低于90%。

抽检数量：每检验批抽查不应少于5处。

检验方法：用专用百格网检测小砌块与砂浆黏结痕迹，每处检测3块小砌块，取其平均值。

（3）墙体转角处和纵横交接处应同时砌筑。临时间断处应砌成斜槎，斜槎水平投影长度不应小于斜槎高度。施工洞口可预留直槎，但在洞口砌筑和补砌时，应在直槎上下搭砌的小砌块孔洞内用强度等级不低于C20（或Cb20）的混凝土灌实。

抽检数量：每检验批抽查不应少于5处。

检验方法：观察检查。

（4）小砌块砌体的芯柱在楼盖处应贯通，不得削弱芯柱截面尺寸；芯柱混凝土不得漏灌。

抽检数量：每检验批抽查不应少于5处。

检验方法：观察检查。

2. 一般项目

（1）砌体的水平灰缝厚度和竖向灰缝宽度宜为10mm，但不应小于8mm，也不应大于12mm。

抽检数量：每检验批抽查不应少于5处。

检验方法：水平灰缝厚度用尺量5皮小砌块的高度折算；竖向灰缝宽度用尺量2m砌体长度折算。

（2）小砌块砌体尺寸、位置的允许偏差应按表4-1执行。

3. 混凝土小型空心砌块砌体工程检验批质量验收记录

混凝土小型空心砌块砌体工程检验批质量验收按表4-3进行记录。

表 4 - 3　　　　　　　　　　　混凝土小型空心砌块砌体工程检验批质量验收记录

工程名称			分部工程名称		验收部位	
施工单位					项目经理	
施工执行标准名称及编号					专业工长	
分包单位					施工班组长	
质量验收规范的规定			施工单位检查评定记录		监理（建设）单位验收记录	
主控项目	小砌块强度等级	设计要求 MU				
	砂浆强度等级	设计要求 M				
	混凝土强度等级	设计要求 C				
	转角、交接处	6.2.3 条				
	斜槎留置	6.2.3 条				
	施工洞口砌法	6.2.3 条				
	芯柱贯通楼盖	6.2.4 条				
	芯柱混凝土灌实	6.2.4 条				
	水平缝饱满度	$\geqslant 90\%$				
	竖向缝饱满度	$\geqslant 90\%$				
一般项目	轴线位移	$\leqslant 10mm$				
	垂直度（每层）	$\leqslant 5mm$				
	水平灰缝厚度	$8\sim 12mm$				
	竖向灰缝宽度	$8\sim 12mm$				
	顶面标高	$\pm 15mm$ 以内				
	表面平整度	$\leqslant 5mm$（清水）				
		$\leqslant 8mm$（混水）				
	门窗洞口	$\pm 10mm$ 以内				
	窗口偏移	$\leqslant 20mm$				
	水平灰缝平直度	$\leqslant 7mm$（清水）				
		$\leqslant 10mm$（清水）				
施工单位检查评定结果		项目专业质量（技术）负责人：　　　　项目专业质量（技术）负责人： 　　　　年　月　日　　　　　　　　　　　　年　月　日				
监理（建设）单位验收结论		监理工程师（建设单位项目工程师）： 　　　　年　月　日				

注　1. 本表由施工项目专职质量检查员填写，监理工程师（建设单位项目技术负责人）组织项目专业质量（技术）
负责人等进行验收。对表中有数值要求的项目，应填写检测数据。

2. 本表摘自《砌体结构工程施工质量验收规范》（GB 50203—2011）附录 A。

任务三 配筋砌体工程质量控制与验收

配筋砌体主要包括网状配筋砌体、组合砖砌体和配筋小砌块砌体 3 种。组合砖砌体分为砖砌体和钢筋混凝土面层或钢筋砂浆面层组合砌体柱（墙）、砖砌体和钢筋混凝土构造柱组合墙 2 种。

一、配筋砌体工程质量控制

（1）配筋砌体工程应符合《砌体结构工程施工质量验收规范》（GB 50203—2011）的要求和规定。

（2）施工配筋小砌块砌体剪力墙，应采用专用的小砌块砌筑砂浆砌筑，专用小砌块灌孔混凝土浇筑芯柱。

（3）设置在灰缝内的钢筋，应居中置于灰缝内，水平灰缝厚度应大于钢筋直径 4mm 以上。

（4）砌体水平灰缝中钢筋的锚固长度不宜小于 $50d$，且其水平或垂直弯折段长度不宜小于 $20d$ 和 150mm；钢筋的搭接长度不应小于 $55d$（d 为钢筋直径）。

（5）配筋砌块砌体剪力墙的灌孔混凝土中竖向受拉钢筋，钢筋搭接长度不应小于 $35d$ 且不小于 300mm。

（6）砌体与构造柱、芯柱的连接处应设 $2\phi6$ 拉结筋或 $\phi4$ 钢筋网片，间距沿墙高不应超过 500mm（小砌块为 600mm）；埋入墙内长度每边不宜小于 600mm；对抗震设防地区不宜小于 1m；钢筋末端应有 90°弯钩。

（7）钢筋网可采用连弯网或方格网。钢筋直径宜采用 3～4mm；当采用连弯网时，钢筋的直径不应大于 8mm。

（8）钢筋网中钢筋的间距不应大于 120mm，并不应小于 30mm。

（9）构造柱浇灌混凝土前，必须将砌体留槎部位和模板浇水湿润，将模板内的落地灰、砖渣和其他杂物清理干净，并在接合面处注入适量与构造柱混凝土相同的去石水泥砂浆。振捣时，应避免触碰墙体，严禁通过墙体传震。

（10）配筋砌块芯柱在楼盖处应贯通，并不得削弱芯柱截面尺寸。

（11）构造柱纵筋应穿过圈梁，保证纵筋上下贯通；构造柱箍筋在楼层上下各 500mm 范围内应进行加密，间距宜为 100mm。

（12）墙体与构造柱连接处应砌成马牙槎，从每层柱脚起，先退后进，马牙槎的高度不应大于 300mm，并应先砌墙后浇混凝土构造柱。

（13）小砌块墙中设置构造柱时，与构造柱相邻的砌块孔洞，当设计无具体要求时，抗震设防烈度为 6 度宜灌实，7 度应灌实，8 度应灌实并插筋。

二、配筋砌体工程质量验收

检验批划分：依据拟定的施工方案内容要求，按不同的结构层、变形缝、施工段，以及不同砌块规格、品种、组砌形式、砌筑方法或砌筑面积大小为一个检验批。

1. 主控项目

（1）钢筋的品种、规格、数量和设置部位应符合设计要求。

检验方法：检查钢筋的合格证书、钢筋性能复试试验报告、隐蔽工程记录。

(2) 构造柱、芯柱、组合砌体构件、配筋砌体剪力墙构件的混凝土及砂浆的强度等级应符合设计要求。

抽检数量：每检验批砌体，试块不应少于 1 组，验收批砌体试块不得少于 3 组。

检验方法：检查混凝土和砂浆试块试验报告。

(3) 构造柱与墙体的连接应符合下列规定：

1) 墙体应砌成马牙槎，马牙槎凹凸尺寸不宜小于 60mm，高度不应超过 300mm，马牙槎应先退后进，对称砌筑；马牙槎尺寸偏差每一构造柱不应超过 2 处。

2) 预留拉结钢筋的规格、尺寸、数量及位置应正确，拉结钢筋应沿墙高每隔 500mm 设 2φ6，伸入墙内不宜小于 600mm，钢筋的竖向移位不应超过 100mm，且竖向移位每一构造柱不得超过 2 处。

3) 施工中不得任意弯折拉结钢筋。

抽检数量：每检验批抽查不应少于 5 处。

检验方法：观察检查和尺量检查。

(4) 配筋砌体中受力钢筋的连接方式及锚固长度、搭接长度应符合设计要求。

检查数量：每检验批抽查不应少于 5 处。

检验方法：观察检查。

2. 一般项目

(1) 构造柱一般尺寸允许偏差及检验方法应符合表 4-4 的规定。

表 4-4   构造柱一般尺寸允许偏差及检验方法

项次	项目		允许偏差（mm）	检验方法
1	中心线位置		10	用经纬仪和尺检查或用其他测量仪器检查
2	层间错位		8	用经纬仪和尺检查或用其他测量仪器检查
3	垂直度	每层	10	用 2m 托线板检查
		全高 ≤10m	15	用经纬仪、吊线和尺检查或用其他测量仪器检查
		全高 >10m	20	

抽检数量：每检验批抽查不应少于 5 处。

(2) 设置在砌体灰缝中钢筋的防腐保护应符合《砌体结构工程施工质量验收规范》（GB 50203—2011）的规定，且钢筋防护层完好，不应有肉眼可见裂纹、剥落和擦痕等缺陷。

抽检数量：每检验批抽查不应少于 5 处。

检验方法：观察检查。

(3) 网状配筋砖砌体中，钢筋网规格及放置间距应符合设计规定。每一构件钢筋网沿砌体高度位置超过设计规定一皮砖厚不得多于一处。

抽检数量：每检验批抽查不应少于 5 处。

检验方法：通过钢筋网成品检查钢筋规格，钢筋网放置位置。采用局部剔缝观察，或用探针刺入灰缝内检查，或用钢筋位置测定仪测定。

(4) 钢筋安装位置的允许偏差及检验方法应符合表 4-5 的规定。

抽检数量：每检验批抽查不应少于 5 处。

表 4-5 　　　　　　　　　　　　　　　　**钢筋安装位置的允许偏差及检验方法**

项目		允许偏差（mm）	检验方法
受力钢筋保护层厚度	网状配筋砌体	±10	检查钢筋网成品，钢筋网放置位置采用局部剔缝观察，或用探针刺入灰缝内检查，或用钢筋位置测定仪测定
	组合砖砌体	±5	支模前观察与尺量检查
	配筋小砌块砌体	±10	浇筑灌孔混凝土前观察与尺量检查
配筋小砌块砌体墙凹槽中水平钢筋间距		±10	钢尺量连续三档，取最大值

3. 配筋砌体工程检验批质量验收记录

配筋砌体工程检验批质量验收按表 4-6 进行记录。

表 4-6 　　　　　　　　　　　　　　　　**配筋砌体工程检验批质量验收记录**

工程名称			分部工程名称		验收部位	
施工单位					项目经理	
施工执行标准名称及编号					专业工长	
分包单位					施工班组长	
质量验收规范的规定			施工单位检查评定记录		监理（建设）单位验收记录	
主控项目	钢筋品种、规格、数量和设置部位	8.2.1条				
	混凝土强度等级	设计要求 C				
	马牙槎尺寸	8.2.3条				
	马牙槎拉结筋	8.2.3条				
	钢筋连接	8.2.4条				
	钢筋锚固长度	8.2.4条				
	钢筋搭接长度	8.2.4条				
一般项目	构造柱中心线位置	≤10mm				
	构造柱层间错位	≤8mm				
	构造柱垂直度（每层）	≤10mm				
	灰缝钢筋防腐	8.3.2条				
	网状配筋规格	8.3.3条				
	网状配筋位置	8.3.3条				
	钢筋保护层厚度	8.3.4条				
	凹槽中水平钢筋间距	8.3.4条				

续表

施工单位检查评定结果	项目专业质量检查员： 年 月 日	项目专业质量（技术）负责人： 年 月 日
监理（建设）单位验收结论	监理工程师（建设单位项目工程师）： 年 月 日	

注 1. 本表由施工项目专职质量检查员填写，监理工程师（建设单位项目技术负责人）组织项目专业质量（技术）
负责人等进行验收。对表中有数值要求的项目，应填写检测数据。

2. 本表摘自《砌体结构工程施工质量验收规范》（GB 50203—2011）附录 A。

任务四 填充墙砌体工程质量控制与验收

填充墙砌体广泛采用的块材主要有烧结空心砖、蒸压加气混凝土砌块、轻骨料混凝土小
型空心砌块 3 种。

一、填充墙砌体工程质量控制

（1）填充墙砌体砌筑，应待承重主体结构检验批验收合格后进行。

（2）砌筑填充墙时，轻骨料混凝土小型空心砌块和蒸压加气混凝土砌块的产品龄期不应
小于 28 天，蒸压加气混凝土砌块的含水率宜小于 30%。

（3）烧结空心砖、蒸压加气混凝土砌块、轻骨料混凝土小型空心砌块等的运输、装卸过
程中，严禁抛掷和倾倒；进场后应按品种、规格堆放整齐，堆置高度不宜超过 2m。蒸压加
气混凝土砌块在运输及堆放中应防止雨淋。

（4）吸水率较小的轻骨料混凝土小型空心砌块及采用薄灰砌筑法施工的蒸压加气混凝土
砌块，砌筑前不应对其浇（喷）水湿润；在气候干燥炎热的情况下，对吸水率较小的轻骨料
混凝土小型空心砌块宜在砌筑前喷水湿润。

（5）采用普通砌筑砂浆砌筑填充墙时，烧结空心砖、吸水率较大的轻骨料混凝土小型空心砌
块应提前 1~2 天浇（喷）水湿润。蒸压加气混凝土砌块采用蒸压加气混凝土砌块砌筑砂浆或普
通砌筑砂浆砌筑时，应在砌筑当天对砌块砌筑面喷水湿润。块体湿润程度宜符合下列规定：

1）烧结空心砖的相对含水率为 60%~70%；

2）吸水率较大的轻骨料混凝土小型空心砌块、蒸压加气混凝土砌块的相对含水率为
40%~50%。

（6）在厨房、卫生间、浴室等处采用轻骨料混凝土小型空心砌块、蒸压加气混凝土砌块
砌筑墙体时，墙底部宜现浇混凝土坎台，其高度宜为 150mm。

（7）轻骨料小砌块、加气砌块和薄壁空心砖（如三孔砖）砌筑时，墙底部应砌筑烧结普通
砖、多孔砖、普通小砖块（采用混凝土灌孔更好）或浇筑混凝土，其高度不宜小于 200mm。

（8）空心砖填充墙底部须根据已弹出的窗门洞口位置墨线，核对门窗间墙的长度尺寸是
否符合排砖模数，若不符合模数，则要考虑好砍砖及排放计划（空心砖则应考虑局部砌红
砖）；用于错缝和转交处的七分头砖应用切砖机切，不允许砍砖，所切的砖或丁砖应排在窗

口中间或其他不明显的部位。空心砖不允许切割。

（9）填充墙砌筑时应错缝搭砌。单排孔小砌块应对孔错缝砌筑，当不能对孔时，搭接长度不应小于 90mm，加气混凝土砌块搭接长度不小于砌块长度的 1/3；当不能满足要求时，应在水平灰缝中设置钢筋加强。

（10）砌块的垂直灰缝厚度以 15mm 为宜，不得大于 20mm，水平灰缝厚度可根据墙体与砌块高度确定，但不得大于 15mm，也不应小于 10mm，灰缝要求横平竖直，砂浆饱满。

（11）填充墙的水平灰缝砂浆饱满度均应不小于 80%；小砌块、加气砌块砌体的竖向灰缝也不应小于 80%，其他砖砌体的竖向灰缝应填满砂浆，并不得有透明缝、瞎缝、假缝。

（12）填充墙拉结筋处的下皮小砌块宜采用半盲孔小砌块或用混凝土灌实孔洞的小砌块；薄灰砌筑法施工的蒸压加气混凝土砌块砌体，拉结筋应放置在砌块上表面设置的沟槽内。

（13）加气混凝土砌块墙上不得留脚手眼。

（14）钢筋混凝土结构中砌筑填充墙时，应沿框架柱（剪力墙）全高每隔 500mm（砌块模数不能满足时可为 600mm）配 2φ6 拉结筋，拉结筋伸入墙内的长度应符合设计要求；当设计无具体要求时，非抗震设防及抗震设防烈度为 6、7 度时，不应小于墙长的 1/5，且不小于 700mm，8、9 度时宜沿墙全长贯通。

（15）填充墙与承重主体结构间的空（缝）隙部位施工，应在填充墙砌筑 14 天后进行。

（16）蒸压加气混凝土砌块、轻骨料混凝土小型空心砌块不应与其他块体混砌，不同强度等级的同类块体也不得混砌。但是，窗台处和因安装门窗需要，在门窗洞口处两侧填充墙上、中、下部可采用其他块体局部嵌砌；对与框架柱、梁不脱开方法的填充墙，填塞填充墙顶部与梁之间缝隙可采用其他块体。

二、填充墙砌体工程质量验收

检验批划分：依据拟定的施工方案内容要求，按不同的结构层、变形缝、施工段，以及不同砌块规格、品种、组砌形式、砌筑方法或砌筑面积大小为一个检验批。

1. 主控项目

（1）烧结空心砖、小砌块和砌筑砂浆的强度等级应符合设计要求。

抽检数量：烧结空心砖每 10 万块为一验收批，小砌块每 1 万块为一验收批，不足上述数量时按一批计，抽检数量为 1 组。砂浆试块的抽检数量执行《砌体结构工程施工质量验收规范》（GB 50203—2011）的有关规定。

检验方法：检查砖、小砌块进场复验报告和砂浆试块试验报告。

（2）填充墙砌体应与主体结构可靠连接，其连接构造应符合设计要求，未经设计同意，不得随意改变连接构造方法。每一填充墙与柱的拉结筋的位置超过一皮块体高度的数量不得多于一处。

抽检数量：每检验批抽查不应少于 5 处。

检验方法：观察检查。

（3）填充墙与承重墙、柱、梁的连接钢筋，当采用化学植筋的连接方式时，应进行实体检测。锚固钢筋拉拔试验的轴向受拉非破坏承载力检验值应为 6.0kN。抽检钢筋在检验值作用下应基材无裂缝、钢筋无滑移宏观裂损现象；持荷 2min 期间荷载值降低不大于 5%。检验批验收可按《砌体结构工程施工质量验收规范》（GB 50203—2011）表 B.0.1 通过正常检验一次、二次抽样判定。填充墙砌体植筋锚固力检测记录可按《砌体结构工程施工质量验收规范》(GB 50203—2011) 表 C.0.1 填写。

抽检数量：按《砌体结构工程施工质量验收规范》(GB 50203—2011) 表 9.2.3 确定。

检验方法：原位试验检查。

2. 一般项目

(1) 填充墙砌体尺寸、位置的允许偏差及检验方法应符合表 4 - 7 的规定。

表 4 - 7　　　　　　　填充墙砌休尺寸、位置的允许偏差及检验方法

序号	项目		允许偏差（mm）	检验方法
1	轴线位移		10	用尺检查
2	垂直度（每层）	≤3m	5	用 2m 托线板或吊线、尺检查
		>3m	10	
3	表面平整度		8	用 2m 靠尺和楔形尺检查
4	门窗洞口高、宽（后塞口）		±10	用尺检查
5	外墙上、下窗口偏移		20	用经纬仪或吊线检查

抽检数量：每检验批抽查不应少于 5 处。

(2) 填充墙砌体的砂浆饱满度及检验方法应符合表 4 - 8 的规定。

表 4 - 8　　　　　　　填充墙砌体的砂浆饱满度及检验方法

砌体分类	灰缝	饱满度及要求	检验方法
空心砖砌体	水平	≥80%	采用百格网检查块体底面或侧面砂浆的黏结痕迹面积
	垂直	填满砂浆、不得有透明缝、瞎缝、假缝	
蒸压加气混凝土砌块、轻骨料	水平	≥80%	
混凝土小型空心砌块砌体	垂直	≥80%	

抽检数量：每检验批抽查不应少于 5 处。

(3) 填充墙留置的拉结钢筋或网片的位置应与块体皮数相符合。拉结钢筋或网片应置于灰缝中，埋置长度应符合设计要求，竖向位置偏差不应超过一皮砖高度。

抽检数量：每检验批抽查不应少于 5 处。

检验方法：观察和用尺量检查。

(4) 砌筑填充墙时应错缝搭砌，蒸压加气混凝土砌块搭砌长度不应小于砌块长度的1/3；轻骨料混凝土小型空心砌块搭砌长度不应小于 90mm；竖向通缝不应大于 2 皮。

抽检数量：每检验批抽查不应少于 5 处。

检验方法：观察检查。

(5) 填充墙的水平灰缝厚度和竖向灰缝宽度应正确，烧结空心砖、轻骨料混凝土小型空心砌块砌体的灰缝应为 8～12mm；蒸压加气混凝土砌块砌体当采用水泥砂浆、水泥混合砂浆或蒸压加气混凝土砌块砌筑砂浆时，水平灰缝厚度和竖向灰缝宽度不应超过 15mm；当蒸压加气混凝土砌块砌体采用蒸压加气混凝土砌块黏结砂浆时，水平灰缝厚度和竖向灰缝宽度宜为 3～4mm。

抽检数量：每检验批抽查不应少于 5 处。

检验方法：水平灰缝厚度用尺量 5 皮小砌块的高度折算；竖向灰缝宽度用尺量 2m 砌体长度折算。

3. 填充墙砌体工程检验批质量验收记录

填充墙砌体工程检验批质量验收按表 4-9 进行记录。

表 4-9　　　　　　　　　　　填充墙砌体工程检验批质量验收记录

工程名称			分部工程名称		验收部位	
施工单位					项目经理	
施工执行标准名称及编号					专业工长	
分包单位					施工班组长	
	质量验收规范的规定			施工单位检查评定记录	监理（建设）单位验收记录	
主控项目	块体强度等级		设计要求 MU			
	砂浆强度等级		设计要求 M			
	与主体结构连接		9.2.2 条			
	植筋实体检测		9.2.3 条	见填充墙砌体植筋锚固力检测记录		
一般项目	轴线位移		≤10mm			
	墙面垂直度（每层）	≤3m	≤5mm			
		>3m	≤10mm			
	表面平整		≤8mm			
	门窗洞口		±10mm			
	窗口偏移		≤20mm			
	水平缝砂浆饱满度		9.3.2 条			
	竖缝砂浆饱满度		9.3.2 条			
	拉结筋、网片位置		9.3.3 条			
	拉结筋、网片埋置长度		9.3.3 条			
	搭砌长度		9.3.4 条			
	灰缝厚度		9.3.5 条			
	灰缝宽度		9.3.5 条			
施工单位检查评定结果			项目专业质量检查员：　　　　　　项目专业质量（技术）负责人： 　　　　　　　年　月　日　　　　　　　　　　　年　月　日			
监理（建设）单位验收结论			监理工程师（建设单位项目工程师）： 　　　　　　　年　月　日			

注　1. 本表由施工项目专职质量检查员填写，监理工程师（建设单位项目技术负责人）组织项目专业质量（技术）负责人等进行验收。对表中有数值要求的项目，应填写检测数据。

　　2. 本表摘自《砌体结构工程施工质量验收规范》（GB 50203—2011）附录 A。

任务五　砌体结构子分部工程质量验收

一、质量验收基本规定

（1）砌体结构工程所用的材料应有产品合格证书、产品性能型式检验报告，质量应符合国家现行有关标准的要求。块体、水泥、钢筋、外加剂尚应有材料主要性能的进场复验报告，并应符合设计要求。严禁使用国家明令淘汰的材料。

（2）砌体结构工程施工前，应编制砌体结构工程施工方案。

（3）砌筑基础前，应校核放线尺寸，允许偏差应符合表4-10的规定。

表4-10　　　　　　　　　　放线尺寸的允许偏差

长度 L、宽度 B（m）	允许偏差（mm）	长度 L、宽度 B（m）	允许偏差（mm）
L（或 B）≤30	±5	60<L（或 B）≤90	±15
30<L（或 B）≤60	±10	L（或 B）>90	±20

（4）在墙上留置临时施工洞口，其侧边离交接处墙面不应小于500mm，洞口净宽度不应超过1m。抗震设防烈度为9度地区建筑物的临时施工洞口位置，应会同设计单位确定。临时施工洞口应做好补砌。

（5）设计要求的洞口、沟槽、管道应于砌筑时正确留出或预埋，未经设计同意，不得打凿墙体和在墙体上开凿水平沟槽。宽度超过300mm的洞口上部，应设置钢筋混凝土过梁。不应在截面长边小于500mm的承重墙体、独立柱内埋设管线。

（6）砌筑完基础或每一楼层后，应校核砌体的轴线和标高。在允许偏差范围内，轴线偏差可在基础顶面或楼面上校正，标高偏差宜通过调整上部砌体灰缝厚度校正。

（7）砌体施工质量控制等级分为三级，并应按表4-11划分。

表4-11　　　　　　　　　　砌体施工质量控制等级

项目	施工质量控制等级		
	A	B	C
现场质量管理	监督检查制度健全，并严格执行；施工方有在岗专业技术管理人员，人员齐全，并持证上岗	监督检查制度基本健全，并能执行；施工方有在岗专业技术管理人员，人员齐全，并持证上岗	有监督检查制度；施工方有在岗专业技术管理人员
砂浆、混凝土强度	试块按规定制作，强度满足验收规定，离散性小	试块按规定制作，强度满足验收规定，离散性较小	试块按规定制作，强度满足验收规定，离散性大
砂浆拌和	机械拌和；配合比计量控制严格	机械拌和；配合比计量控制一般	机械或人工拌和；配合比计量控制较差
砌筑工人	中级工以上，其中，高级工不少于30%	高、中级工不少于70%	初级工以上

（8）砌体结构中钢筋（包括夹心复合墙内外叶墙间的拉结件或钢筋）的防腐，应符合设计规定。

（9）雨天不宜在露天砌筑墙体，对下雨当日砌筑的墙体应进行遮盖。继续施工时，应复核墙体的垂直度，如果垂直度超过允许偏差，应拆除重新砌筑。

（10）正常施工条件下，砖砌体、小砌块砌体每日砌筑高度宜控制在 1.5m 或一步脚手架高度内；石砌体不宜超过 1.2m。

（11）砌体结构工程检验批的划分应同时符合下列规定：

1）所用材料类型及同类型材料的强度等级相同；

2）不超过 250m² 砌体；

3）主体结构砌体一个楼层（基础砌体可按一个楼层计）；填充墙砌体量少时可多个楼层合并。

（12）砌体结构工程检验批验收时，其主控项目应全部符合《砌体结构工程施工质量验收规范》（GB 50203—2011）的规定；一般项目应有 80％及以上的抽检处符合《砌体结构工程施工质量验收规范》（GB 50203—2011）的规定；有允许偏差的项目，最大超差值为允许偏差值的 1.5 倍。

（13）砌体结构分项工程中检验批抽检时，各抽检项目的样本最小容量除有特殊要求外，按不应小于 5 确定。

（14）在墙体砌筑过程中，当砌筑砂浆初凝后，块体被撞动或需移动时，应将砂浆清除后再铺浆砌筑。

二、质量验收具体要求

（1）砌体工程验收前，应提供下列文件和记录：

1）设计变更文件；

2）施工执行的技术标准；

3）原材料出厂合格证书、产品性能检测报告和进场复验报告；

4）混凝土及砂浆配合比通知单；

5）混凝土及砂浆试件抗压强度试验报告单；

6）砌体工程施工记录；

7）隐蔽工程验收记录；

8）分项工程检验批的主控项目、一般项目验收记录；

9）填充墙砌体植筋锚固力检测记录；

10）重大技术问题的处理方案和验收记录；

11）其他必要的文件和记录。

（2）砌体子分部工程验收时，应对砌体工程的观感质量做出总体评价。

（3）当砌体工程质量不符合要求时，应按《建筑工程施工质量验收统一标准》（GB 50300—2013）的有关规定执行。

（4）有裂缝的砌体应按下列情况进行验收：

1）对不影响结构安全性的砌体裂缝，应予以验收，对明显影响使用功能和观感质量的裂缝，应进行处理；

2）对有可能影响结构安全性的砌体裂缝，应由有资质的检测单位检测鉴定，需返修或加固处理的，待返修或加固处理满足使用要求后进行二次验收。

技 能 训 练

一、单选题

1. 水泥砂浆和水泥混合砂浆采用机械搅拌，自投料完毕算起，搅拌时间（　　）。
   A. 不得少于 3min
   B. 不得少于 2min
   C. 应为 3～5min
   D. 不得多于 5min

2. 掺用有机塑化剂的砂浆采用机械搅拌，自投料完毕算起，搅拌时间应为（　　）。
   A. 1min
   B. 2min
   C. 2～3min
   D. 3～5min

3. 砂浆应随拌随用，当施工期间最高气温超过 30℃时，水泥砂浆应在拌成后（　　）使用完毕。
   A. 5h 内
   B. 4h 内
   C. 3h 内
   D. 2h 内

4. 每一检验批且不超过 250m³ 砌体的各种类型及强度等级的砌筑砂浆，每台搅拌机应至少抽检（　　）次。
   A. 1
   B. 2
   C. 3
   D. 4

5. 砌筑时蒸压灰砂砖、粉煤灰砖的产品龄期（　　）。
   A. 不得多于 28 天
   B. 不得少于 28 天
   C. 不得少于 21 天
   D. 不得多于 21 天

6. 砖砌体灰缝如果采用铺浆法砌筑，施工期间气温超过 30℃时，铺浆长度（　　）。
   A. 不得超过 650mm
   B. 不得超过 600mm
   C. 不得超过 550mm
   D. 不得超过 500mm

7. 砖砌体预留孔洞和预埋件中，设计要求的洞口、管道、沟槽，应在砌筑时按要求预留或预埋。未经设计同意，不得打凿墙体和在墙体上开凿水平沟槽。超过（　　）的洞口上部应设过梁。
   A. 300mm
   B. 350mm
   C. 400mm
   D. 450mm

8. 砖砌体水平灰缝的砂浆饱满度不得（　　）。
   A. 小于 90%
   B. 小于 85%
   C. 小于 80%
   D. 小于 75%

9. 砖砌体中，用（　　）检查砖底面与砂浆的黏结痕迹面积。
   A. 直角尺
   B. 百格网
   C. 钢尺
   D. 经纬仪

10. 当检查砌体砂浆饱满度时，每处检测（　　）砖，取其平均值。
    A. 2 块
    B. 3 块
    C. 4 块
    D. 5 块

11. 砖砌体的转角处和交接处应同时砌筑，严禁无可靠措施的内外墙分砌施工。对不能同时砌筑而又必须留置的临时间断处应砌成斜槎，普通砖砌体斜槎水平投影长度不应小于高度的（　　）。
    A. 1/2
    B. 1/3
    C. 2/3
    D. 1/4

12. 砖砌体一般项目合格标准中，混水墙中长度为（　　）的通缝每间不超过 3 处，且不得位于同一面墙体。
    A. 100～200mm
    B. 200～300mm
    C. 300～400mm
    D. 400～500mm

13. 砖砌体的灰缝应横平竖直，厚薄均匀。水平灰缝厚度宜为 10mm，但不应小于（　　），也不应大于 12mm。

A. 5mm B. 6mm C. 7mm D. 8mm

14. 配筋砖砌体水平灰缝中钢筋的搭接长度不应小于（　　　）。

A. 55d B. 60d C. 65d D. 70d

15. 配筋砖砌体钢筋网可采用方格网或连弯网，钢筋直径宜采用（　　　）。

A. 1～2mm B. 1～3mm C. 2～3mm D. 3～4mm

16. 配筋砖砌体钢筋网中钢筋的间距不应大于（　　　），并不应小于 30mm。

A. 110mm B. 115mm C. 120mm D. 125mm

17. 配筋砖砌体工程中，构造柱纵筋应穿过圈梁，保证纵筋上下贯通；构造柱箍筋在楼层上、下各 500mm 范围内应进行加密，间距宜为（　　　）。

A. 90mm B. 100mm C. 110mm D. 120mm

18. 配筋砌体工程质量验收时，一般项目中的组合砖砌体构件，竖向受力钢筋保护层厚度允许偏差为（　　　）。

A. ±2mm B. ±3mm C. ±4mm D. ±5mm

19. 填充墙砌体工程中，蒸压加气混凝土砌块、轻骨料混凝土小型空心砌块砌筑时，其产品龄期（　　　）。

A. 应超过 28 天 B. 不应超过 28 天

C. 应超过 30 天 D. 不应超过 28 天

20. 填充墙砌体工程中，（　　　）砌筑时，应向砌筑面适量浇水。

A. 加气混凝土砌块 B. 蒸压加气混凝土砌块

C. 烧结空心砖 D. 轻骨料混凝土小型空心砌块

21. 在厨房、卫生间、浴室等处采用轻骨料混凝土小型空心砌块、蒸压加气混凝土砌块砌筑墙体时，墙底部宜现浇混凝土坎台，其高度宜为（　　　）mm。

A. 120 B. 150 C. 200 D. 240

22. 填充墙砌筑时应错缝搭砌，加气混凝土砌块搭接长度不小于砌块长度的（　　　）。

A. 1/2 B. 2/3 C. 1/3 D. 3/4

23. 填充墙与承重主体结构间的空（缝）隙部位施工，应在填充墙砌筑（　　　）天后进行。

A. 3 B. 7 C. 14 D. 28

24. 填充墙砌体工程质量验收时，空心砖、轻骨料混凝土小型空心砌块的砌体灰缝应为（　　　）。

A. 4～8mm B. 6～10mm C. 8～12mm D. 10～14mm

25. 填充墙砌体工程中，（　　　）砌体的水平灰缝厚度及竖向灰缝宽度不应超过 15mm。

A. 烧结空心砖 B. 加气混凝土砌块

C. 轻骨料混凝土小型空心砌块 D. 蒸压加气混凝土砌块

二、多选题

1. 配筋砌体工程中，构造柱与墙体的连接处应砌成马牙槎，马牙槎应先退后进，预留的拉结钢筋应位置正确，施工中不得任意弯折。质量验收时，其合格标准为（　　　）。

A. 钢筋竖向移位不应超过 100mm

B. 钢筋竖向移位不应超过 150mm

C. 每一马牙槎沿高度方向尺寸不应超过 300mm

D. 每一马牙槎沿高度方向尺寸不应超过 350mm

E. 钢筋竖向位移和马牙槎尺寸偏差每一构造柱不应超过 2 处

2. 填充墙砌体工程中，（   ）由于干缩值大（是烧结黏土砖的数倍），不应与其他块材混砌。

A. 轻骨料混凝土小型砌块   B. 烧结空心砖

C. 薄壁空心砖   D. 多孔砖

E. 加气混凝土砌块砌体

3. 不得设置脚手眼的部位有（   ）。

A. 180mm 厚墙、料石清水墙和独立柱石

B. 过梁上与过梁成 60°的三角形范围及过梁净跨度 1/2 的高度范围内

C. 宽度小于 1m 的窗间墙

D. 砌体门窗洞口两侧 200mm 和转角处 450mm 范围内

4. 填充墙砌体垂直度的检查工具有（   ）。

A. 2m 托线板   B. 吊线   C. 尺   D. 经纬仪

5. 属于小砌块的主控项目的是（   ）。

A. 砌体灰缝砂浆饱满度   B. 砌筑留槎

C. 轴线与垂直度控制   D. 墙体灰缝尺寸

6. 关于填充墙砌体的尺寸允许偏差正确的是（   ）。

A. 轴线位移±10mm   B. 垂直度允许偏差 10mm

C. 表面平整度 8mm   D. 门窗洞口±10mm

三、案例分析题

某建筑工程位于西四环和西三环之间，建筑面积为 52000m²，框架结构，筏板式基础，地下 2 层，基础埋深约为 14.2m。该工程由某建筑公司组织施工，于 2002 年 6 月开工建设，混凝土强度等级为 C35 级，墙体采用小型空心砌块。

根据以上内容，回答下列问题：

1. 该混凝土小型砌体工程的材料质量要求是什么？

2. 该项目质量验收的主要内容及方法是什么？

项目五 混凝土结构工程

混凝土结构子分部工程，可根据结构的施工方法分为现浇混凝土结构子分部工程和装配式混凝土结构子分部工程；根据结构的分类，还可分为钢筋混凝土结构子分部工程和预应力混凝土结构子分部工程等。混凝土结构子分部工程可划分为模板、钢筋、预应力、混凝土、现浇结构和装配式结构等分项工程。各分项工程可根据与施工方式相一致且便于控制施工质量的原则，按工作班、楼层、结构缝或施工段划分为若干检验批。

任务一 模板工程质量控制与验收

一、模板安装工程质量控制与验收

（一）模板安装工程质量控制

1. 模板安装的一般要求

（1）模板的接缝不应漏浆；在浇筑混凝土前，木模板应浇水湿润，但模板内不应有积水。

（2）模板与混凝土的接触面应清理干净并涂刷隔离剂，但不得采用影响结构性能或妨碍装饰工程施工的隔离剂。

（3）竖向模板和支架的支撑部分必须坐落在坚实的基础上，且要求接触面平整。

（4）安装过程中应多检查，注意垂直度、标高、中心线及各部分的尺寸，确保结构部分的几何尺寸和相邻位置的正确。

（5）浇筑混凝土前，模板内的杂物应清理干净。

（6）模板安装应按编制的模板设计文件和施工技术方案施工。在浇筑混凝土前，应对模板工程进行验收。

2. 模板安装偏差的控制

（1）模板轴线放线时，应考虑建筑装饰装修工程的厚度尺寸，留出装饰厚度。

（2）模板安装的顶部及根部应设标高标记，并设限位措施，确保标高尺寸准确。支模时应拉水平通线，设竖向垂直度控制线，确保横平竖直，位置正确。

（3）基础的杯芯模板应刨光直拼，并钻有排气孔，减少浮力；杯口模板中心线应准确，模板钉牢，以免浇筑混凝土时芯模上浮；模板厚度应一致，格栅面应平整，格栅木料要有足够强度和刚度。墙模板的穿墙螺栓直径、间距和垫块规格应符合设计要求。

（4）柱子支模前必须先校正钢筋位置。成排柱支模时应先立两端柱模板，在底部弹出通线，定出位置并兜方找中，校正与复核位置无误后，顶部拉通线，再立中间柱模板。柱箍间距按柱截面大小及高度决定，一般控制在 500～1000mm，根据柱距选用剪刀撑、水平撑及四面斜撑撑牢，保证柱模板位置准确。

（5）梁模板上口应设临时撑头，侧模板下口应贴紧底模板或墙面，斜撑与上口钉牢，上口保持呈直线；深梁应根据梁的高度及核算的荷载及侧压力适当加横档。

（6）梁柱节点连接处一般下料尺寸略缩短，采用边模板包底模板，拼缝应严密，支撑牢靠，及时错位并采取有效、可靠措施予以纠正。

3. 模板支架安装的要求

（1）支放模板的地坪、胎模等应保持平整光洁，不得产生下沉、裂缝、起鼓或起砂等现象。

（2）支架的立柱底部应铺设合适的垫板；支撑在疏松土质上时基土必须经过夯实，并应通过计算，确定其有效支撑面积，并应有可靠的排水措施。

（3）立柱与立柱之间的带锥销横杆，应用锤子敲紧，避免立柱失稳，支撑完毕应设专人检查。

（4）安装现浇结构的上层模板及其支架时，下层楼板应具有承受上层荷载的承载能力或加设支架支撑，保证有足够的刚度和稳定性；多层楼板支架系统的立柱应安装在同一垂直线上。

4. 模板变形的控制

（1）超过 3m 高度的大型模板的侧模应留门子板；模板应留清扫口。

（2）控制模板起拱高度，消除在施工中因结构自重、施工荷载作用引起的挠度。对跨度不小于 4m 的现浇钢筋混凝土梁、板，其模板应按设计要求起拱；当设计没有具体要求时，起拱高度宜为跨度的 $1/1000 \sim 3/1000$。

（3）浇筑混凝土高度应控制在允许范围内，浇筑时应均匀、对称下料，以免局部侧压力过大导致胀模。

（二）模板安装工程质量验收

1. 主控项目

（1）安装现浇结构的上层模板及其支架时，下层楼板应具有承受上层荷载的承载能力，或加设支架；上、下层支架的立柱应对准，并铺设垫板。

检查数量：全数检查。

检验方法：对照模板设计文件和施工技术方案观察。

（2）在涂刷模板隔离剂时，不得沾污钢筋和混凝土接槎处。

检查数量：全数检查。

检验方法：观察。

2. 一般项目

（1）模板安装应满足下列要求：

1）模板的接缝不应漏浆；在浇筑混凝土前，木模板应浇水湿润，但模板内不应有积水。

2）模板与混凝土的接触面应清理干净并涂刷隔离剂，但不得采用影响结构性能或妨碍装饰工程施工的隔离剂。

3）浇筑混凝土前，模板内的杂物应清理干净。

4）对清水混凝土工程及装饰混凝土工程，应使用能达到设计效果的模板。

检查数量：全数检查。

检验方法：观察。

（2）用作模板的地坪、胎模等应平整光洁，不得产生影响构件质量的下沉、裂缝、起砂或起鼓。

检查数量：全数检查。

检验方法：观察。

（3）对跨度不小于 4m 的现浇钢筋混凝土梁、板，其模板应按设计要求起拱；当设计无具体要求时，起拱高度宜为跨度的 1/1000～3/10000。

检查数量：在同一检验批内，对梁，应抽查构件数量的 10%，且不少于 3 件；对板，应按有代表性的自然间抽查 10%，且不少于 3 间；对大空间结构，板可按纵、横轴线划分检查面，抽查 10%，且不少于 3 面。

检验方法：用水准仪或拉线、钢尺检查。

（4）固定在模板上的预埋件、预留孔和预留洞均不得遗漏，且应安装牢固，其偏差应符合表 5-1 的规定。

表 5-1　　　　　　　　　　　　预埋件、预留孔洞的允许偏差

项　目		允许偏差（mm）
预埋钢板中心线位置		3
预埋管、预留孔中心线位置		3
插筋	中心线位置	5
	外露长度	+10，0
预埋螺栓	中心线位置	2
	外露长度	+10，0
预留洞	中心线位置	10
	尺寸	+10，0

注　检查中心线位置时，应沿纵、横两个方向量测，并取其中的较大值。

检查数量：在同一检验批内，对梁、柱和独立基础，应抽查构件数量的 10%，且不少于 3 件；对墙和板，应按有代表性的自然间抽查 10%，且不少于 3 间；对大空间结构，墙可按相邻轴线间高度 5m 左右划分检查面，板可按纵、横轴线划分检查面，抽查 10%，且均不少于 3 面。

检验方法：用钢尺检查。

（5）现浇结构模板安装的偏差应符合表 5-2 的规定。

表 5-2　　　　　　　　　　现浇结构模板安装的允许偏差及检验方法

项　目		允许偏差（mm）	检　验　方　法
轴线位置		5	用钢尺检查
底模上表面标高		±5	用水准仪或拉线、钢尺检查
截面内部尺寸	基础	±10	用钢尺检查
	柱、墙、梁	+4，-5	用钢尺检查
层高垂直度	≤5m	6	用经纬仪或吊线、钢尺检查
	>5m	8	用经纬仪或吊线、钢尺检查
相邻两板表面高低差		2	用钢尺检查
表面平整度		5	用 2m 靠尺和塞尺检查

注　检查轴线位置时，应沿纵、横两个方向量测，并取其中的较大值。

检查数量：在同一检验批内，对梁、柱和独立基础，应抽查构件数量的 10%，且不少于 3 件；对墙和板，应按有代表性的自然间抽查 10%，且不少于 3 间；对大空间结构，墙可按相邻轴线间高度 5m 左右划分检查面，板可按纵、横轴线划分检查面，抽查 10%，且均不少于 3 面。

（6）预制构件模板安装的偏差应符合表 5-3 的规定。

表 5-3 预制构件模板安装的允许偏差及检验方法

项目		允许偏差（mm）	检验方法
长度	板、梁	±5	用钢尺量两角边，取其中较大值
	薄腹板、桁架	±10	
	柱	0，−10	
	墙板	0，−5	
宽度	板、墙板	0，−5	用钢尺量一端及中部，取其中较大值
	梁、薄腹梁、桁架、柱	+2，−5	
高（厚）度	板	+2，−3	用钢尺量一端及中部，取其中较大值
	墙板	0，−5	
	梁、薄腹梁、桁架、柱	+2，−3	
侧向弯曲	梁，板，柱	$l/1000$ 且 ≤15	用拉线、钢尺量最大弯曲处
	墙板、薄腹梁、桁架	$l/1500$ 且 ≤15	
板的表面平整度		3	用 2m 靠尺和塞尺检查
相邻两板表面高低差		1	用钢尺检查
对角线差	板	7	用钢尺量两个对角线
	墙板	5	
翘曲	板、墙板	$l/1500$	用调平尺在两端测量
设计起拱	薄腹梁、桁架、梁	±3	用拉线、钢尺量跨中

注 l 为构件长度。

检查数量：首次使用及大修后的模板应全数检查；使用中的模板应定期检查，并根据使用情况不定期抽查。

二、模板拆除工程质量控制与验收

（一）模板拆除工程质量控制

（1）模板及其支架的拆除时间和顺序应事先在施工技术方案中确定，拆模必须按顺序进行，一般是先支的后拆，后支的先拆；先拆非承重部分，后拆承重部分。重大复杂的模板拆除，按专门制订的拆模方案执行。

（2）现浇楼板采用早拆模施工时，经理论计算复核后将大跨度楼板改成支模形式为小跨度楼板（≤2m）；当浇筑的楼板混凝土实际强度达到 50%的设计强度标准值时，可拆除模板，保留支架，严禁调换支架。

（3）多层建筑施工，当上层楼板正在浇筑混凝土时，下一层楼板的模板支架不得拆除，再下一层楼板的支架，只可拆除一部分；跨度在 4m 及 4m 以上的梁下均应保留支架，其间距不得大于 3m。

（4）高层建筑的梁、板模板，完成一层结构，其底模及其支架的拆除时间控制，应对所用混凝土的强度发展情况，分层进行核算，保证下层梁及楼板混凝土能承受上层全部荷载。

（5）拆除时应先清理脚手架上的垃圾杂物，再拆除连接杆件，经检查安全可靠后方可按顺序拆除。拆除时要统一指挥、专人监护，设置警戒区，避免交叉作业，拆下物品及时清运、整修、保养。

（6）后张法预应力结构构件，侧模宜在预应力张拉前拆除；底模及支架的拆除应按施工技术方案执行，当没有具体要求时，应在结构构件建立预应力之后拆除。

（7）后浇带模板的拆除和支顶方法应按施工技术方案执行。

（二）模板拆除工程质量验收

1. 主控项目

（1）底模及其支架拆除时的混凝土强度应符合设计要求；当设计无具体要求时，混凝土强度应符合表 5 - 4 的规定。

表 5 - 4　　　　　　　　　　　　　底模拆除时混凝土的强度要求

构件类型	构件跨度（m）	达到设计的混凝土立方体抗压强度标准值的百分率（%）
板	≤2	≥50
	>2，≤8	≥75
	>8	≥100
梁、拱、壳	≤8	≥75
	>8	≥100
悬臂构件		≥100

检查数量：全数检查。

检验方法：检查同条件养护试件强度试验报告。

（2）对后张法预应力混凝土结构构件，侧模宜在预应力张拉前拆除；底模支架的拆除应按施工技术方案执行，当无具体要求时，不应在结构构件建立预应力前拆除。

检查数量：全数检查。

检验方法：观察检查。

（3）后浇带模板的拆除和支顶应按施工技术方案执行。

检查数量：全数检查。

检验方法：观察检查。

2. 一般项目

（1）侧模拆除时的混凝土强度应能保证其表面及棱角不受损伤。

检查数量：全数检查。

检验方法：观察检查。

（2）模板拆除时，不应对楼层形成冲击荷载。拆除的模板和支架宜分散堆放并及时清运。

检查数量：全数检查。

检验方法：观察检查。

任务二　钢筋工程质量控制与验收

一、钢筋工程质量控制

1. 钢筋加工质量控制

（1）仔细查看结构施工图，了解不同结构件的配筋数量、规格、间距、尺寸等（注意处理好接头位置和接头百分率问题）。

（2）钢筋的表面应洁净。油渍、漆污和用锤敲击时能剥落的浮皮、铁锈等应在使用前清除干净，在焊接前，焊点处的水锈应清除干净。

（3）在切断过程中，如果发现钢筋劈裂、缩头或严重弯头，必须切除。若发现钢筋的硬度与该钢筋有较大出入，应向有关人员报告，查明情况。钢筋的端口，不得为马蹄形或出现起弯现象。

（4）钢筋切断时，将同规格钢筋根据不同长度搭配，统筹排料；一般先断长料，后断短料，减少短头，减少损耗。断料时，应避免用短尺量长料，防止在量料中产生累计误差。

（5）钢筋调直宜采用机械方法，也可采用冷拉方法。当采用冷拉方法调直钢筋时，HPB300 级钢筋的冷拉率不宜大于 4%，HRB335 级、HRB400 级和 RRB400 级钢筋的冷拉率不宜大于 1%。

（6）钢筋加工过程中，检查钢筋冷拉的方法和控制参数；检查钢筋翻样图及配料单中钢筋的尺寸、形状是否符合设计要求，加工尺寸偏差是否符合规定；检查受力钢筋加工时的弯钩和弯折形状及弯曲半径；检查箍筋末端的弯钩形式。

（7）钢筋加工过程中，若发现钢筋脆断、焊接性能不良或力学性能显著不正常时，应立即停止使用，并对该批钢筋进行化学成分检验或其他专项检验，按检验结果进行技术处理。如果发现力学性能或化学成分不符合要求，必须做退货处理。

2. 钢筋连接工程质量控制

（1）钢筋连接操作前应进行安全技术交底，并履行相关手续。

（2）机械连接、焊接（应注意闪光对焊、电渣压力焊的适用范围）、绑扎搭接是钢筋连接的主要方法，纵向受力钢筋的连接方式应符合设计要求。在施工现场应按国家现行标准的规定，对钢筋的机械接头、焊接接头外观质量和力学性能抽取试件进行检验，其质量必须符合要求。绑扎接头应重点查验搭接长度，特别注意钢筋接头百分率对搭接长度的修正；闪光对焊焊接质量的判别对于缺乏此项经验的人员来说比较困难。因此，具体操作时，在焊接人员、设备、焊接工艺和焊接参数等的选择与质量验收时应予以特别重视。

（3）钢筋机械连接和焊接的操作人员必须持证上岗。焊接操作工只能在其上岗证规定的施焊范围实施操作。

（4）钢筋连接所用的焊（条）剂、套筒等材料必须符合技术检验认定的技术要求，并具有相应的出厂合格证。

（5）钢筋机械连接和焊连接操作前应首先抽取试件，以确定钢筋连接的工艺参数。

（6）在同一构件中钢筋机械连接接头或焊接接头的设置宜相互错开，接头位置、接头百分率应符合规范要求。同一构件相邻纵向受力钢筋的绑扎搭接接头宜相互错开，纵向受拉钢筋搭接接头面积百分率应符合设计要求；绑扎搭接接头中钢筋的横向净距不应小于钢筋直径，且不应小于25mm。同时，钢筋接头宜设置在受力较小处，同一纵向受力钢筋不宜设置两个或两个以上接头。接头末端至弯起点的距离不应小于钢筋直径的10倍。

（7）帮条焊适用于焊接直径为10～40mm的热轧光圆及带肋钢筋、直径为10～25mm的余热处理钢筋。搭接焊适用焊接的钢筋与帮条焊相同。电弧焊接接头外观质量检查应注意以下几点：

1）焊缝表面应平整，不得有凹陷或焊瘤。

2）焊接接头区域不得有肉眼可见的裂纹。

3）咬边深度、气孔、夹渣等缺陷允许值应符合相关规定。

4）坡口焊、熔槽帮条焊和窄间隙焊接头的焊缝余高不得大于3mm。

（8）适用于焊接直径为14～40mm的HPB300级、HRB335级钢筋。焊机容量应根据钢筋直径选定。电渣压力焊应用于柱、墙、烟囱等现浇混凝土结构中竖向钢筋的连接，不得用于梁、板等构件中的水平钢筋连接。

（9）适用于焊接直径为14～40mm的热轧圆钢及带肋钢筋。当焊接直径不同的钢筋时，两直径之差不得大于7mm。气压焊等压法、二次加压法、三次加压法等工艺应根据钢筋直径等条件选用。

（10）进行电阻点焊、闪光对焊、电渣压力焊、埋弧压力焊时，应随时观察电源电压的波动情况。当电源电压下降大于5%、小于8%时，应采取提高焊接变压器级数的措施；当大于或等于8%时，不得进行焊接。钢筋电渣压力焊接接头外观质量检查应注意以下几点：

1）四周焊包突出钢筋表面的高度不得小于4mm。

2）钢筋与电极接触处，应无烧伤缺陷。

3）接头处的弯折角不得大于3℃。

4）接头处的轴线偏移不得大于钢筋直径的0.1倍，且不得大于2mm。

（11）带肋钢筋套筒挤压连接应符合下列要求：

1）钢筋插入套筒内深度应符合设计要求。

2）钢筋端头离套筒长度中心点不宜超过10mm。

3）先挤压一端钢筋，插入连接钢筋后，再挤压另一端套筒，挤压宜从套筒中部开始，依次向两端挤压，挤压机与钢筋轴线保持垂直。

（12）钢筋锥螺纹连接的螺纹丝头的锥度、螺距必须与套筒的锥度、螺距一致。对准轴线将钢筋拧入套筒内，接头拧紧值应满足规定的力矩。

3. 钢筋安装工程质量控制

（1）钢筋安装前，应进行安全技术交底，并履行有关手续。

（2）钢筋安装前，应根据施工图核对钢筋的品种、规格、尺寸和数量，并落实钢筋安装工序。

（3）钢筋安装时检查钢筋骨架、钢筋网绑扎方法是否正确、是否牢固可靠。

（4）纵向受拉钢筋的绑扎搭接接头的搭接长度，应根据位于同一连接段区段内的钢筋搭接接头面积百分率按《混凝土结构设计规范》（GB 50010—2010）中的公式计算，且不小于300mm。

（5）在任何情况下，纵向受拉钢筋的搭接长度不应小于 100mm，受压钢筋搭接长度不应小于 200mm。在绑扎接头的搭接长度范围内，应采用铁丝绑扎三点。

（6）绑扎钢筋用钢丝规格是 20～22 号镀锌钢丝或 20～22 号钢丝（火烧丝）。绑扎楼板钢筋网片时，一般用单根 22 号钢丝；绑扎梁柱钢筋骨架时，则用双根 22 号钢丝。

（7）钢筋混凝土梁、柱、墙板钢筋安装时要注意的控制点：

1）框架结构节点核心区、剪力墙结构暗柱与连梁交接处，梁与柱的箍筋设置是否符合要求。

2）框架剪力墙结构或剪力墙结构中连梁箍筋在暗柱中的设置是否符合要求。

3）框架梁、柱箍筋加密区长度和间距是否符合要求。

4）框架梁、连梁在柱、墙、梁中的锚固方式和锚固长度是否符合设计要求（工程中往往存在部分钢筋水平段锚固不满足设计要求的现象）。

5）框架柱在基础梁、板或承台中的箍筋设置（类型、根数、间距）是否符合要求。

6）剪力墙结构跨高比小于或等于 2 时，检查连梁中交叉加强钢筋的设置是否符合要求。

7）剪力墙竖向钢筋搭接长度是否符合要求（注意搭接长度的修正，通常是接头百分率的修正）。

8）框架柱特别是角柱箍筋间距、剪力墙暗柱箍筋形式和间距是否符合要求。

9）钢筋接头质量、位置和百分率是否符合设计要求。

10）注意在施工时，由于施工方法等原因可能形成短柱或短梁。

11）注意控制基础梁柱交界处、阳角放射筋部位的钢筋保护层质量。

12）框架梁与连系梁钢筋的相互位置关系必须正确，特别注意悬臂梁与其支撑梁钢筋位置的相互关系。

13）当剪力墙钢筋直径较细时，注意控制钢筋的水平度与垂直度，应采取适当措施（如增加梯子筋数量等）确保钢筋位置正确。

14）当剪力墙钢筋直径较细时，剪力墙钢筋往往"跑位"，通常可在剪力墙上口采用水平梯子筋加以控制。

15）柱中钢筋根数、直径变化处及构件截面发生变化处的纵向受力钢筋的连接和锚固方式应予以关注。

（8）工程实践中为便于施工，剪力墙中的拉结筋加工往往是一端加工成 135°弯钩，另一端暂时加工成 90°弯钩，待拉结筋就位后再将 90°弯钩弯折成形。这样，如果加工措施不当往往会出现拉结筋变形使剪力墙筋骨架减小，钢筋安装时应予以控制。

（9）注意控制预留洞口加强筋的设置是否符合设计要求。

（10）工程中常常出现由于墙柱钢筋固定措施不合格，导致下柱（墙）钢筋位置偏离设计要求的现象，隐蔽工程验收时应查验防止墙柱钢筋错位的措施是否得当。

（11）钢筋安装时，检查梁、柱箍筋弯钩处是否沿受力钢筋方向相互错开放置，绑扎扣是否按变换方向进行绑扎。

（12）钢筋安装完毕后，检查钢筋保护层垫块、马镫等是否根据钢筋直径、间距和设计要求正确放置。

（13）钢筋安装时，检查受力钢筋放置的位置是否符合设计要求，特别是梁、板、悬挑构件的上部纵向受力钢筋。

二、钢筋工程质量验收

1. 一般规定

（1）当钢筋的品种、级别或规格需作变更时，应办理设计变更文件。

（2）在浇筑混凝土之前，应进行钢筋隐蔽工程验收，其内容包括：

1）纵向受力钢筋的品种、规格、数量、位置等；

2）钢筋的连接方式、接头位置、接头数量、接头面积百分率等；

3）箍筋、横向钢筋的品种、规格、数量、间距等；

4）预埋件的规格、数量、位置等。

2. 原材料

（1）主控项目。

1）钢筋进场时，应按国家现行相关标准的规定抽取试件做力学性能和质量偏差检验，检验结果必须符合有关标准的规定。

检查数量：按进场的批次和产品的抽样检验方案确定。

检验方法：检查产品合格证、出厂检验报告和进场复验报告。

2）对有抗震设防要求的结构，其纵向受力钢筋的强度应满足设计要求；当设计无具体要求时，对一、二、三级抗震等级设计的框架和斜撑构件（含梯级）中的纵向受力钢筋应采用 HRB335E、HRB400E、HRB500E、HRBF335E、HRBF400E 或 HRBF500E 级钢筋，其强度和最大力下总伸长率的实测值应符合下列规定：

钢筋的抗拉强度实测值与屈服强度实测值的比值不应小于 1.25；钢筋的屈服强度实测值与强度标准值的比值不应大于 1.30；钢筋的最大力下总伸长率不应小于 9%。

检查数量：按进场的批次和产品的抽样检验方案确定。

检验方法：检查进场复验报告。

3）当发现钢筋脆断、焊接性能不良或力学性能显著不正常等现象时，应对该批钢筋进行化学成分检验或其他专项检验。

检验方法：检查化学成分等专项检验报告。

（2）一般项目。钢筋应平直、无损伤，表面不得有裂纹、油污、颗粒状或片状老锈。

检查数量：进场时和使用前全数检查。

检验方法：观察检查。

3. 钢筋加工

（1）主控项目。

1）受力钢筋的弯钩和弯折应符合下列规定：HPB300 级钢筋末端应作 180°弯钩，其弯弧内直径不应小于钢筋直径的 2.5 倍，弯钩的弯后平直部分长度不应小于钢筋直径的 3 倍；当设计要求钢筋末端需作 135°弯钩时，HRB335 级、HRB400 级钢筋的弯弧内直径不应小于钢筋直径的 4 倍，弯钩的弯后平直部分长度应符合设计要求；钢筋作不大于 90°的弯折时，弯折处的弯弧内直径不应小于钢筋直径的 5 倍。

检查数量：按每工作班同一类型钢筋、同一加工设备抽查不应少于 3 件。

检验方法：用钢尺检查。

2）除焊接封闭环式箍筋外，箍筋的末端应作弯钩，弯钩形式应符合设计要求；当设计无具体要求时应符合下列规定：箍筋弯钩的弯弧内直径除应满足《混凝土结构工程施工质量验收规范》（GB 50204—2015）的规定外，尚应不小于受力钢筋直径。箍筋弯钩的弯折角度：对一般结构不应小于 90°；对有抗震等要求的结构应为 135°。箍筋弯后平直部分长度：对一般结构不宜小于箍筋直径的 5 倍，对有抗震等要求的结构不应小于箍筋直径的 10 倍。

　　检查数量：按每工作班同一类型钢筋、同一加工设备抽查不应少于 3 件。

　　检验方法：用钢尺检查。

　　3）钢筋调直后应进行力学性能和质量偏差的检验，其强度应符合有关标准的规定。

　　（2）一般项目。

　　1）钢筋宜采用无延伸功能的机械设备进行调直，也可采用冷拉方法调直。当采用冷拉方法调直时，HPB300 级光圆钢筋的冷拉率不宜大于 4%；HRB335、HRB400、HRB500、HRBF335、HRBF400、HRBF500 及 RRB400 级带肋钢筋的冷拉率不宜大于 1%。

　　检查数量：每工作班按同一类型钢筋、同一加工设备抽查不应少于 3 件。

　　检验方法：观察检查，用钢尺检查。

　　2）钢筋加工的形状、尺寸应符合设计要求，其偏差应符合表 5-5 的规定。

表 5-5　　　　　　　　　　　　　　钢筋加工的允许偏差

项　　　目	允许偏差（mm）
受力钢筋长度方向全长的净尺寸	±10
弯起钢筋的弯折位置	±20
箍筋内净尺寸	±5

　　检查数量：按每工作班同一类型钢筋、同一加工设备抽查不应少于 3 件。

　　检验方法：用钢尺检查。

　　4. 钢筋连接

　　（1）主控项目。

　　1）纵向受力钢筋的连接方式应符合设计要求。

　　检查数量：全数检查。

　　检验方法：观察检查。

　　2）在施工现场应按《钢筋机械连接技术规程》（JGJ 107—2016）、《钢筋焊接及验收规程》（JGJ 18—2012）的规定，抽取钢筋机械连接接头、焊接接头试件做力学性能检验，其质量应符合有关规程的规定。

　　检查数量：按有关规程确定。

　　检验方法：检查产品合格证、接头力学性能试验报告。

　　（2）一般项目。

　　1）钢筋的接头宜设置在受力较小处。同一纵向受力钢筋不宜设置两个或两个以上接头。接头末端至钢筋弯起点的距离不应小于钢筋直径的 10 倍。

　　检查数量：全数检查。

　　检验方法：观察检查，用钢尺检查。

　　2）在施工现场应按《钢筋机械连接技术规程》（JGJ 107—2016）、《钢筋焊接及验收规程》（JGJ 18—2012）的规定，对钢筋机械连接接头、焊接接头的外观进行检查，其质量应符合有关规程的规定。

检查数量：全数检查。

检验方法：观察检查。

3）当受力钢筋采用机械连接接头或焊接接头时，设置在同一构件内的接头宜相互错开。

检查数量：在同一检验批内，对梁、柱和独立基础，应抽查构件数量的 10%，且不少于 3 件；对墙和板，应按有代表性的自然间抽查 10%，且不少于 3 间；对大空间结构，墙可按相邻轴线间高度 5m 左右划分检查面，板可按纵横轴线划分检查面，抽查 10%，且均不少于 3 面。

检验方法：观察检查，用钢尺检查。

4）同一构件中相邻纵向受力钢筋的绑扎搭接接头宜相互错开。绑扎搭接接头中钢筋的横向净距不应小于钢筋直径，且不应小于 25mm。

检查数量：在同一检验批内，对梁、柱和独立基础应抽查构件数量的 10%，且不少于 3 件；对墙和板，应按有代表性的自然间抽查 10%，且不少于 3 间；对大空间结构，墙可按相邻轴线间高度 5m 左右划分检查面，板可按纵、横轴线划分检查面，抽查 10%，且均不少于 3 面。

检验方法：观察检查，用钢尺检查。

5）在梁、柱类构件的纵向受力钢筋搭接长度范围内，应按设计要求配置箍筋。

检查数量：在同一检验批内，对梁、柱和独立基础，应抽查构件数量的 10%，且不少于 3 件；对墙和板，应按有代表性的自然间抽查 10%，且不少于 3 间；对大空间结构，墙可按相邻轴线间高度 5m 左右划分检查面，板可按纵、横轴线划分检查面，抽查 10%，且均不少于 3 面。

检验方法：用钢尺检查。

5. 钢筋安装

（1）主控项目。钢筋安装时，受力钢筋的品种、级别、规格和数量必须符合设计要求。

检查数量：全数检查。

检验方法：观察检查，用钢尺检查。

（2）一般项目。钢筋安装位置偏差应符合表 5-6 的规定。

检查数量：在同一检验批内，对梁、柱和独立基础，应抽查构件数量的 10%，且不少于 3 件；对墙和板，应按有代表性的自然间抽查 10%，且不少于 3 间；对大空间结构，墙可按相邻轴线间高度 5m 左右划分检查面，板可按纵、横轴线划分检查面，抽查 10%，且均不少于 3 面。

表 5-6   钢筋安装位置的允许偏差和检验方法

项目		允许偏差（mm）	检验方法
绑扎钢筋网	长、宽	±10	用钢尺检查
	网眼尺寸	±20	用钢尺量连续三档，取最大值
绑扎钢筋骨架	长	±10	用钢尺检查
	宽、高	±5	用钢尺检查

续表

项目			允许偏差（mm）	检验方法
受力钢筋	间距		±10	用钢尺量两端中间各一点，取最大值
	排距		±5	
	保护层厚度	基础	±10	用钢尺检查
		柱、梁	±5	用钢尺检查
		板、墙、壳	±3	用钢尺检查
绑扎箍筋、横向钢筋间距			±20	用钢尺量连续三档，取最大值
钢筋弯起点位置			20	用钢尺检查
预埋件	中心线位置		5	用钢尺检查
	水平高差		+3,0	用钢尺和塞尺检查

注　1. 检查预埋件中心线位置时，应沿纵、横两个万问量测，开取其中的较大值。
　　2. 表中梁类、板类构件上部纵向受力钢筋保护层厚度的合格点率应达到 90% 及以上，且不得有超过表中数值
　　　1.5 倍的尺寸偏差。

任务三　混凝土工程质量控制与验收

　　混凝土分项工程是从水泥、砂、石、水、外加剂、矿物掺合料等原材料进场检验、混凝土配合比设计及称量、拌制、运输、浇筑、养护、试件制作直至混凝土达到预定强度等一系列技术工作和完成实体的总称。混凝土分项工程所含的检验批可根据施工工序和验收的需要确定。

一、混凝土工程质量控制

1. 混凝土施工前检查

（1）混凝土施工前应检查混凝土的运输设备是否良好、道路是否畅通，保证混凝土的连续浇筑和良好的和易性。运至浇筑地点时，混凝土坍落度应符合规范要求。

（2）冬期施工混凝土宜优先使用预拌混凝土，混凝土用水泥应根据养护条件等选择水泥品种，其最小水泥用量、水灰比应符合要求，预拌混凝土企业必须制订冬期混凝土生产和质量保证措施；供货期间，施工单位、监理单位、建设单位应加强对混凝土厂家生产状况的随机抽查，并重点抽查预拌混凝土原材料质量和外加剂相容性试验报告、计量配比单、上料电子称量、坍落度出厂测试情况。

（3）混凝土浇筑前检查模板表面是否清理干净，防止拆模时混凝土表面黏模出现麻面。木模板应浇水湿润，防止出现由于木模板吸水黏接或脱模过早，拆模时缺棱、掉角导致露筋。

（4）混凝土施工前应审查施工缝、后浇带处理的施工技术方案。检查施工缝、后浇带留设的位置是否符合规范和设计要求，其处理应按施工技术方案执行。混凝土施工缝不应随意留置，其位置应事先在施工技术方案中确定。

2. 混凝土现场搅拌

混凝土现场搅拌时应对原材料的计量进行检查，并经常检查坍落度，严格控制水灰比。

检查混凝土搅拌的时间，并在混凝土搅拌后和浇筑地点分别抽样检测混凝土的坍落度，每班至少检查 2 次，评定时应以浇筑地点的测值为准。

3. 泵送混凝土

泵送混凝土时应注意以下几个方面的问题：

（1）操作人员应持证上岗，应有高度的责任感和职业素质，并能及时处理操作过程中出现的故障。

（2）泵与浇筑地点联络畅通。

（3）泵送前应先用水灰比为 0.7 的水泥砂浆湿润管道，同时要避免将水泥砂浆集中浇筑。

（4）泵送过程严禁加水，需要增加混凝土的坍落度时，应加入与混凝土相同品种的水泥和水灰比相同的水泥浆。

（5）应配专人巡视管道，发现异常及时处理。

（6）在梁、板上铺设的水平管道泵送时振动大，应采取相应的防止损坏钢筋骨架（网片）措施。

4. 混凝土浇筑、振捣

（1）加强混凝土坍落度、入模温度、外加剂种类及掺量的控制，其中外加剂应符合《混凝土外加剂》（GB 8076—2008）、《混凝土外加剂应用技术规范》（GB 50119—2013）等规范规定。

（2）应防止浇筑速度过快，避免在钢筋上面和墙与板、梁与柱交界处出现裂缝。

（3）应防止浇筑不均匀，或接槎处处理不好，避免形成裂缝。混凝土浇筑应在混凝土初凝前完成，浇筑高度不宜超过 2m，竖向结构不宜超过 3m，否则应检查是否采取了相应措施。控制混凝土一次浇筑的厚度，并保证混凝土的连续浇筑。浇筑与墙、柱连成一体的梁和板时，应在墙、柱浇筑完毕 1～1.5h 后，再浇筑梁和板；梁和板宜同时浇筑混凝土。

（4）浇筑混凝土时，施工缝的留设位置与处理应符合有关规定。

（5）混凝土浇筑时应检查混凝土振捣的情况，保证混凝土振捣密实。防止振捣棒撞击钢筋，使钢筋移位。合理使用混凝土振捣机械，掌握正确的振捣方法，控制振捣的时间。

（6）混凝土施工过程中应对混凝土的强度进行检查，在混凝土浇筑地点随机留取标准养护试件和同条件养护试件，其留取的数量应符合要求。同条件试件必须与其代表的构件一起养护。

5. 混凝土养护

（1）混凝土浇筑后随检查是否按施工技术方案进行养护，并对养护的时间进行检查落实。

（2）冬期施工方案必须有针对性，方案中应明确所采用的混凝土养护方式；避免混凝土受冻所需的热源方式；混凝土覆盖所需的保温材料；各部位覆盖层数；用于测量温度的用具的数量。所有冬期施工所需要的保温材料，必须按照方案配置，并堆放在楼层中，经监理单位对保温材料的种类和数量检查验收后，符合冬期施工方案计划才可进行混凝土浇筑。

（3）混凝土的养护是在混凝土浇筑完毕后 12h 内进行，养护时间一般为 14～28 天。混凝土浇筑后应对养护的时间进行检查落实。

二、混凝土工程质量验收

（一）一般规定

（1）结构构件的混凝土强度，应按相关标准，对采用蒸汽法养护的混凝土结构构件，其混凝土试件应先随同结构构件同条件蒸汽养护，再转入标准条件养护共 28 天。当混凝土中掺用矿物掺和料时，确定混凝土强度时的龄期可按《粉煤灰在混凝土中应用技术规程》（DB31/T 932—2015）等规定取值。

（2）检验评定混凝土强度用的混凝土试件的尺寸及强度的尺寸换算系数应按表 5-7 取用，其标准成型方法、标准养护条件及强度试验方法应符合普通混凝土力学性能试验方法标准的规定。

表 5-7　　　　　　　　　　混凝土试件尺寸及强度的尺寸换算系数

骨料最大粒径（mm）	试件尺寸（mm）	强度的尺寸换算系数
≤31.5	100×100×100	0.95
≤40	150×150×150	1.00
≤63	200×200×200	1.05

注　对强度等级为 C60 及以上的混凝土试件，其强度的尺寸换算系数通过试验确定。

（3）结构构件拆模、出池、出厂、吊装、张拉、放张及施工期间临时负荷时的混凝土强度，应根据同条件养护的标准尺寸试件的混凝土强度确定。

（4）当混凝土试件强度评定不合格时，可采用非破损或局部破损的检测方法，按国家现行有关标准的规定对结构构件中的混凝土强度进行确定，并作为处理的依据。

（5）混凝土的冬期施工应符合《建筑工程冬期施工规程》（JGJ 104—2011）和施工技术方案的规定。

（二）混凝土施工

1. 主控项目

（1）结构混凝土的强度等级必须符合设计要求。用于检查结构构件混凝土强度的试件，应在混凝土的浇筑地点随机抽取。取样与试件留置应符合下列规定：

1）每拌制 100 盘且不超过 100m³ 的同配合比的混凝土，取样不得少于一次；

2）每工作班拌制的同一配合比的混凝土不足 100 盘时，取样不得少于一次；

3）当一次连续浇筑超过 1000m³ 时，同一配合比的混凝土每 200m³ 取样不得少于一次；

4）每一楼层、同一配合比的混凝土，取样不得少于一次；

5）每次取样应至少留置一组标准养护试件，同条件养护试件的留置组数应根据实际需要确定。

检验方法：检查施工记录及试件强度试验报告。

（2）对有抗渗要求的混凝土结构，其混凝土试件应在浇筑地点随机取样。同一工程、同一配合比的混凝土，取样不应少于一次，留置组数可根据实际需要确定。

检验方法：检查试件抗渗试验报告。

（3）混凝土原材料每盘称量的偏差应符合表 5-8 的规定。

表 5 - 8   **原材料每盘称量的允许偏差**

材料名称	允许偏差
水泥、掺和料	±2%
粗、细骨料	±3%
水、外加剂	±2%

注 1. 各种衡器应定期校验，每次使用前应进行零点校核，保持计量准确。

2. 当遇雨天或含水率有显著变化时，应增加含水率检测次数，并及时调整水和骨料的用量。

检查数量：每工作班抽查不应少于一次。

检验方法：复称检查。

（4）混凝土运输、浇筑及间歇的全部时间不应超过混凝土的初凝时间。同一施工段的混凝土应连续浇筑，并应在底层混凝土初凝之前将上一层混凝土浇筑完毕。

当底层混凝土初凝后浇筑上一层混凝土时，应按施工技术方案中对施工缝的要求进行处理。

检查数量：全数检查。

检验方法：观察检查，检查施工记录。

2. 一般项目

（1）施工缝的位置应在混凝土浇筑前按设计要求和施工技术方案确定。施工缝的处理应按施工技术方案执行。

检查数量：全数检查。

检验方法：观察检查，检查施工记录。

（2）后浇带的留置位置应按设计要求和施工技术方案确定。后浇带混凝土浇筑应按施工技术方案进行。

检查数量：全数检查。

检验方法：观察检查，检查施工记录。

（3）混凝土浇筑完毕后，应按施工技术方案及时采取有效的养护措施，并应符合下列规定：

1）应在浇筑完毕后的 12h 以内对混凝土加以覆盖并保湿养护。

2）混凝土浇水养护的时间：对采用硅酸盐水泥、普通硅酸盐水泥或矿渣硅酸盐水泥拌制的混凝土，不得少于 7 天；对掺用缓凝型外加剂或有抗渗要求的混凝土，不得少于 14 天；当采用其他品种水泥时，混凝土的养护时间应根据所采用水泥的技术性能确定。

3）浇水次数应能保持混凝土处于湿润状态；混凝土养护用水应与拌制用水相同；当日平均气温低于 5℃时，不得浇水。

4）采用塑料布覆盖养护的混凝土，其敞露的全部表面应覆盖严密，并应保持塑料布内有凝结水。

5）混凝土表面不便浇水或使用塑料布时，宜涂刷养护剂。

6）对大体积混凝土的养护，应根据气候条件按施工技术方案采取温度控制措施。

7）混凝土强度达到 $1.2N/mm^2$ 前，不得在其上踩踏或安装模板及支架。

检查数量：全数检查。

检验方法：观察检查，检查施工记录。

任务四　现浇结构工程质量控制与验收

一、现浇结构工程质量控制

（1）现浇混凝土结构待强度达到一定程度拆模后，应及时对混凝土外观质量进行检查（严禁未经检查擅自处理混凝土缺陷），对影响到结构性能、使用功能或耐久性的严重缺陷，应由施工单位根据缺陷的具体情况提出技术处理方案，处理后，对经处理的部位应重新检查验收。

（2）现浇结构不应有影响结构性能和使用功能的尺寸偏差，混凝土设备基础不应有影响结构性能和设备安装的尺寸偏差。现浇结构的外观质量不应有严重缺陷。

（3）对于现浇混凝土结构外形尺寸偏差，检查主要轴线、中心线位置时，应沿纵横两个方向测量，并取其中的较大值。

二、现浇结构工程质量验收

1. 一般规定

（1）现浇结构的外观质量缺陷，应由监理（建设）单位、施工单位等各方根据其对结构性能和使用功能影响的严重程度，按表 5-9 确定。

表 5-9　　　　　　　　　　　现浇结构外观质量缺陷

名称	现象	严重缺陷	一般缺陷
露筋	构件内钢筋未被混凝土包裹而外露	纵向受力钢筋有露筋	其他钢筋有少量露筋
蜂窝	混凝土表面缺少水泥砂浆而形成石子外露	构件主要受力部位有蜂窝	其他部位有少量蜂窝
孔洞	混凝土中孔穴深度和长度均超过保护层厚度	构件主要受力部位有孔洞	其他部位有少量孔洞
夹渣	混凝土中夹有杂物且深度超过保护层厚度	构件主要受力部位有夹渣	其他部位有少量夹渣
疏松	混凝土中局部不密实	构件主要受力部位有疏松	其他部位有少量疏松
裂缝	缝隙从混凝土表面延伸至混凝土内部	构件主要受力部位有影响结构性能或使用功能的裂缝	其他部位有少量不影响结构性能或使用功能的裂缝
连接部位缺陷	构件连接处混凝土缺陷及连接钢筋、连接件松动	连接部位有影响结构传力性能的缺陷	连接部位有基本不影响结构传力性能的缺陷
外形缺陷	缺棱掉角、棱角不直、翘曲不平、飞边凸肋等	清水混凝土构件有影响使用功能或装饰效果的外形缺陷	其他混凝土构件有不影响使用功能的外形缺陷
外表缺陷	构件表面麻面、掉皮、起砂、沾污等	具有重要装饰效果的清水混凝土构件有外表缺陷	缺陷

（2）现浇结构拆模后，应由监理（建设）单位、施工单位对外观质量和尺寸偏差进行检查，做出记录，并应及时按施工技术方案对缺陷进行处理。

2. 外观质量

（1）主控项目。现浇结构的外观质量不应有严重缺陷。

对已经出现的严重缺陷，应由施工单位提出技术处理方案，并经监理（建设）单位认可后进行处理。对经处理的部位，应重新检查验收。

检查数量：全数检查。

检验方法：观察检查，检查技术处理方案。

（2）一般项目。现浇结构的外观质量不宜有一般缺陷。

对已经出现的一般缺陷，应由施工单位按技术处理方案进行处理，并重新检查验收。

检查数量：全数检查。

检验方法：观察检查，检查技术处理方案。

3. 尺寸偏差

（1）主控项目。现浇结构不应有影响结构性能和使用功能的尺寸偏差。混凝土设备基础不应有影响结构性能和设备安装的尺寸偏差。

对超过尺寸允许偏差且影响结构性能和安装、使用功能的部位，应由施工单位提出技术处理方案，并经监理（建设）单位认可后进行处理。对经处理的部位，应重新检查验收。

检查数量：全数检查。

检验方法：量测检查，检查技术处理方案。

（2）一般项目。现浇结构和混凝土设备基础拆模后的尺寸偏差应符合表 5 - 10、表 5 - 11 的规定。

表 5 - 10　　现浇结构尺寸允许偏差和检验方法

项目			允许偏差（mm）	检验方法
轴线位置	基础		15	用钢尺检查
	独立基础		10	
	墙、柱、梁		8	
	剪力墙		5	
垂直度	层高	$\leqslant$5m	8	用经纬仪或吊线、钢尺检查
		>5m	10	
	全高 H		$H/1000$，且$\leqslant$30	用经纬仪、钢尺检查
标高	层高		$\pm$10	用水准仪或拉线、钢尺检查
	全高		$\pm$30	
截面尺寸			+8，−5	用钢尺检查
电梯井	井筒长、宽对定位中心线		+25，0	用钢尺检查
	井筒全高 H 垂直度		$H/1000$，且$\leqslant$30	用经纬仪、钢尺检查
表面平整度			8	用 2m 靠尺和塞尺检查
预埋设施中心线位置	预埋件		10	用钢尺检查
	预埋螺栓		5	
	预埋管		5	
预留洞中心线位置			15	用钢尺检查

注　检查轴线、中心线位置时，应沿纵、横两个方向量测，并取其中的较大值。

表 5 - 11　　　　　　　　　　混凝土设备基础尺寸允许偏差和检验方法

项　目		允许偏差（mm）	检验方法
坐标位置		20	用钢尺检查
不同平面的标高		0，—20	
平面外形尺寸		±20	用钢尺检查
凸台上平面外形尺寸		0，—20	用钢尺检查
凹穴尺寸		+20，0	用钢尺检查
平面水平度	每米	5	用水平尺、塞尺检查
	全长	10	用水准仪或拉线、钢尺检查
垂直度	每米	5	用经纬仪或吊线、钢尺检查
	全高	10	
预埋地脚	标高（顶部）	+20，0	用水准仪或拉线、钢尺检查
	中心距	±2	用钢尺检查
预埋地脚螺栓	中心线位置	10	用钢尺检查
	深度	+20，0	用钢尺检查
	孔垂直度	10	用吊线、钢尺检查
预埋活动地	标高	+20，0	用水准仪或拉线、钢尺检查
	中心线位置	5	用钢尺检查
	带槽锚板平整度	5	用钢尺、塞尺检查
	带螺纹孔锚板平整度	2	用钢尺、塞尺检查

　　注　检查坐标、中心线位置时，应沿纵、横两个方向量测，并取其中的较大值。

　　检查数量：按楼层、结构缝或施工段划分检验批。在同一检验批内，对梁、柱和独立基础，应抽查构件数量的 10%，且不少于 3 件；对墙和板，应按有代表性的自然间抽查 10%，且不少于 3 间；对大空间结构，墙可按相邻轴线间高度 5m 左右划分检查面，板可按纵、横轴线划分检查面，抽查 10%，且均不少于 3 面；对电梯井，应全数检查。对设备基础，应全数检查。

　　检查方法：量测检查。

任务五　混凝土结构子分部工程质量验收

一、质量验收基本规定

　　（1）混凝土结构施工现场质量管理应有相应的施工技术标准、健全的质量管理体系、施工质量控制和质量检验制度。混凝土结构施工项目应有施工组织设计和施工技术方案，并经审查批准。

　　（2）对混凝土结构子分部工程的质量验收，应在钢筋、预应力、混凝土、现浇结构或装配式结构等相关分项工程验收合格的基础上，进行质量控制资料检查及观感质量验收，并应对涉及结构安全的材料、试件、施工工艺和结构的重要部位进行见证检测或结构实体检验。

（3）分项工程的质量验收应在所含检验批验收合格的基础上，进行质量验收记录检查。

（4）检验批的质量验收内容。

1）实物检查，按下列方式进行：

a. 对原材料、构配件和器具等产品的进场复验，应按进场的批次和产品的抽样检验方案执行；

b. 对混凝土强度、预制构件结构性能等，应按国家现行有关标准和《混凝土结构工程施工质量验收规范》（GB 50204—2015）规定的抽样检验方案执行；

c. 对《混凝土结构工程施工质量验收规范》（GB 50204—2015）中采用计数检验的项目，应按抽查总点数的合格点率进行检查。

2）资料检查，包括原材料、构配件和器具等的产品合格证（中文质量合格证明文件、规格、型号及性能检测报告等）及进场复验报告、施工过程中重要工序的自检和交接检记录、抽样检验报告、见证检测报告、隐蔽工程验收记录等。

（5）检验批合格质量应符合下列规定：

1）主控项目的质量经抽样检验合格。

2）一般项目的质量经抽样检验合格；当采用计数检验时，除有专门要求外，一般项目的合格点率应达到80%及以上，且不得有严重缺陷。

3）具有完整的施工操作依据和质量验收记录。

对验收合格的检验批，宜做出合格标志。

（6）检验批、分项工程、混凝土结构子分部工程的质量验收可按《混凝土结构工程施工质量验收规范》（GB 50204—2015）记录，质量验收程序和组织应符合《建筑工程施工质量验收统一标准》（GB 50300—2013）的规定。

二、质量验收具体要求

1. 结构实体检验

（1）对涉及混凝土结构安全的重要部位，应进行结构实体检验，结构实体检验应在监理工程师（建设单位项目专业技术负责人）见证下，由施工项目技术负责人组织实施，承担结构实体检验的试验室应具有相应的资质。

（2）结构实体检验的内容应包括混凝土强度、钢筋保护层厚度及工程合同约定的项目，必要时可检验其他项目。

（3）对混凝土强度的检验，应以在混凝土浇筑地点制备，并与结构实体同条件养护的试件强度为依据，混凝土强度检验，用同条件养护试件的留置养护和强度代表值应符合《混凝土结构工程施工质量验收规范》（GB 50204—2002）附录D的规定。对混凝土强度的检验也可根据合同的约定，采用非破损或局部破损的检测方法，按国家现行有关标准的规定进行。

（4）当同条件养护试件强度的检验结果符合《混凝土强度检验评定标准》（GB/T 50107—2010）的有关规定时，混凝土强度应判为合格。

（5）对钢筋保护层厚度的检验，抽样数量、检验方法、允许偏差和合格条件应符合《混凝土结构工程施工质量验收规范》（GB 50204—2002）附录E的规定。

（6）当未能取得同条件养护试件强度，同条件养护试件强度被判为不合格或钢筋保护层厚度不满足要求时，应委托具有相应资质等级的检测机构，按国家有关标准的规定进行检测。

2. 结构实体检验用同条件养护试件强度检验

（1）同条件养护试件的留置方式和取样数量应符合下列要求：同条件养护试件所对应的结构构件或结构部位应由监理（建设）施工等各方共同选定；对混凝土结构工程中的各混凝土强度等级均应留置同条件养护试件；同一强度等级的同条件养护试件留置的数量，应根据混凝土工程量和重要性确定，不宜少于 10 组，且不应少于 3 组；同条件养护试件拆模后，应放置在靠近相应结构构件或结构部位的适当位置，并应采取相同的养护方法。

（2）同条件养护试件应在达到等效养护龄期时，进行强度试验；等效养护龄期应根据同条件养护试件强度与在标准养护条件下 28 天龄期试件强度相等的原则确定。

（3）同条件自然养护试件的等效养护龄期及相应的试件强度代表值，宜根据当地的气温和养护条件按下列规定确定：等效养护龄期可取按日平均温度逐日累计达到 600℃·天时所对应的龄期，0℃及以下的龄期不计入，等效养护龄期不应小于 14 天，也不宜大于 60 天；同条件养护试件的强度代表值，应根据强度试验结果按《混凝土强度检验评定标准》（GBJ 107）的规定确定后乘折算系数取用，折算系数宜取为 1.10，也可根据当地的试验统计结果做适当调整。

（4）冬期施工人工加热养护的结构构件，其同条件养护试件的等效养护龄期可按结构构件的实际养护条件由监理（建设）施工等各方根据验收规范的规定共同确定。

3. 结构实体钢筋保护层厚度检验

（1）钢筋保护层厚度检验的结构部位和构件数量应符合下列要求：钢筋保护层厚度检验的结构部位，应由监理（建设）施工等各方根据结构构件的重要性共同选定；对梁类、板类构件应各抽取构件数量的 2%，且不少于 5 个构件进行检验，当有悬挑构件时，抽取的构件中悬挑梁类、板类构件所占比例均不宜小于 50%。

（2）对选定的梁类构件，应对全部纵向受力钢筋的保护层厚度进行检验，对选定的板类构件应抽取不少于 6 根纵向受力钢筋的保护层厚度进行检验，对每根钢筋应在有代表性的部位测量 1 点。

（3）钢筋保护层厚度的检验，可采用非破损或局部破损的方法；也可采用非破损方法，并用局部破损方法进行校准；当采用非破损方法检验时，所使用的检测仪器应经过计量检验，检测操作应符合相应规程的规定，钢筋保护层厚度检验的检测误差不应大于 1mm。

（4）钢筋保护层厚度检验时，纵向受力钢筋保护层厚度的允许偏差对梁类构件为 +10、−7mm，对板类构件为 +8、−5mm。

（5）对梁类、板类构件纵向受力钢筋的保护层厚度，应分别进行验收，结构实体钢筋保护层厚度验收合格应符合下列规定：当全部钢筋保护层厚度检验的合格点率为 90% 及以上时，钢筋保护层厚度的检验结果应判为合格；当全部钢筋保护层厚度检验的合格点率小于 90%，但不小于 80%，可再抽取相同数量的构件进行检验；当按两次抽样总和计算的合格点率为 90% 及以上时，钢筋保护层厚度的检验结果仍应判为合格；每次抽样检验结果中不合格点的最大偏差均不应大于规定允许偏差的 1.5 倍。

4. 质量验收时应提供的文件和记录

混凝土结构子分部工程施工质量验收时应提供下列文件和记录：

（1）设计变更文件，原材料出厂合格证和进场复验报告，钢筋接头的试验报告。

（2）混凝土工程施工记录。

（3）混凝土试件的性能试验报告。

（4）装配式结构预制构件的合格证和安装验收记录。

（5）预应力筋用锚具、连接器的合格证和进场复验报告。

（6）预应力筋安装、张拉及灌浆记录。

（7）隐蔽工程验收记录。

（8）分项工程验收记录。

（9）混凝土结构实体检验记录。

（10）工程的重大质量问题的处理方案和验收记录；其他必要的文件和记录。

5. 质量验收合格的规定

混凝土结构子分部工程施工质量验收合格应符合下列规定：

（1）有关分项工程施工质量验收合格。

（2）应有完整的质量控制资料。

（3）观感质量验收合格。

（4）结构实体检验结果满足《混凝土结构工程施工质量验收规范》（GB 50204—2002）的要求。

6. 质量不符合要求时处理规定

当混凝土结构施工质量不符合要求时应按下列规定进行处理：

（1）经返工返修或更换构件部件的检验批，应重新进行验收。

（2）经有资质的检测单位检测鉴定，达到设计要求的检验批，应予以验收。

（3）经有资质的检测单位检测鉴定，达不到设计要求，但经原设计单位核算，并确认仍可满足结构安全和使用功能的检验批，可予以验收。

（4）经返修或加固处理，能够满足结构安全使用要求的分项工程，可根据技术处理方案和协商文件进行验收。

7. 验收文件存档备案

混凝土结构工程子分部工程施工质量验收合格后，应将所有的验收文件存档备案。

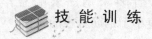

技 能 训 练

一、单选题

1. 对跨度不小于（　　　）的现浇钢筋混凝土梁、板，其模板应按设计要求起拱。

  A. 1m   B. 2m   C. 3m   D. 4m

2. 模板工程中，柱箍间距按柱截面大小及高度决定，一般控制在（　　　）。

  A. 500～1000mm B. 1000～1500mm C. 1500～2000mm D. 2500～3000mm

3. 模板的变形应符合一定要求，超过（　　　）高度的大型模板的侧模应留门平板。

  A. 2m   B. 3m   C. 4m   D. 5m

4. 模板工程质量验收时，在同一检验批内，应抽查梁构件数量的（　　　），且不少于3件。

  A. 5%   B. 7%   C. 9%   D. 10%

5. 模板工程中，固定在模板上的预埋件、预留孔和预留洞均不得遗漏，且应安装牢固，其检验方法正确的是（　　　）。

　　A. 观察检查　　　　　　　　　　　　B. 用 2m 靠尺和塞尺检查

　　C. 用钢尺检查　　　　　　　　　　　D. 用经纬仪或吊线检查

6. 在模板安装中，固定在模板上的插筋中心线位置允许偏差为（　　　）。

　　A. 2mm　　　　　　B. 3mm　　　　　　C. 4mm　　　　　　D. 5mm

7. 现浇结构模板安装中，表面平整度允许的误差为 5mm，其检验方法正确的是（　　　）。

　　A. 观察检查　　　　B. 用钢尺检查　　　C. 用水准仪检查　　D. 用 2m 靠尺和塞尺检查

8. 底模及其支架拆除时的混凝土强度应符合设计要求，当设计无具体要求时，混凝土强度应符合规定，其检验方法正确的是（　　　）。

　　A. 观察检查　　　　　　　　　　　　B. 钢尺量两角边，取其中较大值

　　C. 用钢尺检查　　　　　　　　　　　D. 检查同条件养护试件强度实验报告

9. 模板拆除时，不应对楼层形成冲击荷载。拆除的模板和支架宜分散堆放并及时清运，其检验方法正确的是（　　　）。

　　A. 观察检查　　　　　　　　　　　　B. 对照模板设计文件和施工技术方案观察

　　C. 用 2m 靠尺和塞尺检查　　　　　　D. 用经纬仪或吊线检查

10. 下列选项中，关于电渣压力焊接头外观检查结果，说法错误的是（　　　）。

　　A. 四周焊包凸出钢筋表面的高度不得小于 4mm

　　B. 钢筋与电极接触处应无烧伤缺陷

　　C. 接头处的轴线偏移不得大于钢筋直径的 0.1 倍，且不得大于 5mm

　　D. 接头处的弯折角不得大于 3°

11. 钢筋应平直、无损伤，表面不得有裂纹、油污、颗粒状或片状老锈，其检验方法正确的是（　　　）。

　　A. 观察检查　　　　　　　　　　　　B. 检查进场复验报告

　　C. 检查化学成分等专项检验报告　　　D. 检查产品合格证明书

12. 钢筋质量验收时，当设计要求钢筋末端需作（　　　）弯钩时，HRB335 级、HRB400 级钢筋的弯弧内直径不应小于钢筋直径的 4 倍，弯钩的弯后平直部分长度应符合设计要求。

　　A. 45°　　　　　　　B. 90°　　　　　　C. 135°　　　　　　D. 180°

13. 钢筋安装时，受力钢筋的品种、级别、规格和数量必须符合设计要求，其检查方法是（　　　）。

　　A. 观察检查和用钢尺检查　　　　　　B. 用靠尺和塞尺检查

　　C. 用水准仪检查　　　　　　　　　　D. 检查产品合格证明书

14. 钢筋安装的质量验收时，钢筋弯起点位置允许的误差为（　　　），其检验方法是（　　　）。

　　A. 10mm，观察检查　　　　　　　　　B. 20mm，用钢尺检查

　　C. 10mm，用钢尺检查　　　　　　　　D. 20mm，观察检查

15. 检查混凝土在搅拌地及浇筑地的坍落度，每一工作班最少（　　　）次。

　　A. 1　　　　　　　　B. 2　　　　　　　C. 3　　　　　　　D. 4

16. 为检查结构构件混凝土质量所留的试块，每拌制 100 盘且不超过（　　）的配合比的混凝土，其取样不得少于一次。

A. 50m³　　　　　　B. 80m³　　　　　　C. 100m³　　　　　　D. 150m³

17. 现浇结构模板安装相邻两板表面高低差允许偏差为（　　）。

A. 1mm　　　　　　B. 2mm　　　　　　C. 3mm　　　　　　D. 4mm

18. 当一次连续浇筑超过 1000m³ 的混凝土时，同一配合比的混凝土每（　　）取样不得少于一次。

A. 100m³　　　　　B. 200m³　　　　　C. 300m³　　　　　D. 400m³

19. 现浇混凝土结构层高标高允许偏差为（　　）。

A. ±5mm　　　　　B. ±8mm　　　　　C. ±10mm　　　　　D. ±15mm

20. 结构实体钢筋保护层厚度验收中，当全部钢筋保护层厚度检验的合格点率为 90% 及以上时，钢筋保护层厚度的检验结果应判为（　　）。

A. 合格　　　　　　B. 优良　　　　　　C. 不合格　　　　　　D. 好

二、多选题

1. 在模板安装时，对跨度不小于 4m 的现浇钢筋混凝土梁、板，其模板应按设计要求起拱；当设计无具体要求时，起拱高度宜为跨度的 1/1000～3/1000，其检验方法正确的是（　　）。

A. 观察检查

B. 用钢尺检查

C. 用水准仪或拉尺检查

D. 对照模板设计文件和施工方案检查

E. 用靠尺和塞尺检查

2. 接头处的轴线偏移不得大于钢筋直径的 0.1 倍，且不得大于 2mm 是指验收检查（　　）接头质量必须达到的标准。

A. 帮条焊　　　　　B. 搭接焊　　　　　C. 电渣压力焊　　　　　D. 闪光对焊

3. 钢筋电弧焊接头质量合格必须满足的条件有（　　）。

A. 焊缝表面平整，无凹陷、焊瘤

B. 焊接区不得有裂纹

C. 坡口焊，熔槽帮条焊的焊缝余高不得大于 5mm

D. 试件力学试验合格

4. 合格的钢筋焊接骨架应符合（　　）。

A. 每件制品的焊点脱落、漏焊不超过焊点总数的 4%

B. 相邻的两焊点不得有漏焊、脱落

C. 骨架的长、宽偏差不超过骨架长的 1.1 倍

D. 骨架箍筋间距偏差不超过 ±10mm

5. 属于钢筋配料加工质量检查验收主控项目的有（　　）。

A. 钢筋加工的形状、尺寸

B. 力学性能，化学成分检验

C. 抗震用钢筋强度检查

      D. 受力钢筋的弯钩和弯折

6. 进场钢筋检查验收的内容有（   ）。

    A. 有产品合格证、出厂检验报告，且检验报告的有关收据符合国家标准

    B. 进场钢筋标牌齐全

    C. 逐批检查表面不得有裂纹、折叠、结疤和夹杂

    D. 带肋钢筋表面凸块必须大于横肋钢筋

7. 在钢筋工程中，力学性能试验报告内容应包括（   ）。

    A. 工程名称、取样部位   B. 批号、批量

    C. 焊接方法   D. 焊工姓名及家庭住址

    E. 施工单位

8. 下列选项中，关于钢筋电弧焊接头的质量检验试件，说法正确的是（   ）。

    A. 在装配式结构中，可按生产条件制作模拟试件，每批 3 个，做拉伸试验

    D. 在现浇混凝土结构中，应以 300 个同牌号钢筋、同形式接头作为一批

    C. 钢筋与钢板电弧搭接焊接头可只进行外观检查

    D. 焊接接头区域不得有肉眼可见的裂纹

    E. 坡口焊、熔槽帮条焊和窄间隙焊接头的焊缝余高不得大于 3mm

9. 钢筋工程质量验收内容包括（   ）。

    A. 原材料   B. 钢筋加工   C. 钢筋安装   D. 钢筋拆除

    E. 钢筋连接

10. 混凝土工程中施工缝的位置应在混凝土浇筑前按设计要求和施工技术方案确定，质量验收时，其检验方法正确的是（   ）。

    A. 观察检查   B. 检查施工记录   C. 复称   D. 用钢尺检查

    E. 用靠尺检查

11. 混凝土运输过程中，当采用预拌（商品）混凝土运输距离较远时，多采用的混凝土地面运输工具是（   ）。

    A. 机动翻斗车   B. 双轮手推车

    C. 混凝土搅拌运输车   D. 自卸汽车

    E. 大型运货车

12. 下列属于混凝土主控项目检验的是（   ）。

    A. 混凝土强度等级、试件的取样和留置

    B. 混凝土抗渗、试件取样和留置

    C. 混凝土初凝时间控制

    D. 施工缝的位置及处理

13. 当混凝土试件强度评定不合格时，可根据国家现行有关标准采用回弹法、（   ）、后装拔出法等推定结构的混凝土强度。

    A. 锤击测定法   B. 超声回弹综合法

    C. 钻孔检测法   D. 钻芯法

14. 混凝土工程质量检查与验收的主控项目有（   ）。

    A. 施工缝的位置及处理

　　B. 混凝土强度等级，试件的取样和留置

　　C. 混凝土初凝时间控制

　　D. 原材料每盘称量的允许偏差

15. 建筑工程中，现浇混凝土结构的外观质量缺陷主要有（　　　）。

　　A. 蜂窝　　　　　　B. 露浆　　　　　　C. 露筋　　　　　　D. 孔洞

　　E. 麻面

三、案例分析题

　　2012 年 6 月某天凌晨 3 时左右，某市一所重点高中的教学楼顶面带挂板大挑檐根部突然发生断裂。该工程是一幢 5 层砖混结构，长 49.05m，宽 10.28m，高 7.50m，建筑面积为 2652.6m²，设计单位为该市建筑设计研究院，施工单位为某建筑公司，监理单位为该市某工程监理公司。事故发生后，进行事故调查和原因分析后，发现造成该质量事故的主要原因是施工队伍素质差，竟然将悬挑构件的受力钢筋反向放置，且构件厚度控制不严。

　　根据以上内容，回答下列问题：

　　1. 钢筋工程中，钢筋加工时，主要检查哪些方面的内容？检查方法有哪些？

　　2. 钢筋工程安装质量检验标准和检查方法具体内容有哪些？

项目六 钢结构工程

任务一 钢结构连接工程质量控制与验收

一、钢结构焊接工程

（一）钢结构焊接工程质量控制

（1）焊接材料应存放在通风干燥、温度适宜的仓库内，存放时间超过一年的，原则上应进行焊接工艺及机械性能复验。

（2）焊工必须经考试合格并取得合格证书。持证焊工必须在其考试合格项目及其认可范围内施焊。

（3）钢结构手工焊接用焊条的质量，应符合《非合金钢及细晶粒钢焊条》（GB/T 5117—2012）或《热强钢焊条》（GB/T 5118—2012）的规定。

（4）自动焊接或半自动焊接采用的焊丝和焊剂，应与母材强度相适应，焊丝应符合《熔化焊用钢丝》（GB/T 14957—1994）的规定。

（5）焊缝表面不得有裂纹、焊瘤等缺陷。一、二级焊缝不得有表面气孔、夹渣、弧坑裂纹、电弧擦伤等缺陷，且一级焊缝不许有咬边、未焊满、根部收缩等缺陷。

（6）焊条、焊丝、焊剂、电渣焊熔嘴等焊接材料，与母材的匹配应符合设计及规范要求。焊条、焊剂、药芯焊丝、熔嘴等在使用前，应按其产品说明书及焊接工艺文件的规定进行烘焙和存放。

（7）焊缝尺寸、探伤检验、缺陷、热处理、工艺试验等，均应符合设计规范要求。

（8）碳素结构应在焊缝冷却到环境温度、低合金结构钢应在完成焊接 24h 以后，进行焊缝探伤检验。

（9）钢结构一旦出现裂纹，焊工不得擅自处理，应及时通知有关单位人员，进行分析处理。

（二）钢结构焊接工程质量验收

钢结构焊接工程的检验批可按相应的钢结构制作或安装工程检验批的划分原则划分为一个或若干个检验批。焊缝应在冷却到环境温度后方可进行外观检测，无损检测应在外观检测合格后进行，具体检测时间应符合现行国家标准《钢结构焊接规范》（GB 50661—2011）的规定。焊缝施焊后应在按焊接工艺规定在相应焊缝及部位做出标志。

1. 钢构件焊接工程

（1）主控项目。

1）焊接材料与母材的匹配应符合设计要求及《钢结构焊接规范》（GB 50661—2011）的规定。焊条、焊剂、药芯焊丝、熔嘴等在使用前，应按其产品说明书及焊接工艺文件的规定进行烘焙和存放。

检查数量：全数检查。

检验方法：检查质量证明书和烘焙记录。

2）持证焊工必须在其考试合格项目及其认可范围内施焊，严禁无证焊工施焊。

检查数量：全数检查。

检验方法：检查焊工合格证及其认可范围、有效期。

3）施工单位应按现行国家标准《钢结构焊接规范》（GB 50661—2011）的规定进行焊接工艺评定，根据评定报告确定焊接工艺，编写焊接工艺规程并进行全过程质量控制。

检查数量：全数检查。

检验方法：检查焊接工艺评定报告，焊接工艺规程，焊接过程参数测定、记录。

4）设计要求的一、二级焊缝应进行内部缺陷的检测。

一、二级焊缝的质量等级及无损检测要求应符合表 6-1 的规定。

检查数量：全数检查。

检验方法：检查超声波或射线探伤记录。

表 6-1　　　　　　　　　　　　一、二级焊缝质量等级及无损检测要求

焊缝质量等级		一级	二级
内部缺陷超声波探伤	评定等级	Ⅱ	Ⅲ
	检验等级	B 级	B 级
	检测比例	100%	20%
内部缺陷射线探伤	评定等级	Ⅱ	Ⅲ
	检验等级	B 级	B 级
	检测比例	100%	20%

注　二级焊缝检测比例的计数方法应按以下原则确定：工厂制作焊缝按照焊缝长度计算百分比，且探伤长度应不小于 200mm，当焊缝长度不足 200mm 时，应对整条焊缝进行探伤；现场安装焊缝，应按同一类型、同一施焊条件的焊缝条数计算百分比，且不应少于 3 条焊缝。

5）焊缝内部缺陷的无损检测应符合下列规定：

①采用超声波检测时，超声波检测设备、工艺要求及缺陷评定等级应符合现行国家标准《钢结构焊接规范》（GB 50661—2011）的规定。

②当不能采用超声波探伤或对超声波检测结果有疑义时，可采用射线检测验证，射线检测技术应符合现行国家标准《焊缝无损检测　射线检测　第 1 部分：X 和伽玛射线的胶片技术》（GB/T 3323.1—2019）或《焊缝无损检测　射线检测　第 2 部分：使用数字化探测器的 X 和伽玛射线技术》（GB/T 3323.2—2019）的规定，缺陷评定等级应符合现行国家标准《钢结构焊接规范》（GB 50661—2011）的规定。

③焊接球节点网架、螺栓球节点网架及圆管 T、K、Y 节点焊缝的超声波探伤方法及缺陷分级应符合国家和行业现行标准的有关规定。

检查数量：全数检查。

检验方法：检查超声波或射线探伤记录。

6）T 形接头、十字接头、角接接头等要求熔透的对接和角接组合焊缝（图 6-1），其加强焊脚尺寸 h_k 不应小于 $t/4$ 且不大于 10mm，其允许偏差为 0～4mm。

检查数量：资料全数检查；同类焊缝抽查 10%，且不应少于 3 条。

检验方法：观察检查，用焊缝量规抽查测量。

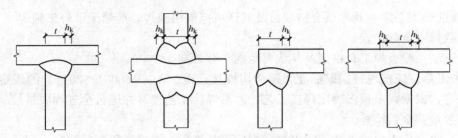

图 6-1　对接和角接组合焊缝

7）焊缝表面不得有裂纹、焊瘤等缺陷。一级、二级焊缝不得有表面气孔、夹渣、弧坑裂纹、电弧擦伤等缺陷。且一级焊缝不得有咬边、未焊满、根部收缩等缺陷。

检查数量：每批同类构件抽查 10%，且不应少于 3 件；被抽查构件中，每一类型焊缝按条数抽查 5%，且不应少于 1 条；每条检查 1 处，总抽查数不应少于 10 处。

检验方法：观察检查或使用放大镜、焊缝量规和钢尺检查，当存在疑义时，采用渗透或磁粉探伤检查。

（2）一般项目。

1）焊缝外观质量应符合表 6-2 和表 6-3 的规定。

表 6-2　　　　　　　　　　　　无疲劳验算要求的钢结构焊缝外观质量要求

检验项目	焊缝质量等级		
	一级	二级	三级
裂纹	不允许	不允许	不允许
未焊满	不允许	≤0.2mm+0.02t 且≤1mm，每 100mm 长度焊缝内未焊满累积长度≤25mm	≤0.2mm+0.04t 且≤2mm，每 100mm 长度焊缝内未焊满累积长度≤25mm
根部收缩	不允许	≤0.2mm+0.02t 且≤1mm，长度不限	≤0.2mm+0.04t 且≤2mm，长度不限
咬边	不允许	≤0.05t 且≤0.5mm，连续长度≤100mm，且焊缝两侧咬边总长≤10%焊缝全长	≤0.1t 且≤1mm，长度不限
电弧擦伤	不允许	不允许	允许存在个别电弧擦伤
接头不良	不允许	缺口深度≤0.05t 且≤0.5mm，每 1000mm 长度焊缝内不得超过 1 处	缺口深度≤0.1t 且≤1mm，每 1000mm 长度焊缝内不得超过 1 处
表面气孔	不允许	不允许	每 50mm 长度焊缝内允许存在直径<0.4t 且≤3mm 的气孔 2 个，孔距应≥6 倍孔径
表面夹渣	不允许	不允许	深≤0.2t，长≤0.5t 且≤20mm

注　t 为接头较薄件母材厚度。

表 6-3　　　　　　　　　　　　有疲劳验算要求的钢结构焊缝外观质量要求

检验项目	焊缝质量等级		
	一级	二级	三级
裂纹	不允许	不允许	不允许
未焊满	不允许	不允许	≤0.2mm+0.02t 且≤1mm，每 100mm 长度焊缝内未焊满累积长度≤25mm

检验项目	焊缝质量等级		
	一级	二级	三级
根部收缩	不允许	不允许	≤0.2mm+0.02t 且≤1mm，长度不限
咬边	不允许	≤0.05t 且≤0.3mm，连续长度≤100mm，且焊缝两侧咬边总长≤10%焊缝全长	≤0.1t 且≤0.5mm，长度不限
电弧擦伤	不允许	不允许	允许存在个别电弧擦伤
接头不良	不允许	不允许	缺口深度≤0.05t 且≤0.5mm，每1000mm 长度焊缝内不得超过1处
表面气孔	不允许	不允许	直径小于1.0mm，每米不多于3个，间距不小于20mm
表面夹渣	不允许	不允许	深≤0.2t，长≤0.5t 且≤20mm

注　t 为接头较薄件母材厚度。

检查数量：承受静荷载的二级焊缝每批同类构件抽查10%，承受静荷载的一级焊缝和承受动荷载的焊缝每批同类构件抽查15%，且不应少于3件；被抽查构件中，每一类型焊缝应按条数抽查5%，且不应少于1条；每条应抽查1处，总抽查数不应少于10处。

检验方法：观察检查或使用放大镜、焊缝量规和钢尺检查，当有疲劳验算要求时，采用渗透或磁粉探伤检查。

2）焊缝外观尺寸要求应符合表6-4和表6-5的规定。

表6-4　　　　　　无疲劳验算要求的钢结构对接焊缝与角焊缝外观尺寸允许偏差　　　　　mm

序号	项目	示意图	外观尺寸允许偏差	
			一级、二级	三级
1	对接焊缝余高 C		$B<20$ 时，C 为 $0\sim3.0$；$B\geqslant20$ 时，C 为 $0\sim4.0$	$B<20$ 时，C 为 $0\sim3.5$；$B\geqslant20$ 时，C 为 $0\sim5.0$
2	对接焊缝错边 Δ		$\Delta<0.1t$，且≤2.0	$\Delta<0.15t$，且≤3.0
3	角焊缝余高 C		$h_f\leqslant6$ 时，C 为 $0\sim1.5$；$h_f>6$ 时，C 为 $0\sim3.0$	
4	对接和角接组合焊缝余高 C		$h_k\leqslant6$ 时，C 为 $0\sim1.5$；$h_k>6$ 时，C 为 $0\sim3.0$	

注　B 为焊缝宽度，t 为对接接头较薄件母材厚度。

表 6 - 5　　　　　　　　无疲劳验算要求的钢结构对接焊缝与角焊缝外观尺寸允许偏差　　　　　　　　mm

项目	焊缝种类	外观尺寸允许偏差
焊脚尺寸	对接和角接组合焊缝 h_k	0 +2.0mm
	角焊缝 h_f	−1.0mm +2.0mm
	手工焊角焊缝 h_f（全长的 10％）	−1.0mm +3.0mm
焊缝高低差	角焊缝	≤2.0mm（任意 25mm 范围高低差）
余高	对接焊缝	≤2.0mm（焊缝宽 b≤20mm） ≤3.0mm（b>20mm）
余高铲磨后表面	横向对接焊缝	表面不高于母材 0.5mm 表面不低于母材 0.3mm 粗糙度 50μm

检查数量：承受静荷载的二级焊缝每批同类构件抽查 10％，承受静荷载的一级焊缝和承受动荷载的焊缝每批同类构件抽查 15％，且不应少于 3 件；被抽查构件中，每种焊缝应按条数各抽查 5％，但不应少于 1 条；每条应抽查 1 处，总抽查数不应少于 10 处。

检验方法：用焊缝量规检查。

3）对于需要进行预热或后热的焊缝，其预热温度或后热温度应符合国家现行标准的规定或通过焊接工艺评定确定。

检查数量：全数检查。

检验方法：检查预热或后热施工记录和焊接工艺评定报告。

2. 栓钉（焊钉）焊接工程

（1）主控项目。

1）施工单位对其采用的栓钉和钢材焊接应进行焊接工艺评定，其结果应满足设计要求并符合国家现行标准的规定。栓钉焊瓷环保存时应有防潮措施，受潮的焊接瓷环使用前应在 120～150℃范围内烘焙 1～2h。

检查数量：全数检查。

检验方法：检查焊接工艺评定报告和烘焙记录。

2）栓钉焊接接头外观质量检验合格后进行打弯抽样检查，焊缝和热影响区不得有肉眼可见的裂纹。

检查数量：每检查批的 1％且不应少于 10 个。

检验方法：栓钉弯曲 30°后目测检查。

（2）一般项目。栓钉焊接接头外观检验应符合表 6 - 6 的规定。当采用电弧焊方法进行栓钉焊接时，其焊缝最小焊脚尺寸尚应符合表 6 - 7 的规定。

检查数量：检查批栓钉数量的 1％，且不应少于 10 个。

检验方法：应符合表 6 - 6 和表 6 - 7 的规定。

表 6-6　　　　　　　　　　栓钉焊接接头外观检验合格标准

外观检验项目	合格标准	检验方法
焊缝外形尺寸	360°范围内焊缝饱满 拉弧式栓钉焊：焊缝高≥1mm，焊缝宽≥0.5mm 电弧焊：最小焊脚尺寸应符合表6-7的规定	目测、钢尺、焊缝量规
焊缝缺陷	无气孔、夹渣、裂纹等缺陷	目测、放大镜（5倍）
焊缝咬边	咬边深度≤0.5mm，且最大长度不得大于1倍的栓钉直径	钢尺、焊缝量规
栓钉焊后倾斜角度	倾斜角度偏差 θ≤5°	钢尺、量角器

表 6-7　　　　　　采用电弧焊方法的栓钉焊接接头最小焊脚尺寸　　　　　　mm

栓钉直径	角焊缝最小焊脚尺寸	检验方法
10、13	6	钢尺、焊缝量规
16、19、22	8	
25	10	

二、高强度螺栓连接工程

（一）高强度螺栓连接质量控制

（1）钢结构连接用高强度大六角头螺栓连接副、扭剪型高强度连接副的品种、规格、性能等应符合现行国家产品标准和设计要求。高强度大六角头螺栓连接副终拧完成1h后、48h内应进行终拧转矩检查。

（2）经表面处理的构件、连接件摩擦面，应进行摩擦系数测定，其数值必须符合设计要求。安装前应逐组复验摩擦系数，复验合格方可安装。

（3）检查合格证是否与材料相符，品种规格是否符合设计，检验盖章是否齐全。

（4）高强度螺栓连接应按设计要求对构件摩擦面进行喷砂（丸）、砂轮打磨或酸洗加工处理，其处理质量必须符合设计要求。

（5）高强度大六角头螺栓连接副和扭剪型高强度螺栓连接副出厂时应分别随箱带有转矩系数和紧固轴力（预拉力）的检验报告。高强度大六角头螺栓连接副转矩系数、扭剪型高强度螺栓连接副预拉力、符合《钢结构结构施工质量验收标准》（GB 50205—2020）的规定。复验螺栓连接副的预拉力平均值和标准偏差应符合规定。

（6）高强度螺栓应顺畅插入孔内，不得强行敲打，在同一连接面上穿入方向宜一致，以便于操作；对连接构件不符合的孔，应用钻头或绞刀扩孔或修孔，符合要求后，方可进行安装。

（7）安装用临时螺栓可用普通螺栓，也可直接用高强度螺栓，其穿入数量不得少于安装孔总数的1/3，且不少于两个螺栓。

（8）安装时先在安装临时螺栓余下的螺孔中投满高强度螺栓，并用扳手扳紧，然后将临时普通螺栓逐一换成高强度螺栓，并用扳手扳紧。

（9）高强度螺栓的固定，应分两次拧紧（即初拧和终拧），每组拧紧顺序应从节点中心开始逐步向边缘两端施拧。整体结构的不同连接位置或同一节点的不同位置有两个连接构件时，应先拧紧主要构件，后拧紧次要构件。

（10）高强度螺栓紧固宜用电动扳手进行。扭剪型高强度螺栓初拧一般用 60%～70% 的轴力控制，以拧掉尾部梅花卡头为终拧结束。不能使用电动扳手的部位，则用测力扳手紧固，初拧扭矩值不得小于终拧扭矩值的 30%，终拧扭矩值，应符合设计要求。

（11）螺栓初拧和终拧后，要做出不同标记，以便识别，避免重拧或漏拧。高强度螺栓终拧后外露丝扣不得少于 2 扣。

（12）当日安装的螺栓应在当日终拧完毕，以防构件摩擦面、螺纹沾污、生锈和螺栓漏拧。

（13）高强度螺栓紧固后要求进行检查和测定。如发现欠拧、漏拧，应补拧；超拧时应更换。处理后的转矩值应符合设计规定。

（14）扭剪型高强度螺栓连接副终拧后，除因构造原因无法使用专用扳手终拧掉梅花头者外，未在终拧中拧掉梅花头的螺栓数不应大于该节点螺栓数的 5%。对所有梅花头未拧掉的扭剪型高强度螺栓连接副应采用转矩法或转角法终拧并标记。

（15）高强度螺栓应自由穿入螺栓孔。高强度螺栓孔不应采用气割扩孔，扩孔数量应征得设计同意，扩孔后的孔径不应超过 $1.2d$（d 为螺栓直径）。螺栓球节点网架总拼完成后，高强度螺栓与球节点应紧固连接，高强度螺栓拧入螺栓球内的螺纹长度不应小于 $1.0d$（d 为螺栓直径），连接处不应出现间隙、松动等未拧紧情况。

（二）高强度螺栓连接工程质量验收

高强度螺栓连接工程可按相应的钢结构制作或安装工程检验批的划分原则划分为一个或若干个检验批。

1. 主控项目

（1）钢结构制作和安装单位应分别进行高强度螺栓连接摩擦面（含涂层摩擦面）的抗滑移系数试验和复验，现场处理的构件摩擦面应单独进行摩擦面抗滑移系数试验，其结果应符合设计要求。

检查数量：按《钢结构工程施工质量验收标准》（GB 50205—2020）附录 B 执行。

检验方法：检查摩擦面抗滑移系数试验报告和复验报告。

（2）高强度螺栓连接副应在终拧完成 1h 后、48h 内应进行终拧质量检查，检查结果应符合《钢结构工程施工质量验收标准》（GB 50205—2020）附录 B 的规定。

检查数量：按节点数抽查 10%，且不应少于 10 个；每个被抽查到的节点，按螺栓数抽查 10%，且不应少于 2 个。

检验方法：见《钢结构工程施工质量验收标准》（GB 50205—2020）附录 B 执行。

（3）扭剪型高强度螺栓连接副，除因构造原因无法使用专用扳手拧掉梅花头者外，未在终拧中拧掉梅花头的螺栓数不应大于该节点螺栓数的 5%。对所有梅花头未拧掉的扭剪型高强度螺栓连接副应采用扭矩法或转角法进行终拧并作标记，且按《钢结构工程施工质量验收标准》（GB 50205—2020）第 6.3.2 条的规定进行终拧质量检查。

检查数量：按节点数抽查 10%，但不应少于 10 个节点，被抽查节点中梅花头未拧掉的扭剪型高强度螺栓连接副全数进行终拧扭矩检查。

检验方法：观察检查及按《钢结构工程施工质量验收标准》（GB 50205—2020）附录 B 执行。

2. 一般项目

（1）高强度螺栓连接副的施拧顺序和初拧、复拧扭矩应符合设计要求和《钢结构高强度螺栓连接技术规程》（JGJ 82—2011）的规定。

检查数量：全数检查。

检验方法：检查扭矩扳手标定记录和螺栓施工记录。

（2）高强度螺栓连接副终拧后，螺栓丝扣外露应为2~3扣，其中允许有10%的螺栓丝扣外露1扣或4扣。

检查数量：按节点数抽查5%，且不应少于10个。

检验方法：观察检查。

（3）高强度螺栓连接摩擦面应保持干燥、整洁，不应有飞边、毛刺、焊接飞溅物、焊疤、氧化铁皮、污垢等，除设计要求外摩擦面不应涂漆。

检查数量：全数检查。

检验方法：观察检查。

（4）高强度螺栓应自由穿入螺栓孔。当不能自由穿入时，应用铰刀修正。修孔数量不应超过该节点螺栓数量的25%，扩孔后的孔径不应超过$1.2d$（d为螺栓直径）。

检查数量：被扩螺栓孔全数检查。

检验方法：观察检查及用卡尺检查。

（5）螺栓球节点网架总拼完成后，高强度螺栓与球节点应紧固连接，高强度螺栓拧入螺栓球内的螺纹长度不应小于$1.0d$（d为螺栓直径），连接处不应出现有间隙、松动等未拧紧情况。

检查数量：按节点数抽查5%，且不应少于10个。

检验方法：普通扳手及尺量检查。

任务二　钢结构安装工程质量控制与验收

一、钢结构安装工程质量控制

（一）地脚螺栓埋设

（1）地脚螺栓的直径、长度，均应按设计规定的尺寸制作。一般地脚螺栓应与钢结构配套出厂，其材质、尺寸、规格、形状和螺纹的加工质量，均应符合设计施工图的规定。如钢结构出厂不带地脚螺栓，则需自行加工，地脚螺栓各部尺寸应符合下列要求。

1）地脚螺栓的直径尺寸与钢柱底座板的孔径应相适配，为便于安装找正、调整，多数是底座孔径尺寸大于螺栓直径。

2）为使埋设的地脚螺栓有足够的锚固力，其根部需加工成L、U等形状。

（2）样板尺寸放完后，在自检合格的基础上交监理人员抽检，进行单项验收。

（3）不论一次埋设或事先预留的孔二次埋设地脚螺栓时，埋设前，一定要将埋入混凝土中的一段螺杆表面的铁锈、油污清理干净。一般做法是用钢丝刷或砂纸去锈，油污一般是用火焰烧烤去除。

（4）地脚螺栓在预留孔内埋设时，其根部底面与孔底的距离不得小于80mm；地脚螺栓的中心应在预留孔中心位置，螺栓的外表与预留孔壁的距离不得小于20mm。

（5）预留孔的地脚螺栓埋设前，应将孔内杂物清理干净，一般做法是用较长的钢凿将孔底及孔壁接合薄弱的混凝土颗粒及贴附的杂物全部清除，然后用压缩空气吹净，浇灌前用清水充分湿润，再进行浇灌。

（6）为防止浇灌时地脚螺栓的垂直度及距孔内侧壁、底部的尺寸变化，浇灌前应将地脚螺栓找正后加固固定。

（7）固定螺栓可采用下列两种方法：

1）先浇筑混凝土预留孔洞后埋螺栓，需采用型钢两次校正办法，检查无误后，浇筑预留孔洞。

2）将每根柱的地脚螺栓每8个或4个用预埋钢架固定，一次浇筑混凝土，定位钢板上的纵横轴线允许误差为0.3mm。

（8）实测钢柱底座螺栓孔距及地脚螺栓位置数据，将两项数据归纳是否符合质量标准。

（9）若螺栓位移超过允许值，可用氧—乙炔火焰将底座板螺栓孔扩大，安装时，另加长孔垫板并焊好；也可将螺栓根部混凝土凿去5~10cm，而后将螺栓稍弯曲，再烤直。

（10）采取保护螺栓措施。

（二）钢柱垂直度

（1）对制作的成品钢柱要认真管理，以防放置的垫基点、运输不合理，由于自重压力作用产生弯矩而发生变形。

（2）因钢柱较长，其刚性较差，在外力作用下易失稳变形，故竖向吊装时的吊点选择应正确，一般应选在柱全长2/3柱上的位置，可防止变形。

（3）吊装钢柱时还应注意起吊半径或旋转半径的正确，并采取在柱底端设置滑移设施，以防钢柱吊起扶直时发生拖动阻力及压力作用，促使柱体产生弯曲变形或损坏底座板。

（4）当钢柱被吊装到基础平面就位时，应将柱底座板上面的纵横轴线对准基础轴线（一般由地脚螺栓与螺孔来控制），以防止其跨度尺寸产生偏差，导致柱头与屋架安装连接时，发生水平方向向内拉力或向外撑力作用，均使柱身弯曲变形。

（5）钢柱垂直度的校正应以纵横轴线为准，先找正固定两端边柱为样板柱，依样板柱为基准来校正其余各柱。

（6）钢柱就位校正时，应注意风力和日照温度、温差的影响，使柱身发生弯曲变形。其预防措施如下：

1）风力对柱面产生压力，使柱身发生侧向弯曲。因此，在校正柱子时，若风力超过5级则停止进行。对已校正完的柱子应进行侧向梁的安装或采取加固措施，以增加整体连接的刚性，防止风力作用变形。

2）校正柱子应注意防止日照温差的影响，钢柱受阳光照射的正面与侧面产生温差，使其发生弯曲变形。由于受阳光照射的一面温度较高，则阳面膨胀的程度就越大，使柱上端部分向阴面弯曲就越严重，因此校正柱子的工作应避开阳光照射的炎热时间，宜在早晨或阳光照射较低温的时间及环境内进行。

（三）钢柱高度

（1）钢柱在制造过程中应严格控制长度尺寸，在正常情况下应控制以下三个尺寸：

1）控制设计规定的总长度及各位置的长度尺寸。

2）控制在允许的负偏差范围内的长度尺寸。

3）控制正偏差和不允许产生正超差值。

（2）制作时，控制钢柱总长度及各位置尺寸，可参考如下做法：

1）统一进行画线号料、剪切或切割。

2）统一拼接接点位置。

3）统一拼装工艺。

4）焊接环境条件、采用的焊接规范或工艺均应统一。

5）如果是焊接连接，应先焊钢柱的两端，留出一个拼接接点暂不焊，留作调整长度尺寸用，待两端焊接结束、冷却后，经过矫正最后焊接接点，以保证其全长及牛腿位置的尺寸正确。

6）为控制无接点的钢柱全长和牛腿处的尺寸正确，可先焊柱身，柱底座板和柱头板暂不焊，一旦出现偏差时，在焊柱的底端底座板或上端柱头板前进行调整，最后焊接柱底座板和柱头板。

（3）基础支承面的标高与钢柱安装标高的调整处理，应根据成品钢柱实际制作尺寸进行，与实际安装后的钢柱总高度及各位置高度尺寸达到统一。

（四）钢屋架的拱度

（1）钢屋架在制作阶段应按设计规定的跨度比例（1/500）进行起拱。

（2）起拱加工后不应存在应力，并使曲线圆滑均匀；如果存在应力或变形，应矫正消除。矫正后的钢屋架拱度应用样板或尺量检查，其结果要符合施工图规定的起拱高度和曲率；凡是拱度不符合要求及其他部位的结构发生变形时，一定经矫正符合要求后，方准进行吊装。

（3）钢屋架吊装前应制定合理的吊装方案，以保证其拱度及其他部位不发生变形。吊装前的屋架应按不同的跨度尺寸进行加固和选择正确的吊点，以免钢屋架的拱度发生上拱过大或下挠的变形，以至于影响钢柱的垂直度。

（五）钢屋架跨度尺寸

（1）钢屋架制作时应按施工规范规定的工艺进行加工，以控制屋架的跨度尺寸符合设计要求。其控制方法如下：

1）用同一底样或模具并采用挡铁定位进行拼装，以保证拱度的正确。

2）为了在制作时控制屋架的跨度符合设计要求，对屋架两端的不同支座应采用不同的拼装形式。其具体做法如下：

①屋架端部 T 形支座要采用小拼焊组合，组成的 T 形座及屋架，经过矫正后按其跨度尺寸位置相互拼装。

②非嵌入连接的支座，对屋架的变形经矫正后，按其跨度尺寸位置与屋架一次拼装。

③嵌入连接的支座，宜在屋架焊接、矫正后按其跨度尺寸位置相拼装，以便保证跨度、高度的正确及便于安装。

④为了便于安装时调整跨度尺寸，对嵌入式连接的支座，制作时先不与屋架组装，应用临时螺栓固定在屋架上，以备在安装现场安装时按屋架跨度尺寸及其规定的位置进行调整。

（2）吊装前，屋架应认真检查，其变形超过标准规定的范围时应矫正，在保证跨度尺寸无误后再进行吊装。

（3）安装时为了保证跨度尺寸的正确，应按合理的工艺进行安装。

1）屋架端部底座板的基准线必须与钢柱柱头板的轴线及基础轴线位置一致。

2）保证各钢柱的垂直度及跨距符合设计要求或规范规定。

3）为使钢柱的垂直度、跨度不产生位移，在吊装屋架前应采用小型拉力工具在钢柱顶端按跨度值对应临时拉紧定位，以便在安装屋架时按规定的跨度入位、固定安装。

4）如果柱顶板孔位与屋架支座孔位不一致，则不宜采用外力强制入位，应利用椭圆孔或扩孔法调整入位，并用厚板垫圈覆盖焊接，将螺栓紧固。不经扩孔调整或用较大的外力强制入位，将会使安装后的屋架跨度产生过大的正偏差或负偏差。

（六）钢屋架垂直度

（1）钢屋架在制作阶段，对各道施工工序应严格控制质量，首先在放拼装底样画线时，应认真检查各个零件结构的位置并做好自检、专检，以消除误差；拼装平台应具有足够的支承力和水平度，以防承重后失稳下沉导致平面不平，使构件发生弯曲，造成垂直度超差。

（2）拼装用挡铁定位时，应按基准线放置。

（3）拼装钢屋架两端支座板时，应使支座板的下平面与钢屋架的下弦纵横线严格垂直。

（4）拼装后的钢屋架吊出底样（模）时，应认真检查上下弦及其他构件的焊点是否与底模、挡铁误焊或夹紧，经检查排除故障或离模后再吊装，否则易使钢屋架在吊装出模时产生侧向弯曲，甚至损坏屋架或发生事故。

（5）凡是在制作阶段的钢屋架、天窗架产生各种变形应在安装前先矫正，再吊装。

（6）钢屋架安装应执行合理的安装工艺，应保证如下构件的安装质量：

1）安装到各纵横轴线位置的钢柱的垂直度偏差应控制在允许范围内，钢柱垂直度偏差使钢屋架的垂直度也产生偏差。

2）各钢柱顶端柱头板平面的高度（标高）、水平度，应控制在同一水平面上。

3）安装后的钢屋架与檩条连接时，必须保证各相邻钢屋架的间距与檩条固定连接的距离位置一致，否则，两者距离尺寸过大或过小，都会使钢屋架的垂直度超差。

（7）各跨钢屋架发生垂直度超差时，应在吊装屋面板前用吊车配合来调整处理。

1）首先应调整钢柱达到垂直后，再用加焊厚、薄垫铁来调整各柱头板与钢屋架端部的支座板之间接触面的统一高度和水平度。

2）当相邻钢屋架间距与檩条连接处之间的距离不符而影响垂直度时，可卸除檩条的连接螺栓，仍用厚、薄平垫铁或斜垫铁，先调整钢屋架达到垂直度要求，然后改变檩条与屋架上弦的对应垂直位置再连接。

3）天窗架垂直度偏差过大时，应将钢屋架调整达到垂直度并固定后，用经纬仪或线坠对天窗架两端支柱进行测量，根据垂直度偏差值，用垫衬厚、薄垫铁的方法进行调整。

（七）吊车梁垂直度、水平度

（1）钢柱在制作时应严格控制底座板至牛腿面的长度尺寸及扭曲变形，可防止垂直度、水平度发生超差。

（2）应严格控制钢柱制作、安装的定位轴线，可防止钢柱安装后轴线移位，以至于吊车梁安装时垂直度或水平度发生偏差。

（3）应认真搞好基础支承平面的标高，其垫放的垫铁应正确；二次灌浆工作应采用无收缩、微膨胀的水泥砂浆。避免基础标高超差，影响吊车梁安装水平度的超差。

（4）钢柱安装时，应认真按要求调整好垂直度和牛腿面的水平度，以保证下部吊车梁安装时达到要求的垂直度和水平度。

（5）预先测量吊车梁在支承处的高度和牛腿距柱底的高度，如产生偏差，可用垫铁在基础上平面或牛腿支承面上予以调整。

（6）吊装吊车梁前，为防止垂直度、水平度超差应认真检查其变形情况，如发生扭曲等变形应予以矫正，并采取刚性加固措施防止吊装再变形；吊装时，应根据梁的长度，采用单机或双机进行吊装。

（7）安装时，应按梁的上翼缘平面事先标出的中心线进行水平位移、梁端间隙的调整，达到规定的标准要求后，再进行梁端部与柱的斜撑等连接。

（8）吊车梁各部位位置基本固定后应认真复测有关安装的尺寸，达到质量标准后，再进行制动架的安装和紧固。

（9）为防止吊车梁垂直度、水平度超差，应认真做好校正工作。其顺序是首先校正标高，其他项目的调整、校正工作，待屋盖系统安装完成后再进行校正、调整，这样可防止因屋盖安装引起钢柱变形而直接影响吊车梁安装的垂直度或水平度的偏差。

（八）控制网

（1）控制网定位方法应依据结构平面而定。矩形建筑物的定位，宜选用直角坐标法；任意形状建筑物的定位，宜选用极坐标法。平面控制点距测点距离较长，量距困难或不便量距时，宜选用角度（方向）交会法；平面控制点距测点距离不超过所用钢尺的全长且场地量距条件较好时，宜选用距离交会法。使用光电测距仪定位时，宜选极坐标法。

（2）根据结构平面特点及经验选择控制网点。有地下室的建筑物，开始可用外控法，即在槽边 ± 0.000 处建立控制网点，当地下室达到 ± 0.000 后，可将外围点引到内部即内控法。

（3）无论内控法或外控法，必须将测量结果进行严密平差，计算点位坐标，与设计坐标进行修正，以达到控制网测距相对中误差小于 $L/25\ 000$（L 为两点间的距离），测角中误差小于 $2''$。

（4）基准点处预埋 $100mm \times 100mm$ 的钢板，必须用钢针标出十字线定点，线宽 $0.2mm$，并在交点上打样冲点。钢板以外的混凝土面上放出十字延长线。

（5）竖向传递必须与地面控制网点重合，主要做法如下：

1）控制点竖向传递，采用内控法。投点仪器选用全站仪、激光铅垂仪、光学铅垂仪等。控制点设置在距柱网轴线交点旁 $300 \sim 400mm$ 处，在楼面预留孔 $300mm \times 300mm$ 设置光靶，为削减铅垂仪误差，应将铅垂仪在 $0°$、$90°$、$180°$、$270°$ 四个位置上投点，并取其中点作为基准点的投递点。

2）根据选用仪器的精度情况，可定出一次测得高度，如用全站仪、激光铅垂仪、光学铅垂仪，在 $100m$ 范围内竖向投测精度较高。

3）定出基准控制点网，其全楼层面的投点，必须从基准控制点网引投到所需楼层上，严禁使用下一楼层的定位轴线。

（6）经复测发现地面控制网中测距超过 $L/25\ 000$，测角中误差大于 $2''$，竖向传递点与地面控制网点不重合，必须经测量专业人员找出原因，重新放线定出基准控制点网。

（九）楼层轴线

（1）高层和超高层钢结构测设，根据现场情况可采用外控法和内控法。

1）外控法。现场较宽大，高度在 100m 内，地下室部分根据楼层大小可采用十字及井字控制，在柱子延长线上设置两个桩位，相邻柱中心间距的测量允许值为 1mm，第 1 根钢柱至第 2 根钢柱间距的测量允许值为 1mm。每节柱的定位轴线应从地面控制轴线引上来，不得从下层柱的轴线引出。

2）内控法。现场宽大，高度超过 100m，地上部分在建筑物内部设辅助线，至少要设 3 个点，每两点连成的线最好要垂直，三点不得在一条线上。

（2）利用激光仪发射的激光点（标准点），应每次转动 90°，并在目标上测 4 个激光点，其相交点即为正确点。除标准外的其他各点，可用方格网法或极坐标法进行复核。

（3）内爬式塔吊或附着式塔吊，因与建筑物相连，在起吊重物时，易使钢结构本身产生水平晃动，此时应尽量停止放线。

（4）对结构自振周期引起的结构振动，可取其平均值。

（5）雾天、阴天因视线不清，不能放线。为防止阳光对钢结构照射产生变形，放线工作宜安排在日出或日落后进行。

（6）钢尺要统一，使用前要进行温度、拉力、挠度校正，在有条件的情况下应采用全站仪，接收靶测距精度最高。

（7）在钢结构上放线要用钢划针，线宽一般为 0.2mm。

二、钢结构安装工程质量验收

（一）一般规定

（1）钢结构安装工程质量验收主要包括单层和多高层钢结构的主体结构、地下钢结构、檩条及墙架等次要构件、钢平台、马道、钢梯、防护栏杆等安装工程的质量验收。

（2）钢结构安装工程可按变形缝或空间稳定单元等划分成一个或若干个检验批，也可按楼层或施工段等划分为一个或若干个检验批。地下钢结构可按不同地下层划分检验批。

（3）钢结构安装检验批应在原材料及构件进场验收和紧固件连接、焊接连接、防腐等分项工程验收合格的基础上进行验收。

（4）结构安装测量校正、高强度螺栓连接副及摩擦面抗滑移系数、冬雨期施工及焊接等，应在实施前制定相应的施工工艺或方案。

（5）安装偏差的检测，应在结构形成空间稳定单元并连接固定且临时支承结构拆除前进行。

（6）安装时，施工荷载和冰雪荷载等严禁超过梁、桁架、楼面板、屋面板、平台铺板等的承载能力。

（7）在形成空间稳定单元后，应立即对柱底板和基础顶面的空隙进行二次浇灌。

（8）多节柱安装时，每节柱的定位轴线应从基准面控制轴线直接引上来，不得从下层柱的轴线引上。

（二）基础和地脚螺栓（锚栓）

1. 主控项目

（1）建筑物定位轴线、基础上柱的定位轴线和标高应满足设计要求。当设计无要求时应符合表 6-8 的规定。

检查数量：全数检查。

检验方法：用经纬仪、水准仪、全站仪和钢尺现场实测。

表 6-8　　　　　　　建筑物定位轴线基础上柱的定位轴线和标高的允许偏差　　　　　　　mm

项目	允许偏差	图例
建筑物定位轴线	1/20 000，且不应大于 3.0	
基础上柱的定位轴线	1.0	
基础上柱底标高	±3.0	

（2）基础顶面直接作为柱的支承面或以基础顶面预埋钢板或支座作为柱的支承面时，其支承面、地脚螺栓（锚栓）位置的允许偏差应符合表 6-9 的规定。

检查数量：按柱基数抽查 10%，且不应少于 3 个。

检验方法：用经纬仪、水准仪、全站仪、水平尺和钢尺实测。

表 6-9　　　　　　　支承面、地脚螺栓（锚栓）位置的允许偏差　　　　　　　mm

项目		允许偏差
支承面	标高	±3.0
	水平度	$l/1000$
地脚螺栓（锚栓）	螺栓中心偏移	5.0
预留孔中心偏移		10.0

（3）采用座浆垫板时，座浆垫板的允许偏差应符合表 6-10 的规定。

检查数量：按柱基数抽查 10%，且不应少于 3 个。

检验方法：用水准仪、全站仪、水平尺和钢尺现场实测。

表 6-10　　　　　　　座浆垫板的允许偏差　　　　　　　mm

项目	允许偏差	项目	允许偏差
顶面标高	0 −3.0	水平度	$l/1000$
		平面位置	20.0

注　l 为垫板长度。

（4）采用插入式或埋入式柱脚时，杯口尺寸的允许偏差应符合表 6-11 的规定。

检查数量：按基础数抽查 10％，且不应少于 3 处。

检验方法：观察及尺量检查。

表 6-11　　　　　　　　　　　　**杯口尺寸的允许偏差**　　　　　　　　　　　　mm

项目	允许偏差
底面标高	0 −5.0
杯口深度 H	±5.0
杯口垂直度	h/1000，且不大于 10.0
柱脚轴线对柱定位轴线的偏差	1.0

注　h 为垫板长度。

2. 一般项目

（1）地脚螺栓（锚栓）规格、位置及紧固应满足设计要求，地脚螺栓（锚栓）的螺纹应有保护措施。

检查数量：全数检查。

检验方法：现场观察。

（2）地脚螺栓（锚栓）尺寸的偏差应符合表 6-12 的规定。

检查数量：按基础数抽查 10％，且不应少于 3 处。

检验方法：用钢尺现场实测。

表 6-12　　　　　　　　　　**地脚螺栓（锚栓）尺寸的允许偏差**　　　　　　　　　　mm

螺栓（锚栓）直径	项目		螺栓（锚栓）直径	项目	
$d \leqslant 30$	0 +1.2d	0 +1.2d	$d > 30$	0 +1.0d	0 +1.0d

（三）钢柱安装

1. 主控项目

（1）钢柱几何尺寸应满足设计要求并符合《钢结构工程施工质量验收标准》（GB 50205—2020）的规定。运输、堆放和吊装等造成的钢构件变形及涂层脱落，应进行矫正和修补。

检查数量：按钢柱数抽查 10％，且不应少于 3 个。

检验方法：用拉线、钢尺现场实测或观察。

（2）设计要求顶紧的构件或节点、钢柱现场拼接接头接触面不应少于 70％密贴，且边缘最大间隙不应大于 0.8mm。

检查数量：按节点或接头数抽查 10％，且不应少于 3 个。

检验方法：用钢尺及 0.3mm 和 0.8mm 厚的塞尺现场实测。

2. 一般项目

（1）钢柱等主要构件的中心线及标高基准点等标记应齐全。

检查数量：按同类构件或钢柱数抽查 10％，且不应少于 3 件。

检验方法：观察检查。

（2）钢柱安装的允许偏差应符合表 6-13 的规定。

检查数量：按钢柱数抽查 10％，且不应少于 3 件。

检验方法：应符合表 6‑13 的规定。

| 表 6‑13 | 钢柱安装的允许偏差 | | | mm |

项目		允许偏差	图例	检验方法
柱脚底座中心线对定位轴线的偏移 △		5.0		用吊线和钢尺等实测
柱子定位轴线 △		1.0		—
柱基准点标高	有吊车梁的柱	+3.0 −5.0		用水准仪等实测
	无吊车梁的柱	+5.0 −8.0		
弯曲矢高		H/1200，且不应大于 15.0	—	用经纬仪或拉线和钢尺等实测
柱轴线垂直度	单层柱	H/1000，且不应大于 25.0		用经纬仪或吊线和钢尺等实测
	单节柱	H/1000，且不应大于 10.0		
	多层柱			
	柱全高	35.0		
钢柱安装偏差		3.0		用钢尺等实测
同一层柱的各柱顶高度差		5.0		用全站仪、水准仪等实测

（3）柱的工地拼接接头焊缝组间隙的允许偏差，应符合表 6‑14 的规定。

检查数量：按同类节点数抽查 10％，且不应少于 3 个。

检验方法：钢尺检查。

表 6 - 14　　　　　　　　　柱的工地拼接接头焊缝组间隙的允许偏差　　　　　　　　　　　mm

项目	允许偏差	项目	允许偏差
无垫板间隙	+3.0 0	有垫板间隙	+3.0 −2.0

（4）钢柱表面应干净，结构主要表面不应有疤痕、泥沙等污垢。

检查数量：按同类构件数抽查 10%，且不应少于 3 件。

检验方法：观察检查。

（四）钢屋（托）架、钢梁（桁架）安装

1. 主控项目

（1）钢屋（托）架、钢梁（桁架）的几何尺寸偏差和变形应满足设计要求并符合《钢结构工程施工质量验收标准》（GB 50205—2020）的规定。运输、堆放和吊装等造成的钢构件变形及涂层脱落，应进行矫正和修补。

检查数量：按钢梁数抽查 10%，且不应少于 3 个。

检验方法：用拉线、钢尺现场实测或观察。

（2）钢屋（托）架、钢桁架、钢梁、次梁的垂直度和侧向弯曲矢高的允许偏差应符合表 6 - 15 的规定。

检查数量：按同类构件数抽查 10%，且不应少于 3 个。

检验方法：用吊线、拉线、经纬仪和钢尺现场实测。

表 6 - 15　　　　　钢屋（托）架、钢桁架、梁垂直度和侧向弯曲矢高的允许偏差　　　　　mm

项目	允许偏差		图例
跨中的 垂直度	$h/250$，且不大于 15.0		
侧向弯曲 矢高 f	$l \leqslant 30m$	$l/1000$，且不大于 10.0	
	$30m < l \leqslant 60m$	$l/1000$，且不大于 30.0	
	$l > 60m$	$l/1000$，且不大于 50.0	

2. 一般项目

（1）当钢桁架（或梁）安装在混凝土柱上时，其支座中心对定位轴线的偏差不应大于 10mm；当采用大型混凝土屋面板时，钢桁架（或梁）间距的偏差不应大于 10mm。

检查数量：按同类构件数抽查 10%，且不应少于 3 榀。

检验方法：用拉线和钢尺现场实测。

（2）钢吊车梁或直接承受动力荷载的类似构件，其安装的允许偏差应符合表 6 - 16 的规定。

检查数量：按钢吊车梁数抽查 10%，且不应少于 3 榀。

检验方法：应符合表 6 - 16 的规定。

表 6 - 16　　　　　　　　　　钢吊车梁安装的允许偏差　　　　　　　　　　mm

项目		允许偏差	图例	检验方法
梁的跨中垂直度 △		$h/500$		用吊线和钢尺检查
侧向弯曲矢高		$l/1500$，且不大于 10.0	—	
垂直上拱矢高		10.0		
两端支座中心位移 △	安装在钢柱上时，对牛腿中心的偏移	5.0		用拉线和钢尺检查
	安装在混凝土柱上时，对定位轴线的偏移	5.0		
吊车梁支座加劲板中心与柱子承压加劲板中心的偏移 $△_1$		$t/2$		用吊线和钢尺检查
同跨间内同一横截面吊车梁顶面高差 △	支座处	$l/1000$，且不大于 10.0		用经纬仪、水准仪和钢尺检查
	其他处	15.0		
同跨间内同一横截面下挂式吊车梁底面高差 △		10.0		
同列相邻两柱间吊车梁顶面高差 △		$l/1500$，且不大于 10.0		用水准仪和钢尺检查
相邻两吊车梁接头部位 △	中心错位	3.0		用钢尺检查
	上承式顶面高差	1.0		
	下承式底面高差	1.0		
同跨间任意一截面的吊车梁中心跨距 △		±10.0		用经纬仪和光电测距仪检查；跨度小时，可用钢尺检查

续表

项目	允许偏差	图例	检验方法
轨道中心对吊车梁腹板轴线的偏移 △	$t/2$		用吊线和钢尺检查

（3）钢梁安装的允许偏差应符合表 6-17 的规定。

检查数量：按钢梁数抽查 10%，且不应少于 3 个。

检验方法：应符合表 6-17 的规定。

表 6-17   钢梁安装的允许偏差   mm

项目	允许偏差	图例	检验方法
同一根梁两端顶面的高差 △	$l/1000$，且不大于 10.0		用水准仪检查
主梁与次梁上表面的高差 △	±2.0		用直尺和钢尺检查

（五）连接节点安装

1. 主控项目

（1）弯扭、不规则构件连接节点除应符合《钢结构工程施工质量验收标准》 （GB 50205—2020）规定外，尚应满足设计要求。运输、堆放和吊装等造成的钢构件变形及涂层脱落，应进行矫正和修补。

检查数量：按同类构件数抽查 10%，且不应少于 3 个。

检验方法：用拉线、吊线、钢尺、经纬仪等现场实测或观察。

（2）构件与节点对接处的允许偏差应符合表 6-18 的规定。

检查数量：按同类构件数抽查 1.0%，且不应少于 3 件，每件不少于 3 个坐标点。

检验方法：用吊线、拉线、经纬仪和钢尺、全站仪现场实测。

表 6-18   构件与节点对接处的允许偏差   mm

项目	允许偏差	图例
箱形（四边形、多边形）截面、异型截面对接 $\|L_1-L_2\|$	≤3.0	

项目	允许偏差	图例
异型锥管、椭圆管截面对接处 △	≤3.0	

（3）同一结构层或同一设计标高异型构件标高允许偏差应为 5mm。

检查数量：按同类构件数抽查 10%，且不应少于 3 件，每件不少于 3 个坐标点。

检验方法：用吊线、拉线、经纬仪和钢尺、全站仪现场实测。

2．一般项目

（1）构件轴线空间位置偏差不应大于 10mm，节点中心空间位置偏差不应大于 15mm。

检查数量：按同类构件数抽查 10%，且不应少于 3 件，每件不应少于 3 个坐标点。

检验方法：用吊线、拉线、经纬仪和钢尺、全站仪现场实测。

（2）构件对接处截面的平面度偏差：截面边长 l≤3m 时，偏差不应大于 2mm；截面边长 l＞3m 时，允许偏差不应大于 $l/1500$。

检查数量：按同类构件数抽查 10%，且不应少于 3 件。

检验方法：用吊线、拉线、水平尺和钢尺现场实测。

（六）钢板剪力墙安装

1．主控项目

（1）钢板剪力墙的几何尺寸应满足设计要求并符合《钢结构工程施工质量验收标准》（GB 50205—2020）的规定。运输、堆放和吊装等造成构件变形和涂层脱落，应进行校正和修补。

检查数量：按进场构件数抽查 10%，且不应少于 3 件。

检验方法：用拉线、钢尺现场实测或观察。

（2）钢板剪力墙对口错边、平面外挠曲应符合表 6 - 19 的规定。

检查数量：按构件数抽查 10%，且不应少于 3 件。

检验方法：用钢尺现场实测或观察。

表 6 - 19　　　　　　　　　　　钢板剪力墙安装允许偏差　　　　　　　　　　　mm

项目	允许偏差	图例
钢板剪力墙对口错边 △	$t/5$，且不大于 3	
钢板剪力墙平面外挠曲	$l/250＋10$，且不大于 30（l 取 l_1 和 l_2 中较小值）	

（3）消能减震钢板剪力墙的性能指标应满足设计要求。

检查数量：全数检查。

检验方法：检查检测报告。

2. 一般项目

安装后的钢板剪力墙表面应干净，不得有明显的疤痕、泥沙和污垢等。

检查数量：按构件数抽查 10%，且不应少于 3 件。

检验方法：观察检查。

（七）支撑、檩条、墙架、次结构安装

1. 主控项目

（1）支撑、檩条、墙架、次结构等构件应满足设计要求并符合《钢结构工程施工质量验收标准》（GB 50205—2020）的规定。运输、堆放和吊装等造成的钢构件变形及涂层脱落，应进行矫正和修补。

检查数量：按构件数抽查 10%，且不应少于 3 个。

检验方法：用拉线、钢尺现场实测或观察。

（2）消能减震钢支撑的性能指标应满足设计要求。

检查数量：全数检查。

检验方法：检查检测报告。

2. 一般项目

（1）墙架、檩条等次要构件安装的允许偏差应符合表 6-20 的规定。

检查数量：按同类构件数抽查 10%，且不应少于 3 件。

检验方法：应符合表 6-20 的规定。

表 6-20　　　　　　　　墙架、檩条等次要构件安装的允许偏差　　　　　　　　　　mm

项目		允许偏差	检验方法
墙架立柱	中心线对定位轴线的偏移	10.0	用钢尺检查
	垂直度	$H/1000$，且不大于 10.0	用经纬仪或吊线和钢尺检查
	弯曲矢高	$H/1000$，且不大于 15.0	用经纬仪或吊线和钢尺检查
抗风柱、桁架的垂直度		$h/250$，且不大于 15.0	用吊线和钢尺检查
檩条、墙梁的间距		±5.0	用钢尺检查
檩条的弯曲矢高		$l/750$，且不大于 12.0	用拉线和钢尺检查
墙梁的弯曲矢高		$l/750$，且不大于 10.0	用拉线和钢尺检查

注　H 为墙架立柱的高度；h 为抗风桁架、柱的高度；l 为檩条或墙梁的长度。

检查数量：按构件数抽查 10%，且不应少于 3 个。

检验方法：用拉线、钢尺、水准仪现场实测或观察。

（2）檩条两端相对高差或与设计标高偏差不应大于 5mm。檩条直线度偏差不应大于 $l/250$，且不应大于 10mm。

检查数量：按构件数抽查 10%，且不应少于 3 个。

检验方法：用拉线、钢尺、水准仪现场实测或观察。

（3）墙面檩条外侧平面任一点对墙轴线距离与设计偏差不应大于 5mm。

检查数量：每跨间不应少于 3 点。

检验方法：用拉线、钢尺、经纬仪现场实测或观察。

（八）钢平台、钢梯安装

1. 主控项目

（1）钢栏杆、平台、钢梯等构件尺寸偏差和变形，应满足设计要求并符合《钢结构工程施工质量验收标准》（GB 50205—2020）的规定。运输、堆放和吊装等造成的钢构件变形及涂层脱落，应进行矫正和修补。

检查数量：按构件数抽查 10%，且不应少于 3 个。

检验方法：用拉线、钢尺现场实测或观察。

（2）钢平台、钢梯、栏杆安装应符合现行国家标准《固定式钢梯及平台安全要求　第 1 部分：钢直梯》（GB 4053.1）、《固定式钢梯及平台安全要求　第 2 部分：钢斜梯》（GB 4053.2）和《固定式钢梯及平台安全要求　第 3 部分：工业防护栏杆及钢平台》（GB 4053.3）的规定。钢平台、钢梯和防护栏杆安装的允许偏差应符合表 6-21 的规定。

检查数量：按钢平台总数抽查 10%，栏杆、钢梯按总长度各抽查 10%，但钢平台不应少于 1 个，栏杆不应少于 5m，钢梯不应少于 1 跑。

检验方法：应符合表 6-21 的规定。

表 6-21　　　　　　　　　钢平台、钢梯和防护栏杆安装的允许偏差　　　　　　　　　mm

项目	允许偏差	检验方法
平台高度	±10.0	用水准仪检查
平台梁水平度	$l/1000$，且不大于 10.0	用水准仪检查
平台支柱垂直度	$H/1000$，且不大于 5.0	用经纬仪或吊线和钢尺检查
承重平台梁侧向弯曲	$l/1000$，且不大于 10.0	用拉线和钢尺检查
承重平台梁垂直度	$h/250$，且不大于 10.0	用吊线和钢尺检查
直梯垂直度	$H'/1000$，且不大于 15.0	用吊线和钢尺检查
栏杆高度	±5.0	用钢尺检查
栏杆立柱间距	±5.0	用钢尺检查

注　l 为平台梁长度；H 为平台支柱高度；h 为平台梁高度；H' 为直梯高度。

2. 一般项目

（1）相邻楼梯踏步的高度差不应大于 5mm，且每级踏步高度与设计偏差不应大于 3mm。

检查数量：按楼梯总数抽查 10%，且不应少于 3 跑。

检验方法：钢尺。

（2）栏杆直线度偏差不应大于 5mm。

检查数量：栏杆按总长度抽查 10%，且每侧不应少于 5m。

检验方法：拉线、水准仪、水平尺、钢尺现场实测。

（3）楼梯两侧栏杆间距与设计偏差不应大于 10mm。

检查数量：栏杆按总长度各抽查 10%，不应少于双侧 5m。

检验方法：钢尺现场实测。

（九）主体钢结构

1. 主控项目

主体钢结构整体立面偏移和整体平面弯曲的允许偏差应符合表 6-22 的规定。

检查数量：对主要立面全部检查。对每个所检查的立面，除两列角柱外，尚应至少选取一列中间柱。

检验方法：采用经纬仪、全站仪、GPS 等测量。

表 6 - 22　　　　　　钢结构整体立面偏移和整体平面弯曲的允许偏差　　　　　　　　　　mm

项目	允许偏差		图例
主体结构的整体立面偏移	单层	$H/1000$，且不大于 25.0	
	高度 60m 以下的多高层	（$H/2500+10$），且不大于 30.0	
	高度 60m 至 100m 的高层	（$H/2500+10$），且不大于 50.0	
	高度 100m 以上的高层	（$H/2500+10$），且不大于 80.0	
主体结构的整体平面弯曲	$l/1500$，且不大于 50.0		

2. 一般项目

主体钢结构总高度可按相对标高或设计标高进行控制。总高度的允许偏差应符合表 6 - 23 的规定。

检查数量：按标准柱列数抽查 10%，且不应少于 4 列。

检验方法：采用全站仪、水准仪和钢尺实测。

表 6 - 23　　　　　　　　　主体钢结构总高度的允许偏差　　　　　　　　　　　　mm

项目	允许偏差		图例
用相对标高控制安装	$\pm\Sigma（\Delta_h+\Delta_z+\Delta_w）$		
用设计标高控制安装	单层	$H/1000$，且不大于 20.0 $-H/1000$，且不小于 -20.0	
	高度 60m 以下的多高层	$H/1000$，且不大于 30.0 $-H/1000$，且不小于 -30.0	
	高度 60m 至 100m 的高层	$H/1000$，且不大于 50.0 $-H/1000$，且不小于 -50.0	
	高度 100m 以上的高层	$H/1000$，且不大于 100.0 $-H/1000$，且不小于 -100.0	

注　Δ_h 为每节柱子长度的制造允许偏差；Δ_z 为每节柱子长度受荷载后的压缩值；Δ_w 为每节柱子接头焊缝的收缩值。

任务三　钢结构分部（子分部）工程质量验收

一、质量验收基本规定

（1）钢结构工程施工单位应具备相应的钢结构工程施工资质，施工现场质量管理应有相应的施工技术标准、质量管理体系、质量控制及检验制度，施工现场应有经项目技术负责人审批的施工组织设计、施工方案等技术文件。钢结构工程施工中采用的工程技术文件、承包合同文件等对施工质量验收的要求不得低于《钢结构工程施工质量验收标准》（GB 50205—2020）的规定。

（2）钢结构工程施工质量的验收，必须采用经计量检定、校准合格的计量器具。钢结构工程见证取样送样应由检测机构完成。

（3）钢结构工程应按下列规定进行施工质量控制：

1）采用的原材料及成品应进行进场验收。凡涉及安全、功能的原材料及成品应按《钢结构工程施工质量验收标准》（GB 50205—2020）第 14.0.2 条规定进行复验，并应经监理工程师（建设单位技术负责人）见证取样、送样。

2）各工序应按施工技术标准进行质量控制，每道工序完成后，应进行检查。

3）相关各专业工种之间，应进行交接检验，并经监理工程师（建设单位技术负责人）检查认可。

（4）钢结构工程施工质量验收应在施工单位自检基础上，按照检验批、分项工程、分部（子分部）工程进行。钢结构分部（子分部）工程中分项工程划分应按照《建筑工程施工质量验收统一标准》（GB 50300—2013）的规定执行。钢结构分项工程应有一个或若干检验批组成，各分项工程检验批应按《钢结构工程施工质量验收标准》（GB 50205—2020）的规定进行划分，并经监理（或建设）单位确认。

（5）检验批合格质量标准应符合下列规定：

1）主控项目必须符合《钢结构工程施工质量验收标准》（GB 50205—2020）合格质量标准的要求。

2）一般项目其检验结果应有 80% 及以上的检查点（值）满足《钢结构工程施工质量验收标准》（GB 50205—2020）合格质量标准的要求，且最大值（或最小值）不应超过其允许偏差值的 1.2 倍。

3）质量检查记录、质量证明文件等资料应完整。

（6）分项工程合格质量标准应符合下列规定：

1）分项工程所含的各检验批均应符合《钢结构工程施工质量验收标准》（GB 50205—2020）合格质量标准。

2）分项工程所含的各检验批质量验收记录应完整。

（7）当钢结构工程施工质量不符合《钢结构工程施工质量验收标准》（GB 50205—2020）的要求时，应按下列规定进行处理：

1）经返工重做或更换构（配）件的检验批，应重新进行验收。

2）经法定的检测单位检测鉴定能够达到设计要求的检验批，应予以验收。

3）经法定的检测单位检测鉴定达不到设计要求，但经原设计单位核算认可能够满足结构安全和使用功能的检验批，可予以验收。

4）经返修或加固处理的分项、分部工程，虽然改变外形尺寸但仍能满足安全使用要求，可按处理技术方案和协商文件进行验收。

5）通过返修或加固处理仍不能满足安全使用要求的钢结构分部工程，严禁验收。

二、质量验收具体要求

（1）根据《建筑工程施工质量验收统一标准》（GB 50300—2013）的规定，钢结构作为主体结构之一应按子分部工程竣工验收；当主体结构均为钢结构时应按分部工程竣工验收。大型钢结构工程可划分成若干个子分部工程进行竣工验收。

（2）钢结构分部工程有关安全及功能的检验和见证检测项目应按表 6-24 执行。

表 6 - 24　　　　　　　　钢结构分部工程安全及功能的检验和见证检测项目

项次	项目		基本要求	检验方法及要求
1	见证取样送样检测	钢材复验	1. 由监理工程师或业主代表见证取样送样； 2. 由满足相应要求的检测机构进行检测并出具检测报告	见 GB 50205—2020 附录 A
		焊材复验		GB 50205—2020 第 4.6.2 条
		高强度螺栓连接副复验		见 GB 50205—2020 附录 B
		摩擦面抗滑移系数试验		见 GB 50205—2020 附录 B
		金属屋面系统抗风能力试验		见 GB 50205—2020 附录 C
2	焊缝无损探伤检测	施工单位自检	由施工单位具有相应要求的检测人员或由其委托的具有相应要求的检测机构进行检测	GB 50205—2020 第 5.2.4 条
		第三方监检	由业主或其代表委托的具有相应要求的独立第三方检测机构进行检测并出具检测报告	一级焊缝按不少于被检测焊缝处数的 20% 抽检；二级焊缝不少于被检测焊缝处数的 5% 抽检
3	现场见证检测	焊缝外观质量	1. 由监理工程师或业主方代表指定抽样样本，见证检测过程； 2. 由施工单位质检人员或由其委托的检测机构进行检测	GB 50205—2020 第 5.2.7 条
		焊缝尺寸		GB 50205—2020 第 5.2.8 条
		高强度螺栓终拧质量　大六角头型		GB 50205—2020 第 6.3.3 条
		扭剪型		GB 50205—2020 第 6.3.4 条
		基础和支座安装　单层、多高层		GB 50205—2020 第 10.2.1 条
		空间结构		GB 50205—2020 第 11.2.1 条
		钢材表面处理		GB 50205—2020 第 13.2.1 条
		涂料附着力		GB 50205—2020 第 13.2.6 条
		防腐涂层厚度		GB 50205—2020 第 13.4.3 条
		防火涂层厚度		GB 50205—2020 第 13.3.3 条
		主要构件安装精度　柱		GB 50205—2020 第 10.3.4 条
		梁与桁架		GB 50205—2020 第 10.4.2 条
		主体结构整体尺寸　单层、多高层		GB 50205—2020 第 10.9.1 条
		空间结构		GB 50205—2020 第 11.3.1 条

（3）钢结构分部工程有关观感质量检验应按表 6 - 25 执行。

表 6 - 25　　　　　　　　　钢结构分部工程观感质量检验项目

项次	项目	抽检数量	检验方法及要求
1	防腐、防火涂层表面	随机抽查 3 个轴线结构构件	GB 50205—2020 第 13.2.7 条、第 13.2.8 条
2	防火涂层表面	随机抽查 3 个轴线结构构件	GB 50205—2020 第 13.4.4 条、第 13.4.6 条
3	压型金属板表面	随机抽查 3 个轴线间压型金属板表面	GB 50205—2020 第 12.3.9 条
4	钢平台、钢梯、钢栏杆	随机抽查 10%	连接牢固，无明显外观缺陷

（4）钢结构分部工程合格质量标准应符合下列规定：

1）各分项工程质量均应符合合格质量标准；

2）质量控制资料和文件应完整；

3）有关安全及功能的检验和见证检测结果应符合《钢结构工程施工质量验收标准》

（GB 50205—2020）相应合格质量标准的要求；

4）有关观感质量应符合《钢结构工程施工质量验收标准》（GB 50205—2020）相应合格质量标准的要求。

（5）钢结构分部工程竣工验收时，应提供下列文件和记录：

1）钢结构工程竣工图纸及相关设计文件；

2）施工现场质量管理检查记录；

3）有关安全及功能的检验和见证检测项目检查记录；

4）有关观感质量检验项目检查记录；

5）分部工程所含各分项工程质量验收记录；

6）分项工程所含各检验批质量验收记录；

7）强制性条文检验项目检查记录及证明文件；

8）隐蔽工程检验项目检查验收记录；

9）原材料、成品质量合格证明文件、中文标志及性能检测报告；

10）不合格项的处理记录及验收记录；

11）重大质量、技术问题实施方案及验收记录；

12）其他有关文件和记录。

（6）钢结构工程质量验收记录应符合下列规定：

1）施工现场质量管理检查记录可按现行国家标准《建筑工程施工质量验收统一标准》（GB 50300—2013）的规定进行。

2）分项工程检验批验收记录可按《钢结构工程施工质量验收标准》（GB 50205—2020）附录 H 中表 H.0.1～表 H.0.15 进行。

3）分项工程验收记录可按现行国家标准《建筑工程施工质量验收统一标准》（GB 50300—2013）的有关规定执行。

4）分部（子分部）工程验收记录可按现行国家标准《建筑工程施工质量验收统一标准》（GB 50300—2013）的有关规定执行。

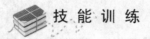 技 能 训 练

一、单选题

1.超声波探伤不能对缺陷做出判断时，应采用（   ）。

    A. 射线探伤　　　　　B. 磁粉探伤　　　　　C. 渗透探伤　　　　　D. 光学探伤

2.设计要求全焊透的一、二级焊缝应采用超声波探伤进行检验，一级焊缝内部缺陷超声波探伤比例为（   ）。

    A. 20%　　　　　　　B. 70%　　　　　　　C. 90%　　　　　　　D. 100%

3.钢结构连接分为（   ）。

    A. 紧固件连接和焊接连接　　　　　　　　B. 紧固件连接和搭接连接

    C. 焊接连接和绑扎连接　　　　　　　　　D. 焊接连接和搭接连接

4.高强度螺栓连接副（   ）后，螺栓丝扣外露应为2～3扣，其中允许有10%的螺栓丝扣外露1扣或4扣。

　　A. 初拧　　　　　　　　B. 复拧　　　　　　　　C. 中拧　　　　　　　　D. 终拧

5. 高强度螺栓孔不应采用气割扩孔，扩孔数量应征得设计同意，扩孔后的孔径不应超过（　　）倍螺栓直径。

　　A. 1.1　　　　　　　　　B. 1.2　　　　　　　　　C. 1.5　　　　　　　　　D. 2

6. 高强度大六角头螺栓连接副终拧完成 1h 后，（　　）内应进行终拧扭矩检查，检查结果应符合规范规定要求。

　　A. 12h　　　　　　　　　B. 24h　　　　　　　　　C. 36h　　　　　　　　　D. 48h

7. 普通螺栓作为承久性连接螺栓时，当设计有要求或对其质量有疑义时，应进行螺栓实物（　　）荷载复验。

　　A. 最小拉力　　　　　　B. 最大拉力　　　　　　C. 最小压力　　　　　　D. 最大压力

8. 永久性普通螺栓紧固应牢固可靠，外露丝扣不就少于（　　）扣。

　　A. 3　　　　　　　　　　B. 2　　　　　　　　　　C. 1　　　　　　　　　　D. 4

9. 单层钢结构主体结构的整体垂直度允许偏差为 $H/1000$（H 为整体高度），且不应大于（　　）。

　　A. 10mm　　　　　　　　B. 15mm　　　　　　　　C. 25mm　　　　　　　　D. 30mm

10. 在安装柱与柱之间的主梁构件时，应对柱的（　　）进行检测。

　　A. 垂直度　　　　　　　B. 平整度　　　　　　　C. 轴线距离　　　　　　D. 标高

11. 钢结构安装中，安装外墙板时，应根据建筑物的平面形状（　　）。

　　A. 对称安装　　　　　　B. 从左到右　　　　　　C. 从右到左　　　　　　D. 从下到上

二、多选题

1. 钢结构连接工程中，质量员应熟悉（　　）的施工质量要求。

　　A. 钢结构的拆卸　　　　　　　　　　　　　　　B. 钢结构的分解
　　C. 钢结构的安装　　　　　　　　　　　　　　　D. 钢结构的焊接
　　E. 钢结构紧固件连接

2. 设计要求全焊透一、二级焊缝的内部缺陷检验，采用（　　）。

　　A. 超声波探伤　　　　　　　　　　　　　　　　B. 射线探伤
　　C. 目测观察　　　　　　　　　　　　　　　　　D. 标准样板检查

3. 根据《钢结构工程施工质量验收标准》（GB 50205—2020）的规定，焊缝观感应达到（　　）。

　　A. 外形均匀、成型较好　　　　　　　　　　　　B. 焊缝应牢固、可靠
　　C. 焊道与焊道之间过渡较平滑　　　　　　　　　D. 焊道与基本金属间过渡较平滑
　　E. 焊渣和飞溅物基本清理干净

4. 钢结构焊缝内部缺陷检查，一般采用无损检验的方法，主要方法有（　　）等。

　　A. 超声波探伤　　　　　B. 磁粉探伤　　　　　　C. 射线探伤　　　　　　D. 渗透探伤
　　E. 红外探伤

5. 紧固件连接是用（　　）将两个以上的零件或构件连接成整体的一种钢结构连接方法。

　　A. 铆钉　　　　　　　　B. 普通螺栓　　　　　　C. 巴铁钉　　　　　　　D. 焊接
　　E. 高强度螺栓

6. 二级焊缝外观质量检查时，不允许有的缺陷是（　　）。

A. 未焊满　　　　　　　B. 弧坑裂纹　　　　　　　C. 咬边　　　　　　　D. 表面夹渣

7. 高强度螺栓连接的形式有（　　　）。

A. 张拉连接　　　　　　B. 摩擦连接　　　　　　　C. 承压连接　　　　　　D. 剪切连接

8. 普通螺栓连接防松的措施有（　　　）。

A. 采用加厚螺母　　　　　　　　　　　　　　B. 机械防松

C. 不可拆防松　　　　　　　　　　　　　　　D. 加弹簧垫圈和双螺母

9. 高强度螺栓连接必须符合的规定有（　　　）。

A. 不能将高强度螺栓兼作临时螺栓

B. 每个节点上穿人的临时螺栓不得多于安装孔数的 1/3

C. 每个节点上的冲钉数不宜多于临时螺栓的 30%

D. 螺栓应顺畅穿入孔内，严禁强行敲打

10. 下列对于钢结构焊接的说法，错误的是（　　　）。

A. 焊接同一部位的返修次数不宜超过两次

B. 焊缝表面可有极少数裂纹、焊瘤

C. 焊工必须经考试合格并取得合格证书

D. 引弧焊可在母材上打火引弧

11. 建筑钢结构安装前，应对建筑物的定位轴线、（　　　）、钢筋混凝土基础的标高和混凝土强度等级进行复查，合格后方能开始安装。

A. 结构中心线　　　　　　　　　　　　　　　B. 柱的位置线

C. 柱的水平线　　　　　　　　　　　　　　　D. 平面封闭角

12. 焊缝表面不得有裂纹、焊瘤等缺陷。二级焊缝允许的缺陷是（　　　）。

A. 夹渣　　　　　　　　　B. 咬边　　　　　　　　　C. 电弧擦伤　　　　　　D. 表面气孔

13. 高强度大六角头螺栓连接副、终拧完成 1h 后，（　　　）内进行终拧扭矩检查。

A. 48h　　　　　　　　　B. 54h　　　　　　　　　C. 66h　　　　　　　　D. 72h

14. 高强度大六角头螺栓连接副、终拧完成后要进行终拧扭矩检查，检验所用的扭矩扳手的扭矩精度误差应不大于（　　　）。

A. 1%　　　　　　　　　B. 2%　　　　　　　　　C. 3%　　　　　　　　D. 4%

三、案例分析题

某大型厂房东西长 50m，南北宽 80m，屋盖为钢结构，型钢杆件之间的连接均采用摩擦型大六角头高强度螺栓，共用 10.9 级、M22 高强螺栓 30000 套，螺栓采用 20MnTiB。2011 年 4 月上旬，进行高强度螺栓试拧。在高强度螺栓安装前和拼接过程中，建设单位项目工程师曾多次提出采用的终拧扭矩值偏大，势必加大螺栓预拉力，对长期使用安全不利，但未引起施工单位的重视，也未对原取扭矩值进行分析、复核和予以纠正。直至 5 月 4 日，设计单位在建设单位再次提出上述看法后，正式通知施工单位将原采用扭矩系数 0.13 改为 0.122，原预应力损失值取设计预拉力的 10% 改为 5%，相应地终拧扭矩值由原采用的 625N·m 改为 560N·m。但当采用 560N·m 终拧扭矩值施工时，高强度螺栓终拧时仍然多次出现断裂。为了查明原因，首先测试了高强度螺栓的机械强度和硬度，当用复位法检查终拧扭矩值时，发现许多螺栓超过 560N·m，暴露出已施工螺栓超拧的严重问题。

根据以上内容，回答问题：高强度螺栓连接应采取哪些质量控制措施？

项目七 屋 面 工 程

屋面工程各子分部工程和分项工程的划分，应符合表7-1的要求。屋面工程各分项工程宜按屋面面积每500～1000m² 划分为一个检验批，不足 500m² 应按一个检验批。

表7-1   屋面工程各子分部工程和分项工程的划分

分部工程	子分部工程	分项工程
屋面工程	基层与保护	找坡层，找平层，隔汽层，隔离层，保护层
	保温与隔热	板状材料保温层，纤维材料保温层，喷涂硬泡聚氨酯保温层，现浇泡沫混凝土保温层，种植隔热层，架空隔热层，蓄水隔热层
	防水与密封	卷材防水层，涂膜防水层，复合防水层，接缝密封防水
	瓦面与板面	烧结瓦和混凝土瓦铺装，沥青瓦铺装，金属板铺装，玻璃采光顶铺装
	细部构造	檐口，檐沟和天沟，女儿墙和山墙，水落口，变形缝，伸出屋面管道，屋面出入口，反梁过水孔，设施基座，屋脊，屋顶窗

任务一 基层与保护工程质量控制与验收

一、基层与保护工程质量控制

1. 找平层和找坡层

（1）在铺设找平层前，应对基层进行处理，清扫干净，洒水湿润。当找平层下有松散填充料时，应予以铺平振实。

（2）装配式钢筋混凝土板的板缝嵌填施工，应符合下列要求：

1）嵌填混凝土时板缝内应清理干净，并应保持湿润；

2）当板缝宽度大于 40mm 或上窄下宽时，板缝内应按设计要求配置钢筋；

3）嵌填细石混凝土的强度等级不应低于 C20，嵌填深度宜低于板面 10～20mm，且应振捣密实和浇水养护；

4）板端缝应按设计要求增加防裂的构造措施。

（3）检查水落口周围的坡度是否准确。水落口杯与基层接触处应留宽 20mm、深 20mm 的凹槽，密封材料嵌填天沟。

（4）基层与突出屋面结构（女儿墙、山墙、天窗壁、变形缝、烟囱等）的交接处和基层的转角处，找平层均应做成圆弧形。内部排水的水落口周围，找平层应做成略低的凹坑。

（5）找坡层宜采用轻骨料混凝土；找坡材料应分层铺设和适当压实，表面应平整。

（6）找平层宜采用水泥砂浆或细石混凝土。找平层的材料质量及配合比，必须符合设计要求。当找平层下有塑料薄膜隔离层、防水层或不吸水保温层时，宜在砂浆中加减水剂并严格控制稠度。

（7）找平层分格缝纵横间距不宜大于 6m，分格缝的宽度宜为 5～20mm。砂浆铺设应按由远到近、由高到低的程序进行，最好在每一分格内一次连续抹成，严格掌握坡度。屋面找坡应满足设计排水坡度要求，结构找坡不应小于 3%，材料找坡宜为 2%；檐沟、天沟纵向找坡不应小于 1%，沟底水落差不得超过 200mm。

（8）找平层的抹平工序应在初凝前完成，压光工序应在终凝前完成，终凝后应进行养护。

（9）注意气候变化，如气温在 0℃ 以下，或终凝前可能下雨时，不宜施工。若必须施工，应有技术措施，保证找平层质量。

2. 隔汽层

（1）隔汽层的基层应平整、干净、干燥。

（2）隔汽层应设置在结构层与保温层之间；隔汽层应选用气密性、水密性好的材料。

（3）在屋面与墙的连接处，隔汽层应沿墙面向上连续铺设，高出保温层上表面不得小于 150mm。

（4）隔汽层采用卷材时宜空铺，卷材搭接缝应满粘，其搭接宽度不应小于 80mm；隔汽层采用涂料时，应涂刷均匀。

（5）穿过隔汽层的管线周围应封严，转角处应无折损；隔汽层凡有缺陷或破损的部位，均应进行返修。

3. 隔离层

（1）块体材料、水泥砂浆或细石混凝土保护层与卷材、涂膜防水层之间，应设置隔离层。

（2）隔离层可采用干铺塑料膜、土工布、卷材或铺抹低强度等级砂浆。

4. 保护层

（1）防水层上的保护层施工，应待卷材铺贴完成或涂料固化成膜，并经检验合格后进行。

（2）用块体材料做保护层时，宜设置分格缝，分格缝纵横间距不应大于 6m，分格缝宽度宜为 20mm。

（3）用水泥砂浆做保护层时，表面应抹平压光，并应设表面分格缝，分格面积宜为 1m²。

（4）用细石混凝土做保护层时，混凝土应振捣密实，表面应抹平压光，分格缝纵横间距不应大于 6m。分格缝的宽度宜为 10～20mm。

（5）块体材料、水泥砂浆或细石混凝土保护层与女儿墙和山墙之间，应预留宽度为 30mm 的缝隙，缝内宜填塞聚苯乙烯泡沫塑料，并应用密封材料嵌填密实。

二、基层与保护工程质量验收

检验批划分基层与保护工程各分项工程每个检验批的抽检数量，应按屋面面积每 100m² 抽查一处，每处应为 10m²，且不得少于 3 处。

1. 找平层和找坡层

（1）主控项目。

1）找坡层和找平层所用材料的质量及配合比，应符合设计要求。

检验方法：检查出厂合格证、质量检验报告和计量措施。

2）找坡层和找平层的排水坡度，应符合设计要求。

检验方法：坡度尺检查。

（2）一般项目。

1）找平层应抹平、压光，不得有酥松、起砂、起皮现象。

检验方法：观察检查。

2）卷材防水层的基层与突出屋面结构的交接处，以及基层的转角处，找平层应做成圆弧形，且应整齐平顺。

检验方法：观察检查。

3）找平层分格缝的宽度和间距，均应符合设计要求。

检验方法：观察和尺量检查。

4）找坡层表面平整度的允许偏差为 7mm，找平层表面平整度的允许偏差为 5mm。

检验方法：用 2m 靠尺和塞尺检查。

2. 隔汽层

（1）主控项目。

1）隔汽层所用材料的质量，应符合设计要求。

检验方法：检查出厂合格证、质量检验报告和进场检验报告。

2）隔汽层不得有破损现象。

检验方法：观察检查。

（2）一般项目。

1）卷材隔汽层应铺设平整，卷材搭接缝应黏结牢固，密封应严密，不得有扭曲、皱褶和起泡等缺陷。

检验方法：观察检查。

2）涂膜隔汽层应黏结牢固，表面平整，涂布均匀，不得有堆积、起泡和露底等缺陷。

检验方法：观察检查。

3. 隔离层

（1）主控项目。

1）隔离层所用材料的质量及配合比，应符合设计要求。

检验方法：检查出厂合格证和计量措施。

2）隔离层不得有破损和漏铺现象。

检验方法：观察检查。

（2）一般项目。

1）塑料膜、土工布、卷材应铺设平整，其搭接宽度不应小于 50mm，不得有皱褶。

检验方法：观察和尺量检查。

2）低强度等级砂浆表面应压实、平整，不得有起壳、起砂现象。

检验方法：观察检查。

4. 保护层

（1）主控项目。

1）保护层所用材料的质量及配合比，应符合设计要求。

检验方法：检查出厂合格证、质量检验报告和计量措施。

2）块体材料、水泥砂浆或细石混凝土保护层的强度等级，应符合设计要求。

检验方法：检查块体材料、水泥砂浆或混凝土抗压强度试验报告。

3）保护层的排水坡度，应符合设计要求。

检验方法：用坡度尺检查。

（2）一般项目。

1）块体材料保护层表面应干净，接缝应平整，周边应顺直，镶嵌应正确，应无空鼓现象。

检查方法：用小锤轻击和观察检查。

2）水泥砂浆、细石混凝土保护层不得有裂纹、脱皮、麻面和起砂等现象。

检验方法：观察检查。

3）浅色涂料应与防水层黏结牢固，厚薄应均匀，不得漏涂。

检验方法：观察检查。

4）保护层的允许偏差和检验方法应符合表 7-2 的规定。

表 7-2   保护层的允许偏差和检验方法

项　　目	允许偏差（mm）			检验方法
	块体材料	水泥砂浆	细石混凝土	
表面平整度	4.0	4.0	5.0	用 2m 靠尺和塞尺检查
缝格平直	3.0	3.0	3.0	拉线和尺量检查
接缝高低差	1.5	—	—	用直尺和塞尺检查
板块间隙宽度	2.0	—	—	尺量检查
保护层厚度	设计厚度的 10%，且不得大于 5mm			用钢针插入和尺量检查

任务二 保温与隔热工程质量控制与验收

一、保温与隔热工程质量控制

1. 一般规定

（1）铺设保温层的基层应平整、干燥和干净。

（2）保温材料在施工过程中应采取防潮、防水和防火等措施。

（3）保温与隔热工程的构造及选用材料应符合设计要求。

（4）保温与隔热工程质量验收除应符合本章规定外，尚应符合《建筑节能工程施工质量验收规范》（GB 50411—2007）的有关规定。

（5）保温材料使用时的含水率，应相当于该材料在当地自然风干状态下的平衡含水率。

（6）保温材料的热导率、表观密度或干密度、抗压强度或压缩强度、燃烧性能，必须符合设计要求。

（7）种植、架空、蓄水隔热层施工前，防水层均应验收合格。

2. 板状材料保温层

（1）板状材料保温层采用干铺法施工时，板状保温材料应紧靠在基层表面上，应铺平垫稳；分层铺设的板块上下层接缝应相互错开，板间缝隙应采用同类材料的碎屑嵌填密实。

（2）板状材料保温层采用粘贴法施工时，胶黏剂应与保温材料的材性相容，并应贴严、粘牢；板状材料保温层的平面接缝应挤紧拼严，不得在板块侧面涂抹胶黏剂，超过 2mm 的缝隙应采用相同材料板条或片填塞严实。

（3）板状保温材料采用机械固定法施工时，应选择专用螺钉和垫片；固定件与结构层之间应连接牢固。

3. 纤维材料保温层

（1）纤维材料保温层施工应符合下列规定：

1）纤维保温材料应紧靠在基层表面上，平面接缝应挤紧拼严，上下层接缝应相互错开；

2）屋面坡度较大时，宜采用金属或塑料专用固定件将纤维保温材料与基层固定；

3）纤维材料填充后，不得上人踩踏。

（2）装配式骨架纤维保温材料施工时，应先在基层上铺设保温龙骨或金属龙骨，龙骨之间应填充纤维保温材料，再在龙骨上铺钉水泥纤维板。金属龙骨和固定件应经防锈处理，金属龙骨与基层之间应采取隔热断桥措施。

4. 喷涂硬泡聚氨酯保温层

（1）保温层施工前应对喷涂设备进行调试，并应制备试样进行硬泡聚氨酯的性能检测。

（2）喷涂硬泡聚氨酯的配比应准确计量，发泡厚度应均匀一致。

（3）喷涂时，喷嘴与施工基面的间距应由试验确定。

（4）一个作业面应分遍喷涂完成，每遍厚度不宜大于 15mm；当日的作业面应当日连续地喷涂施工完毕。

（5）硬泡聚氨酯喷涂后 20min 内严禁上人；喷涂硬泡聚氨酯保温层完成后，应及时做保护层。

5. 现浇泡沫混凝土保温层

（1）在浇筑泡沫混凝土前，应将基层上的杂物和油污清理干净；基层应浇水湿润，但不得有积水。

（2）保温层施工前应对设备进行调试，并应制备试样进行泡沫混凝土的性能检测。

（3）泡沫混凝土的配合比应准确计量，制备好的泡沫加入水泥料浆中应搅拌均匀。

（4）浇筑过程中，应随时检查泡沫混凝土的湿密度。

6. 架空隔热层

（1）架空隔热层的高度应按屋面宽度或坡度大小确定。设计无要求时，架空隔热层的高度宜为 180～300mm。

（2）当屋面宽度大于 10m 时，应在屋面中部设置通风屋脊，通风口处应设置通风算子。

（3）架空隔热制品支座底面的卷材、涂膜防水层，应采取加强措施。

（4）架空隔热制品的质量应符合下列要求：

1）非上人屋面的砌块强度等级不应低于 MU7.5；上人屋面的砌块强度等级不应低于 MU10。

2）混凝土板的强度等级不应低于 C20，板厚及配筋应符合设计要求。

二、保温与隔热工程质量验收

检验批划分：保温与隔热工程各分项工程每个检验批的抽检数量，应按屋面面积每 100m² 抽查 1 处，每处应为 10m²，且不得少于 3 处。

1. 板状材料保温层

（1）主控项目。

1）板状保温材料的质量，应符合设计要求。

检验方法：检查出厂合格证、质量检验报告和进场检验报告。

2）板状材料保温层的厚度应符合设计要求，其正偏差应不限，负偏差应为 5％，且不得大于 4mm。

检验方法：用钢针插入和尺量检查。

3）屋面热桥部位处理应符合设计要求。

检验方法：观察检查。

（2）一般项目。

1）板状保温材料铺设应紧贴基层，应铺平垫稳，拼缝应严密，粘贴应牢固。

检验方法：观察检查。

2）固定件的规格、数量和位置均应符合设计要求；垫片应与保温层表面齐平。

检验方法：观察检查。

3）板状材料保温层表面平整度的允许偏差为 5mm。

检验方法：用 2m 靠尺和塞尺检查。

4）板状材料保温层接缝高低差的允许偏差为 2mm。

检验方法：用直尺和塞尺检查。

2. 纤维材料保温层

（1）主控项目。

1）纤维保温材料的质量，应符合设计要求。

检验方法：检查出厂合格证、质量检验报告和进场检验报告。

2）纤维材料保温层的厚度应符合设计要求，其正偏差应不限，毡不得有负偏差，板负偏差应为 4％，且不得大于 3mm。

检验方法：用钢针插入和尺量检查。

3）屋面热桥部位处理应符合设计要求。

检验方法：观察检查。

（2）一般项目。

1）纤维保温材料铺设应紧贴基层，拼缝应严密，表面应平整。

检验方法：观察检查。

2）固定件的规格、数量和位置应符合设计要求；垫片应与保温层表面齐平。

检验方法：观察检查。

3）装配式骨架和水泥纤维板应铺钉牢固，表面应平整；龙骨间距和板材厚度应符合设计要求。

检验方法：观察和尺量检查。

4）具有抗水蒸气渗透外覆面的玻璃棉制品，其外覆面应朝向室内，拼缝应用防水密封胶带封严。

检验方法：观察检查。

3. 喷涂硬泡聚氨酯保温层

(1) 主控项目。

1) 喷涂硬泡聚氨酯所用原材料的质量及配合比，应符合设计要求。

检验方法：检查原材料出厂合格证、质量检验报告和计量措施。

2) 喷涂硬泡聚氨酯保温层的厚度应符合设计要求，其正偏差应不限，不得有负偏差。

检验方法：用钢针插入和尺量检查。

3) 屋面热桥部位处理应符合设计要求。

检验方法：观察检查。

(2) 一般项目。

1) 喷涂硬泡聚氨酯应分遍喷涂，黏结应牢固，表面应平整，找坡应正确。

检验方法：观察检查。

2) 喷涂硬泡聚氨酯保温层表面平整度的允许偏差为 5mm。

检验方法：用 2m 靠尺和塞尺检查。

4. 现浇泡沫混凝土保温层

(1) 主控项目。

1) 现浇泡沫混凝土所用原材料的质量及配合比，应符合设计要求。

检验方法：检查原材料出厂合格证、质量检验报告和计量措施。

2) 现浇泡沫混凝土保温层的厚度应符合设计要求，其正负偏差应为 5%，且不得大于 5mm。

检验方法：用钢针插入和尺量检查。

3) 屋面热桥部位处理应符合设计要求。

检验方法：观察检查。

(2) 一般项目。

1) 现浇泡沫混凝土应分层施工，黏结应牢固，表面应平整，找坡应正确。

检验方法：观察检查。

2) 现浇泡沫混凝土不得有贯通性裂缝，以及疏松、起砂、起皮现象。

检验方法：观察检查。

3) 现浇泡沫混凝土保温层表面平整度的允许偏差为 5mm。

检验方法：用 2m 靠尺和塞尺检查。

5. 架空隔热层

(1) 主控项目。

1) 架空隔热制品的质量，应符合设计要求。

检验方法：检查材料或构件合格证和质量检验报告。

2) 架空隔热制品的铺设应平整、稳固，缝隙勾填应密实。

检验方法：观察检查。

(2) 一般项目。

1) 架空隔热制品距山墙或女儿墙不得小于 250mm。

检验方法：观察和尺量检查。

2) 架空隔热层的高度及通风屋脊、变形缝做法，应符合设计要求。

检验方法：观察和尺量检查。

3）架空隔热制品接缝高低差的允许偏差为 3mm。

检验方法：用直尺和塞尺检查。

任务三　防水与密封工程质量控制与验收

一、防水与密封工程质量控制

1. 一般规定

（1）防水层施工前，基层应坚实、平整、干净、干燥。

（2）基层处理剂应配比准确，并应搅拌均匀；喷涂或涂刷基层处理剂应均匀一致，待其干燥后应及时进行卷材、涂膜防水层和接缝密封防水施工。

（3）防水层完工并经验收合格后，应及时做好成品保护。

2. 卷材防水层

（1）屋面坡度大于 25％时，卷材应采取满粘和钉压固定措施。

（2）卷材铺贴方向应符合下列规定：

1）卷材宜平行屋脊铺贴。

2）上下层卷材不得相互垂直铺贴。

（3）卷材搭接缝应符合下列规定：

1）平行屋脊的卷材搭接缝应顺流水方向，卷材搭接宽度应符合表 7-3 的规定。

表 7-3　　　　　　　　　卷 材 搭 接 宽 度

卷材类别		搭接宽度（mm）
合成高分子防水卷材	胶粘剂	80
	胶粘带	50
	单缝焊	60，有效焊接宽度不小于 25
	双缝焊	80，有效焊接宽度 10×2＋空腔宽
高聚物改性沥青防水卷材	胶黏剂	100
	自粘	80

2）相邻两幅卷材短边搭接缝应错开，且不得小于 500mm。

3）上下层卷材长边搭接缝应错开，且不得小于幅宽的 1/3。

（4）冷粘法铺贴卷材应符合下列规定：

1）胶黏剂涂刷应均匀，不应露底，不应堆积。

2）应控制胶黏剂涂刷与卷材铺贴的间隔时间。

3）卷材下面的空气应排尽，并应辊压粘牢固。

4）卷材铺贴应平整顺直，搭接尺寸应准确，不得扭曲、皱褶。

5）接缝口应用密封材料封严，宽度不应小于 10mm。

（5）热粘法铺贴卷材应符合下列规定：

1）熔化热熔型改性沥青胶结料时，宜采用专用导热油炉加热，加热温度不应高于 200℃，使用温度不宜低于 180℃。

2）粘贴卷材的热熔型改性沥青胶结料厚度宜为 1.0～1.5mm。

3）采用热熔型改性沥青胶结料粘贴卷材时，应随刮随铺，并应展平压实。

（6）热熔法铺贴卷材应符合下列规定：

1）火焰加热器加热卷材应均匀，不得加热不足或烧穿卷材。

2）卷材表面热熔后应立即滚铺，卷材下面的空气应排尽，并应辊压粘贴牢固。

3）卷材接缝部位应溢出热熔的改性沥青胶，溢出的改性沥青胶宽度宜为 8mm。

4）铺贴的卷材应平整顺直，搭接尺寸应准确，不得扭曲、皱褶。

5）厚度小于 3mm 的高聚物改性沥青防水卷材，严禁采用热熔法施工。

（7）自粘法铺贴卷材应符合下列规定：

1）铺贴卷材时，应将自粘胶底面的隔离纸全部撕净。

2）卷材下面的空气应排尽，并应辊压粘贴牢固。

3）铺贴的卷材应平整顺直，搭接尺寸应准确，不得扭曲、皱褶。

4）接缝口应用密封材料封严，宽度不应小于 10mm。

5）低温施工时，接缝部位宜采用热风加热，并应随即粘贴牢固。

（8）焊接法铺贴卷材应符合下列规定：

1）焊接前卷材应铺设平整、顺直，搭接尺寸应准确，不得扭曲、皱褶。

2）卷材焊接缝的接合面应干净、干燥，不得有水滴、油污及附着物。

3）焊接时应先焊长边搭接缝，后焊短边搭接缝。

4）控制加热温度和时间，焊接缝不得有漏焊、跳焊、焊焦或焊接不牢现象。

5）焊接时不得损害非焊接部位的卷材。

（9）机械固定法铺贴卷材应符合下列规定：

1）卷材应采用专用固定件进行机械固定。

2）固定件应设置在卷材搭接缝内，外露固定件应用卷材封严。

3）固定件应垂直钉入结构层有效固定，固定件数量和位置应符合设计要求。

4）卷材搭接缝应黏结或焊接牢固，密封应严密。

5）卷材周边 800mm 范围内应满粘。

3．涂膜防水层

（1）防水涂料应多遍涂布，并应待前一遍涂布的涂料干燥成膜后，再涂布后一遍涂料，且前后两遍涂料的涂布方向应相互垂直。

（2）铺设胎体增强材料应符合下列规定：

1）胎体增强材料宜采用聚酯无纺布或化纤无纺布。

2）胎体增强材料长边搭接宽度不应小于 50mm，短边搭接宽度不应小于 70mm。

3）上下层胎体增强材料的长边搭接缝应错开，且不得小于幅宽的 1/3。

4）上下层胎体增强材料不得相互垂直铺设。

（3）多组分防水涂料应按配合比准确计量，搅拌应均匀，并应根据有效时间确定每次配制的数量。

4．复合防水层

（1）卷材与涂料复合使用时，涂膜防水层宜设置在卷材防水层的下面。

（2）卷材与涂料复合使用时，防水卷材的黏结质量应符合表 7-4 的规定。

表 7 - 4 防水卷材的黏结质量

项 目	自粘聚合物改性沥青防水卷材和带自黏层防水卷材	高聚物改性沥青防水卷材胶黏剂	合成高分子防水卷材胶黏剂
黏结剥离强度（N/10mm）	≥10 或卷材断裂	≥8 或卷材断裂	≥15 或卷材断裂
剪切状态下的黏合强度（N/10mm）	≥20 或卷材断裂	≥20 或卷材断裂	≥20 或卷材断裂
浸水 168h 后黏结剥离强度保持率（%）	—	—	≥70

注 防水涂料作为防水卷材黏结材料复合使用时，应符合相应的防水卷材胶黏剂规定。

5. 接缝密封防水

（1）密封防水部位的基层应符合下列要求：

1）基层应牢固，表面应平整、密实，不得有裂缝、蜂窝、麻面、起皮和起砂现象。

2）基层应清洁、干燥，并应无油污、无灰尘。

3）嵌入的背衬材料与接缝壁间不得留有空隙。

4）密封防水部位的基层宜涂刷基层处理剂，涂刷应均匀，不得漏涂。

（2）多组分密封材料应按配合比准确计量，拌和应均匀，并应根据有效时间确定每次配制的数量。

（3）密封材料嵌填完成后，在固化前应避免灰尘、破损及污染，且不得踩踏。

二、防水与密封工程质量验收

检验批划分：防水与密封工程各分项工程每个检验批的抽检数量，防水层应按屋面面积每 100m² 抽查一处，每处应为 10m²，且不得少于 3 处；接缝密封防水应按每 50m 抽查一处，每处应为 5m，且不得少于 3 处。

1. 卷材防水层

（1）主控项目。

1）防水卷材及其配套材料的质量，应符合设计要求。

检验方法：检查出厂合格证、质量检验报告和进场检验报告。

2）卷材防水层不得有渗漏和积水现象。

检验方法：雨后观察检查或做淋水、蓄水试验。

3）卷材防水层在檐口、檐沟、天沟、水落口、泛水、变形缝和伸出屋面管道的防水构造，应符合设计要求。

检验方法：观察检查。

（2）一般项目。

1）卷材的搭接缝应黏结或焊接牢固，密封应严密，不得扭曲、皱褶和翘边。

检验方法：观察检查。

2）卷材防水层的收头应与基层黏结，钉压应牢固，密封应严密。

检验方法：观察检查。

3）卷材防水层的铺贴方向应正确，卷材搭接宽度的允许偏差为 -10mm。

检验方法：观察和尺量检查。

4）屋面排汽构造的排汽道应纵横贯通，不得堵塞；排汽管应安装牢固，位置应正确，封闭应严密。

检验方法：观察检查。

2. 涂膜防水层

（1）主控项目。

1）防水涂料和胎体增强材料的质量，应符合设计要求。

检验方法：检查出厂合格证、质量检验报告和进场检验报告。

2）涂膜防水层不得有渗漏和积水现象。

检验方法：雨后观察检查或做淋水、蓄水试验。

3）涂膜防水层在檐口、檐沟、天沟、水落口、泛水、变形缝和伸出屋面管道的防水构造，应符合设计要求。

检验方法：观察检查。

4）涂膜防水层的平均厚度应符合设计要求，且最小厚度不得小于设计厚度的80%。

检验方法：用针测法检查或取样量测。

（2）一般项目。

1）涂膜防水层与基层应黏结牢固，表面应平整，涂布应均匀，不得有流淌、皱褶、起泡和露胎体等缺陷。

检验方法：观察检查。

2）涂膜防水层的收头应用防水涂料多遍涂刷。

检验方法：观察检查。

3）铺贴胎体增强材料应平整顺直，搭接尺寸应准确，应排除气泡，并应与涂料黏结牢固；胎体增强材料搭接宽度的允许偏差为−10mm。

检验方法：观察和尺量检查。

3. 复合防水层

（1）主控项目。

1）复合防水层所用防水材料及其配套材料的质量，应符合设计要求。

检验方法：检查出厂合格证、质量检验报告和进场检验报告。

2）复合防水层不得有渗漏和积水现象。

检验方法：雨后观察检查或做淋水、蓄水试验。

3）复合防水层在天沟、檐沟、檐口、水落口、泛水、变形缝和伸出屋面管道的防水构造，应符合设计要求。

检验方法：观察检查。

（2）一般项目。

1）卷材与涂膜应粘贴牢固，不得有空鼓和分层现象。

检验方法：观察检查。

2）复合防水层的总厚度应符合设计要求。

检验方法：用针测法检查或取样量测。

4. 接缝密封防水

（1）主控项目。

1）密封材料及其配套材料的质量，应符合设计要求。

检验方法：检查出厂合格证、质量检验报告和进场检验报告。

2）密封材料嵌填应密实、连续、饱满，黏结牢固，不得有气泡、开裂、脱落等缺陷。

检验方法：观察检查。

（2）一般项目。

1）密封防水部位的基层应符合《屋面工程质量验收规范》（GB 50207—2012）第 6.5.1 条的规定。

检验方法：观察检查。

2）接缝宽度和密封材料的嵌填深度应符合设计要求，接缝宽度的允许偏差为±10%。

检验方法：尺量检查。

3）嵌填的密封材料表面应平滑，缝边应顺直，应无明显不平和周边污染现象。

检验方法：观察检查。

任务四　细部构造工程质量控制与验收

一、细部构造工程质量控制

（1）在檐口、斜沟、泛水、屋面和突出屋面结构的连接处及水落口四周，均应加铺一层卷材附加层；天沟宜加 1～2 层卷材附加层；内部排水的水落口四周，还宜再加铺一层沥青麻布油毡或再生胶油毡。

（2）内部排水的水落口应用铸铁制品，水落口杯应牢固地固定在承重结构上，全部零件应预先清除铁锈，并涂刷防锈漆。

与水落口连接的各层卷材，均应粘贴在水落口杯上，并用漏斗罩。底盘压紧宽度至少为 100mm，底盘与卷材间应涂沥青胶结材料，底盘周围应用沥青胶结材料填平。

（3）水落口杯与竖管承口的连接处，用沥青麻丝堵塞，以防漏水。

（4）混凝土檐口宜留凹槽，卷材端部应固定在凹槽内，并用玛蹄脂或油膏封严。

（5）伸出屋面的管道、设备或预埋件等，应在防水层施工前安设完毕。屋面防水层完工后，不得在其上凿孔、打洞或重物冲击。

（6）屋面与突出屋面结构的连接处，贴在立面上的卷材高度应大于或等于 250mm。如用薄钢板泛水覆盖，应用钉子将泛水卷材层的上端钉在预埋的墙上的木砖上，泛水上部与墙间的缝隙应用沥青砂浆填平，并将钉帽盖住。薄钢板泛水长向接缝处应焊牢。如用其他泛水时，卷材上端应用沥青砂浆或水泥砂浆封严。

（7）砌变形缝的附加墙以前，缝口应用伸缩片覆盖，并在墙砌好后，在缝内填沥青麻丝；上部应用钢筋混凝土盖板或可伸缩的镀锌薄钢板盖住。钢筋混凝土盖板的接缝，可用油膏嵌实封严。

二、细部构造工程质量验收

1. 一般规定

（1）细部构造工程各分项工程每个检验批应全数进行检验。

（2）细部构造所使用卷材、涂料和密封材料的质量应符合设计要求，两种材料之间应具有相容性。

（3）屋面细部构造热桥部位的保温处理，应符合设计要求。

2. 檐口

(1) 主控项目。

1) 檐口的防水构造应符合设计要求。

检验方法：观察检查。

2) 檐口的排水坡度应符合设计要求；檐口部位不得有渗漏和积水现象。

检验方法：用坡度尺检查和雨后观察检查或做淋水试验。

(2) 一般项目。

1) 檐口 800mm 范围内的卷材应满粘。

检验方法：观察检查。

2) 卷材收头应在找平层的凹槽内用金属压条钉压固定，并应用密封材料封严。

检验方法：观察检查。

3) 涂膜收头应用防水涂料多遍涂刷。

检验方法：观察检查。

4) 檐口端部应抹聚合物水泥砂浆，其下端应做成鹰嘴和滴水槽。

检验方法：观察检查。

3. 檐沟和天沟

(1) 主控项目。

1) 檐沟、天沟的防水构造应符合设计要求。

检验方法：观察检查。

2) 檐沟、天沟的排水坡度应符合设计要求；沟内不得有渗漏和积水现象。

检验方法：坡度尺检查和雨后观察或淋水、蓄水试验。

(2) 一般项目。

1) 檐沟、天沟附加层铺设应符合设计要求。

检验方法：观察和尺量检查。

2) 檐沟防水层应由沟底翻上至外侧顶部，卷材收头应用金属压条钉压固定，并应用密封材料封严；涂膜收头应用防水涂料多遍涂刷。

检验方法：观察检查。

3) 檐沟外侧顶部及侧面均应抹聚合物水泥砂浆，其下端应做成鹰嘴或滴水槽。

检验方法：观察检查。

4. 女儿墙和山墙

(1) 主控项目。

1) 女儿墙和山墙的防水构造应符合设计要求。

检验方法：观察检查。

2) 女儿墙和山墙的压顶向内排水坡度不应小于 5%，压顶内侧下端应做成鹰嘴或滴水槽。

检验方法：观察和坡度尺检查。

3) 女儿墙和山墙的根部不得有渗漏和积水现象。

检验方法：雨后观察检查或做淋水试验。

(2) 一般项目。

1) 女儿墙和山墙的泛水高度及附加层铺设应符合设计要求。

检验方法：观察和尺量检查。

2）女儿墙和山墙的卷材应满粘，卷材收头应用金属压条钉压固定，并应用密封材料封严。

检验方法：观察检查。

3）女儿墙和山墙的涂膜应直接涂刷至压顶下，涂膜收头应用防水涂料多遍涂刷。

检验方法：观察检查。

5．水落口

（1）主控项目。

1）水落口的防水构造应符合设计要求。

检验方法：观察检查。

2）水落口杯上口应设在沟底的最低处；水落口处不得有渗漏和积水现象。

检验方法：雨后观察检查或做淋水、蓄水试验。

（2）一般项目。

1）水落口的数量和位置应符合设计要求；水落口杯应安装牢固。

检验方法：观察和手扳检查。

2）水落口周围直径 500mm 范围内坡度不应小于 5％，水落口周围的附加层铺设应符合设计要求。

检验方法：观察和尺量检查。

3）防水层及附加层伸入水落口杯内不应小于 50mm，并应黏结牢固。

检验方法：观察和尺量检查。

6．变形缝

（1）主控项目。

1）变形缝的防水构造应符合设计要求。

检验方法：观察检查。

2）变形缝处不得有渗漏和积水现象。

检验方法：雨后观察或淋水试验。

（2）一般项目。

1）变形缝的泛水高度及附加层铺设应符合设计要求。

检验方法：观察和尺量检查。

2）防水层应铺贴或涂刷至泛水墙的顶部。

检验方法：观察检查。

3）等高变形缝顶部宜加扣混凝土或金属盖板。混凝土盖板的接缝应用密封材料封严；金属盖板应铺钉牢固，搭接缝应顺流水方向，并应做好防锈处理。

检验方法：观察检查。

4）高低跨变形缝在高跨墙面上的防水卷材封盖和金属盖板，应用金属压条钉压固定，并应用密封材料封严。

检验方法：观察检查。

7．伸出屋面管道

（1）主控项目。

1）伸出屋面管道的防水构造应符合设计要求。

检验方法：观察检查。

2）伸出屋面管道根部不得有渗漏和积水现象。

检验方法：雨后观察检查或做淋水试验。

（2）一般项目。

1）伸出屋面管道的泛水高度及附加层铺设，应符合设计要求。

检验方法：观察和尺量检查。

2）伸出屋面管道周围的找平层应抹出高度不小于 30mm 的排水坡。

检验方法：观察和尺量检查。

3）卷材防水层收头应用金属箍固定，并应用密封材料封严；涂膜防水层收头应用防水涂料多遍涂刷。

检验方法：观察检查。

8. 屋面出入口

（1）主控项目。

1）屋面出入口的防水构造应符合设计要求。

检验方法：观察检查。

2）屋面出入口处不得有渗漏和积水现象。

检验方法：雨后观察检查或做淋水试验。

（2）一般项目。

1）屋面垂直出入口防水层收头应压在压顶圈下，附加层铺设应符合设计要求。

检验方法：观察检查。

2）屋面水平出入口防水层收头应压在混凝土踏步下，附加层铺设和护墙应符合设计要求。

检验方法：观察检查。

3）屋面出入口的泛水高度不应小于 250mm。

检验方法：观察和尺量检查。

任务五　屋面分部工程质量验收

一、质量验收基本规定

（1）施工单位应取得建筑防水和保温工程相应等级的资质证书；作业人员应持证上岗。

（2）施工单位应建立、健全施工质量的检验制度，严格工序管理，做好隐蔽工程的质量检查和记录。

（3）屋面工程施工前应通过图纸会审，施工单位应掌握施工图中的细部构造及有关技术要求；施工单位应编制屋面工程专项施工方案，并应经监理单位或建设单位审查确认后执行。

（4）对屋面工程采用的新技术，应按有关规定经过科技成果鉴定、评估或新产品、新技术鉴定。施工单位应对新的或首次采用的新技术进行工艺评价，并应制定相应技术质量标准。

（5）屋面工程所用的防水、保温材料应有产品合格证书和性能检测报告，材料的品种、规格、性能等必须符合国家现行产品标准和设计要求。产品质量应由经过省级以上建设行政主管部门对其资质认可和质量技术监督部门对其计量认证的质量检测单位进行检测。

（6）防水、保温材料进场验收应符合下列规定：

1）应根据设计要求对材料的质量证明文件进行检查，并应经监理工程师或建设单位代表确认，纳入工程技术档案。

2）应对材料的品种、规格、包装、外观和尺寸等进行检查验收，并应经监理工程师或建设单位代表确认，形成相应验收记录。

3）防水、保温材料进场检验项目及材料标准应符合《屋面工程质量验收规范》（GB 50207—2012）附录 A 和附录 B 的规定。材料进场检验应执行见证取样送检制度，并应提出进场检验报告。

4）进场检验报告的全部项目指标均达到技术标准规定应为合格；不合格材料不得在工程中使用。

（7）屋面工程使用的材料应符合国家现行有关标准对材料有害物质限量的规定，不得对周围环境造成污染。

（8）屋面工程各构造层的组成材料，应分别与相邻层次的材料相容。

（9）屋面工程施工时，应建立各道工序的自检、交接检和专职人员检查的"三检"制度，并应有完整的检查记录。每道工序施工完成后，应经监理单位或建设单位检查验收，并应在合格后再进行下道工序的施工。

（10）当进行下道工序或相邻工程施工时，应对屋面已完成的部分采取保护措施。伸出屋面的管道、设备或预埋件等，应在保温层和防水层施工前安设完毕。屋面保温层和防水层完工后，不得进行凿孔、打洞或重物冲击等有损屋面的作业。

（11）屋面防水工程完工后，应进行观感质量检查和雨后观察或淋水、蓄水试验，不得有渗漏和积水现象。混凝土结构施工现场质量管理应有相应的施工技术标准、健全的质量管理体系、施工质量控制和质量检验制度。混凝土结构施工项目应有施工组织设计和施工技术方案，并经审查批准。

二、质量验收具体要求

（1）屋面工程施工质量验收的程序和组织，应符合《建筑工程施工质量验收统一标准》（GB 50300—2013）的有关规定。

（2）检验批质量验收合格应符合下列规定：

1）主控项目的质量应经抽查检验合格。

2）一般项目的质量应经抽查检验合格；有允许偏差值的项目，其抽查点应有 80% 及其以上在允许偏差范围内，且最大偏差值不得超过允许偏差值的 1.5 倍。

3）应具有完整的施工操作依据和质量检查记录。

（3）分项工程质量验收合格应符合下列规定：

1）分项工程所含检验批的质量均应验收合格；

2）分项工程所含检验批的质量验收记录应完整。

（4）分部（子分部）工程质量验收合格应符合下列规定：

1）分部（子分部）所含分项工程的质量均应验收合格；

2）质量控制资料应完整；

3）安全与功能抽样检验应符合《建筑工程施工质量验收统一标准》（GB 50300—2013）的有关规定；

4）观感质量检查应符合《屋面工程质量验收规范》（GB 50207—2012）第 9.0.7 条的规定。

（5）屋面工程验收资料和记录应符合表 7 - 5 的规定。

表 7 - 5   屋面工程验收资料和记录

资料项目	验收资料
防水设计	设计图纸及会审记录、设计变更通知单和材料代用核定单
施工方案	施工方法、技术措施、质量保证措施
技术交底记录	施工操作要求及注意事项
材料质量证明文件	出厂合格证、型式检验报告、出厂检验报告、进场验收记录和进场检验报告
施工日志	逐日施工情况
工程检验记录	工序交接检验记录、检验批质量验收记录、隐蔽工程验收记录、淋水或蓄水试验记录、观感质量检查记录、安全与功能抽样检验（检测）记录
其他技术资料	事故处理报告、技术总结

（6）屋面工程应对下列部位进行隐蔽工程验收：

1）卷材、涂膜防水层的基层；

2）保温层的隔汽和排汽措施；

3）保温层的铺设方式、厚度、板材缝隙填充质量及热桥部位的保温措施；

4）接缝的密封处理；

5）瓦材与基层的固定措施；

6）檐沟、天沟、泛水、水落口和变形缝等细部做法；

7）在屋面易开裂和渗水部位的附加层；

8）保护层与卷材、涂膜防水层之间的隔离层；

9）金属板材与基层的固定和板缝间的密封处理；

10）坡度较大时，有防止卷材和保温层下滑的措施。

（7）屋面工程观感质量检查应符合下列要求：

1）卷材铺贴方向应正确，搭接缝应黏结或焊接牢固，搭接宽度应符合设计要求，表面应平整，不得有扭曲、皱褶和翘边等缺陷。

2）涂膜防水层黏结应牢固，表面应平整，涂刷应均匀，不得有流淌、起泡和露胎体等缺陷。

3）嵌填的密封材料应与接缝两侧黏结牢固，表面应平滑，缝边应顺直，不得有气泡、开裂和剥离等缺陷。

4）檐口、檐沟、天沟、女儿墙、山墙、水落口、变形缝和伸出屋面管道等防水构造，应符合设计要求。

5）烧结瓦、混凝土瓦铺装应平整、牢固，应行列整齐，搭接应紧密，檐口应顺直；脊瓦应搭盖正确，间距应均匀，封固应严密；正脊和斜脊应顺直，应无起伏现象；泛水应顺直整齐，接合应严密。

6）沥青瓦铺装应搭接正确，瓦片外露部分不得超过切口长度，钉帽不得外露；沥青瓦应与基层钉粘牢固，瓦面应平整，檐口应顺直；泛水应顺直整齐，接合应严密。

7）金属板铺装应平整、顺滑；连接应正确，接缝应严密；屋脊、檐口、泛水直线段应顺直，曲线段应顺畅。

8）玻璃采光顶铺装应平整、顺直，外露金属框或压条应横平竖直，压条应安装牢固；

玻璃密封胶缝应横平竖直、深浅一致，宽窄应均匀，应光滑顺直。

9）上人屋面或其他使用功能屋面，其保护及铺面应符合设计要求。

（8）检查屋面有无渗漏、积水和排水系统是否通畅，应在雨后或持续淋水 2h 后进行，并应填写淋水试验记录。具备蓄水条件的檐沟、天沟应进行蓄水试验，蓄水时间不得少于 24h，并应填写蓄水试验记录。

（9）对安全与功能有特殊要求的建筑屋面，工程质量验收除应符合《屋面工程质量验收规范》（GB 50207—2012）的规定外，尚应按合同约定和设计要求进行专项检验（检测）和专项验收。

（10）屋面工程验收后，应填写分部工程质量验收记录，并应交建设单位和施工单位存档。

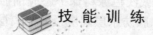 技 能 训 练

一、单选题

1. 屋面找平层应设分格缝，分格缝留设在板端缝处，采用水泥砂浆或细石混凝土做找平层时，其纵横缝的最大间距（   ）。

    A. 不宜大于 4m   B. 不宜小于 4m   C. 不宜大于 6m   D. 不宜小于 6m

2. 屋面块体材料保护层应留设分格缝，分格面积不大于（   ）。

    A. $10m^2$ B. $20m^2$ C. $50m^2$ D. $100m^2$

3. 屋面找平层质量检查验收的主控项目有材料质量的配合比和（   ）两项。

    A. 交接处和转角处的细部处理   B. 排水坡度

    C. 分格缝的位置和间距   D. 表面平整度

4. 屋面面积为 $20m^2$ 的建筑物，检查验收屋面找平层和保温层的质量时，应抽查（   ）处以上，每处 $10m^2$。

    A. 1   B. 2   C. 3   D. 4

5. 卷材防水层上的撒布材料和浅色涂料保护层应铺撒或涂刷均匀，黏结牢固；水泥砂浆、块材或细石混凝土保护层与卷材防水层间应设置隔离层；刚性保护层的分格缝留置应符合设计要求。其检验方法是（   ）。

    A. 雨后检验   B. 观察检查

    C. 检查质量检查报告   D. 现场抽样检查

6. 下列选项中，关于合成高分子防水卷材外观质量的要求，说法错误是（   ）。

    A. 每卷折痕不超过 2 处，总长度不超过 20mm

    B. 杂质大于 0.5mm 颗粒不允许，每 $1m^2$ 不超过 $9mm^2$

    C. 每卷胶块不超过 6 处，每处面积不大于 $4mm^2$

    D. 每卷凹痕不超过 6 处，深度不超过本身厚度的 40%

7. 质量验收时，卷材防水层不得有渗漏或积水现象，其检验方法是（   ）。

    A. 观察检验   B. 淋水、蓄水检验

    C. 雨中检验   D. 检查隐藏工程验收记录

8. 质量验收时，卷材防水层的搭接缝应黏（焊）结牢固，密封严密，不得有皱褶、翘边和鼓泡等缺陷；防水层的收头应与基层黏结并固定牢固，缝口封严，不得翘边。其检验方

法是（　　　）。

  A. 观察检查   B. 现场抽样检查

  C. 淋水、蓄水检验   D. 检查出厂合格证

9. 不属于卷材防水屋面质量检查验收的主控项目的是（　　　）。

  A. 卷材及配套材料的质量   B. 卷材搭接缝与收头质量

  C. 卷材防水层   D. 防水细部构造

10. 质量验收时，涂膜防水层不得有沾污积水现象，其检验方法是（　　　）。

  A. 淋水、蓄水检验   B. 观察检验

  C. 检查隐蔽工程验收记录   D. 现场抽样复验报告

11. 涂膜防水层上的撒布材料或浅色涂料保护层应铺撒或涂刷均匀，黏结牢固；水泥砂浆、块材或细石混凝土保护层与涂膜防水层间应设置隔离层；刚性保护层的分格缝留置应符合设计要求。其检验方法是（　　　）。

  A. 针测法   B. 取样量测

  C. 观察检查   D. 检查出厂合格证

12. 当聚氨酯涂膜防水层完全固化和通过蓄水试验并检验合格后，即可铺设一层厚度为（　　　）的水泥砂浆保护层，然后可根据设计要求铺设饰面层。

  A. 5～15mm B. 15～25mm C. 15～35mm D. 35～45mm

13. 检查涂膜防水屋面的防水层是否渗漏、是否有积水的方法是（　　　）。

  A. 检查涂料出厂合格证和质量检验报告 B. 取样检测

  C. 雨后或淋水、蓄水检验   D. 尺量检查

14. 密封材料嵌缝时，接缝处的密封材料底部应填放背衬材料，外露的密封材料上设置保护层，其宽度不应小于（　　　）。

  A. 50mm   B. 100mm   C. 150mm   D. 200mm

15. 天沟、檐沟、檐口、泛水和立面卷材收头的端部应裁齐，塞入预留凹槽内，用金属压条钉压固定，最大钉距不应大于（　　　）。

  A. 900mm   B. 1500mm   C. 2000mm   D. 2500mm

二、多选题

1. 屋面找平层的质量检查与验收中主控项目的检验包括（　　　）。

  A. 材料质量及配合比   B. 排水坡度

  C. 表面质量   D. 分格缝位置

2. 保温层施工质量检验的一般项目有（　　　）。

  A. 材料质量   B. 保温层厚度允许偏差

  C. 保温层铺设   D. 倒置式屋面保护层

3. 下列选项中，关于高聚物改性沥青防水卷材的外观质量要求，说法正确的是（　　　）。

  A. 不允许有孔洞、缺边、裂口 B. 边缘不整齐不允许超过10mm

  C. 允许有胎体露白   D. 撒布材料的粒度、颜色要均匀

  E. 每卷卷材的接头不超过1处，较短的一段不应小于1000mm

4. 下列选项中，属于卷材防水屋面质量验收主控项目的是（　　　）。

  A. 卷材防水层所用卷材及其配套材料，必须符合设计要求

B. 卷材防水层不得有渗漏或积水现象

C. 卷材防水层的搭接缝应黏（焊）结牢固，密封严密，不得有皱褶、翘边和鼓泡等缺陷；防水层的收头应与基层黏结并固定牢固，缝口封严，不得翘边

D. 卷材防水层在天沟、檐沟、槽口、水落口、泛水、变形缝和伸出屋面管道的防水构造，必须符合设计要求

E. 卷材防水层上的撒布材料和浅色涂料保护层应铺撒或涂刷均匀，黏结牢固

5. 质量验收时，卷材防水层所用卷材及其配套材料，必须符合设计要求，其检验方法有（　　）。

A. 观察检验　　　　　　　　　　B. 检查出厂合格证

C. 质量检验报告　　　　　　　　D. 淋水、蓄水检验

E. 现场抽样复验报告

6. 涂膜防水屋面质量验收时，防水涂料和胎体增强材料必须符合设计要求，其检验方法有（　　）。

A. 检验出厂合格证书　　　　　　B. 质量检查报告

C. 观察检查　　　　　　　　　　D. 雨后检验

E. 淋水、蓄水检验

7. 涂膜防水屋面质量验收中，涂膜防水层的平均厚度应符合设计要求，最小厚度不应小于设计厚度的 80%，其检验方法是（　　）。

A. 针测法　　　　B. 观察检验　　　　C. 取样量测　　　　D. 雨后检验

E. 检查质量检验报告

8. 涂膜防水层表面要求（　　）。

A. 表面平整　　　　　　　　　　B. 涂刷均匀

C. 无流淌褶皱　　　　　　　　　D. 接缝搭接黏结牢固

9. 涂膜施工的质量检查与验收的一般项目有（　　）。

A. 涂料及膜体质量　　　　　　　B. 防水细部构造

C. 涂膜施工　　　　　　　　　　D. 涂膜保护层

10. 屋面工程隐蔽验收记录应包括（　　）。

A. 卷材、涂膜防水层的基层

B. 密封防水处理部位

C. 天沟、檐沟、泛水和变形缝细部做法

D. 卷材、涂膜防水层的搭接宽度和附加层

E. 刚性保护层与卷材、涂膜防水层之间设置的隔离层

F. 卷材保护层

三、案例分析题

某商场为现浇钢筋混凝土框架结构，建筑面积为 20 650m²，地上 12 层，地下 3 层，由市建筑设计院进行设计，该市第一建筑公司施工。工程于 2006 年 6 月开工建设，2008 年 8 月 8 日竣工验收，交付使用。在 2012 年夏季，商场员工发现屋面大面积渗漏。

根据以上内容，回答下列问题：

为避免屋面工程出现质量问题，施工过程中，施工单位应该从哪些方面进行施工质量控制？

项目八 建筑装饰装修工程

任务一 抹灰工程质量控制与验收

抹灰工程各分项工程的检验批应按下列规定划分：

（1）相同材料、工艺和施工条件的室外抹灰工程每 500～1000m² 应划为一个检验批，不足 500m² 也应划为一个检验批。

（2）相同材料、工艺和施工条件的室内抹灰工程每 50 个自然间（大面积房间和走廊按抹灰面积 30m² 为一间）应划分为一个检验批，不足 50 间也应划分为一个检验批。

一、抹灰工程质量控制

（1）抹灰工程应对水泥的凝结时间和安定性进行复验。

（2）外墙抹灰工程施工前应先安装钢木门窗框、护栏等，并应将墙上的施工孔洞堵塞密实。

（3）抹灰用的石灰膏的熟化期不应少于 15 天；罩面用的磨细石灰粉的熟化期不应少于 3 天。

（4）室内墙面、柱面和门洞口的阳角做法应符合设计要求。设计无要求时，应采用 1∶2 水泥砂浆做护角，其高度不应低于 2m，每侧宽度不应小于 50mm。

（5）当要求抹灰层具有防水、防潮功能时，应采用防水砂浆。

（6）各种砂浆抹灰层，在凝结前应防止快干、水冲、撞击、振动和受冻，在凝结后应采取措施防止沾污和损坏。水泥砂浆抹灰层应在湿润条件下养护。

（7）外墙和顶棚的抹灰层与基层之间及各抹灰层之间必须黏结牢固。

二、抹灰工程质量验收

1．一般规定

（1）抹灰工程验收时应检查下列文件和记录：

1）抹灰工程的施工图、设计说明及其他设计文件。

2）材料的产品合格证书、性能检测报告、进场验收记录和复验报告。

3）隐蔽工程验收记录。

4）施工记录。

（2）抹灰工程应对下列隐蔽工程项目进行验收：

1）抹灰总厚度大于或等于 35mm 时的加强措施。

2）不同材料基体交接处的加强措施。

（3）抹灰工程检查数量应符合下列规定：

1）室内每个检验批应至少抽查 10%，并不得少于 3 间；不足 3 间时应全数检查。

2）室外每个检验批每 100m² 应至少抽查一处，每处不得小于 10m²。

2．一般抹灰工程

一般抹灰工程分为普通抹灰和高级抹灰，当设计无要求时，按普通抹灰验收。

（1）主控项目。

1）抹灰前基层表面的尘土、污垢、油渍等应清除干净，并应洒水润湿。

检验方法：检查施工记录。

2）一般抹灰所用材料的品种和性能应符合设计要求。水泥的凝结时间和安定性复验应合格。砂浆的配合比应符合设计要求。

检验方法：检查产品合格证书、进场验收记录、复验报告和施工记录。

3）抹灰工程应分层进行。当抹灰总厚度大于或等于 35mm 时，应采取加强措施。不同材料基体交接处表面的抹灰，应采取防止开裂的加强措施，当采用加强网时，加强网与各基体的搭接宽度不应小于 100mm。

检验方法：检查隐蔽工程验收记录和施工记录。

4）抹灰层与基层之间及各抹灰层之间必须黏结牢固，抹灰层应无脱层、空鼓，面层应无爆灰和裂缝。

检验方法：观察检查；用小锤轻击检查；检查施工记录。

（2）一般项目。

1）一般抹灰工程的表面质量应符合下列规定：

a. 普通抹灰表面应光滑、洁净、接槎平整，分格缝应清晰。

b. 高级抹灰表面应光滑、洁净、颜色均匀、无抹纹，分格缝和灰线应清晰美观。

检验方法：观察检查；手摸检查。

2）护角、孔洞、槽、盒周围的抹灰表面应整齐、光滑；管道后面的抹灰表面应平整。

检验方法：观察检查。

3）抹灰层的总厚度应符合设计要求；水泥砂浆不得抹在石灰砂浆层上；罩面石膏灰不得抹在水泥砂浆层上。

检验方法：检查施工记录。

4）抹灰分格缝的设置应符合设计要求，宽度和深度应均匀，表面应光滑，棱角应整齐。

检验方法：观察检查；尺量检查。

5）有排水要求的部位应做滴水线（槽）。滴水线（槽）应整齐顺直，滴水线应内高外低，滴水槽宽度和深度均不应小于 10mm。

检验方法：观察检查；尺量检查。

6）一般抹灰工程质量的允许偏差和检验方法应符合表 8-1 的规定。

表 8-1　　　　　　　　　　一般抹灰的允许偏差和检验方法

项次	项目	允许偏差（mm）		检验方法
		普通抹灰	高级抹灰	
1	立面垂直度	4	3	用 2m 垂直检测尺检查
2	表面平整度	4	3	用 2m 靠尺和塞尺检查
3	阴阳角方正	4	3	用 200mm 直角检测尺检查
4	分格条（缝）直线度	4	3	用 5m 线，不足 5m 拉通线，用钢直尺检查

项次	项目	允许偏差（mm）		检验方法
		普通抹灰	高级抹灰	
5	墙裙、勒脚上口直线度	4	3	拉 5m 线，不足 5m 拉通线，用钢直尺检查

注 1. 普通抹灰，本表第 3 项阴角方正可不检查。

　　　2. 顶棚抹灰，本表第 2 项表面平整度可不检查，但应平顺。

3. 装饰抹灰工程

（1）主控项目。

1）抹灰前基层表面的尘土、污垢、油渍等应清除干净，并应洒水润湿。

检验方法：检查施工记录。

2）装饰抹灰工程所用材料的品种和性能应符合设计要求。水泥的凝结时间和安定性复验应合格。砂浆的配合比应符合设计要求。

检验方法：检查产品合格证书、进场验收记录、复验报告和施工记录。

3）抹灰工程应分层进行。当抹灰总厚度大于或等于 35mm 时，应采取加强措施。不同材料基体交接处表面的抹灰，应采取防止开裂的加强措施，当采用加强网时，加强网与各基体的搭接宽度不应小于 100mm。

检验方法：检查隐蔽工程验收记录和施工记录。

4）各抹灰层之间及抹灰层与基体之间必须黏结牢固，抹灰层应无脱层、空鼓和裂缝。

检验方法：观察检查；用小锤轻击检查；检查施工记录。

（2）一般项目。

1）装饰抹灰工程的表面质量应符合下列规定：

a. 水刷石表面应石粒清晰、分布均匀、紧密平整、色泽一致，应无掉粒和接槎痕迹。

b. 斩假石表面剁纹应均匀顺直、深浅一致，应无漏剁处；阳角处应横剁并留出宽窄一致的不剁边条，棱角应无损坏。

c. 干黏石表面应色泽一致、不露浆、不漏黏，石粒应黏结牢固、分布均匀，阳角处应无明显黑边。

d. 假面砖表面应平整、沟纹清晰、留缝整齐、色泽一致，应无掉角、脱皮、起砂等缺陷。

检验方法：观察检查；手摸检查。

2）装饰抹灰分格条（缝）的设置应符合设计要求，宽度和深度应均匀，表面应平整光滑，棱角应整齐。

检验方法：观察检查。

3）有排水要求的部位应做滴水线（槽）。滴水线（槽）应整齐顺直，滴水线应内高外低，滴水槽的宽度和深度均不应小于 10mm。不同材料基体交接处表面的抹灰，应采取防止开裂的加强措施，当采用加强网时，加强网与各基体的搭接宽度不应小于 100mm。

检验方法：观察检查；尺量检查。

4）装饰抹灰工程质量的允许偏差和检验方法应符合表 8-2 的规定。

表 8 - 2 装饰抹灰的允许偏差和检验方法

项次	项目	允许偏差（mm）				检验方法
		水刷石	斩假石	干粘石	假面砖	
1	立面垂直度	5	4	5	5	用 2m 靠尺和塞尺检查
2	表面平整度	3	3	5	4	用 2m 靠尺和塞尺检查
3	阳角方正	3	3	4	4	用 200mm 直角检测尺检查
4	分格条（缝）直线度	3	3	3	3	用 5m 线，不足 5m 拉通线，用钢直尺检查
5	墙裙、勒脚上口直线度	3	3	—	—	用 5m 线，不足 5m 拉通线，用钢直尺检查

任务二 外墙防水工程质量控制与验收

外墙防水工程作为子分部工程，包括外墙砂浆防水、涂膜防水和透气膜防水等分项工程。

一、外墙防水工程质量控制

1. 防水砂浆施工

（1）界面处理材料涂刷厚度应均匀、覆盖完全，收水后应及时进行砂浆防水层施工。

（2）砂浆防水层表面应密实、平整，不得有裂纹、起砂、麻面等缺陷。

（3）防水砂浆厚度大于 10mm 时，应分层施工，第二层应待前一层指触不粘时进行，各层应黏结牢固。

（4）每层宜连续施工，留茬时，应采用阶梯坡形茬，接茬部位离阴阳角不得小于 200mm；上下层接茬应错开 300mm 以上，接茬应依层次顺序操作、层层搭接紧密。

（5）喷涂施工时，喷枪的喷嘴应垂直于基面，合理调整压力、喷嘴与基面距离。

（6）涂抹时应压实、抹平；遇气泡时应挑破，保证铺抹密实。

（7）抹平、压实应在初凝前完成。

（8）窗台、窗楣和凸出墙面的腰线等部位上表面的排水坡度应准确，外口下沿的滴水线应连续、顺直。

（9）砂浆防水层分格缝的留设位置和尺寸应符合设计要求，嵌填密封材料前，应将分格缝清理干净，密封材料应嵌填密实。

（10）砂浆防水层转角宜抹成圆弧形，圆弧半径不应小于 5mm，转角抹压应顺直。

（11）门框、窗框、伸出外墙管道、预埋件等与防水层交接处应留 8～10mm 宽的凹槽，并应进行密封处理。

（12）砂浆防水层的平均厚度应符合设计要求，最小厚度不得小于设计值的 80%。

（13）雨后或持续淋水 30min 后观察检查。砂浆防水层不得有渗漏现象。

（14）砂浆防水层与基层之间及防水层各层之间应结合牢固，不得有空鼓。

（15）砂浆防水层在门窗洞口、伸出外墙管道、预埋件、分格缝及收头等部位的节点做法，应符合设计要求。

2. 涂膜防水层

（1）防水层所用防水涂料及配套材料应符合设计要求。

（2）施工前应对节点部位进行密封或增强处理。

（3）基层的干燥程度应根据涂料的品种和性能确定；防水涂料涂布前，宜涂刷基层处理剂。

（4）双组分涂料配制前，应将液体组分搅拌均匀，配料应按照规定要求进行，不得任意改变配合比；应采用机械搅拌，配制好的涂料应色泽均匀，无粉团、沉淀。

（5）每遍涂布应交替改变涂层的涂布方向，同一涂层涂布时，先后接茬宽度宜为30～50mm。

（6）涂膜防水层的甩茬部位不得污损，接茬宽度不应小于100mm。

（7）胎体增强材料应铺贴平整，不得有褶皱和胎体外露，胎体层充分浸透防水涂料；胎体的搭接宽度不应小于50mm。胎体的底层和面层涂膜厚度均不应小于0.5mm。

（8）雨后或持续淋水30min后观察检查。涂膜防水层不得有渗漏现象。

（9）涂膜防水层在门窗洞口、伸出外墙管道、预埋件及收头等部位的节点做法，应符合设计要求。

（10）涂膜防水层的平均厚度应符合设计要求，最小厚度不应小于设计值的80%。采用针测法或割取20mm×20mm实样，用卡尺测量。

（11）涂膜防水层应与基层粘结牢固，表面平整，涂刷均匀，不得有流淌、皱褶、鼓泡、露胎体和翘边等缺陷。

3. 防水透气膜防水层

（1）防水透气膜及其配套材料应符合设计要求。

（2）基层表面应干净、牢固，不得有尖锐凸起物。

（3）铺设宜从外墙底部一侧开始，沿建筑立面自下而上横向铺设，并应顺流水方向搭接。

（4）防水透气膜横向搭接宽度不得小于100mm，纵向搭接宽度不得小于150mm，相邻两幅膜的纵向搭接缝应相互错开，间距不应小于500mm，搭接缝应采用密封胶粘带覆盖密封。

（5）防水透气膜应随铺随固定，固定部位应预先粘贴小块密封胶粘带，用带塑料垫片的塑料锚栓将防水透气膜固定在基层上，固定点每平方米不得少于3处。

（6）铺设在窗洞或其他洞口处的防水透气膜，应用密封胶粘带固定在洞口内侧；与门、窗框连接处应使用配套密封胶粘带满粘密封，四角用密封材料封严。

（7）穿透防水透气膜的连接件周围应用密封胶粘带封严。

（8）雨后或持续淋水30min后观察检查，防水透气膜防水层不得有渗漏现象。

（9）防水透气膜在门窗洞口、伸出外墙管道、预埋件及收头等部位的节点做法，应符合设计要求。

（10）防水透气膜的铺贴应顺直，与基层应固定牢固，膜表面不得有皱褶、伤痕、破裂等缺陷。

（11）防水透气膜的铺贴方向应正确，纵向搭接缝应错开，搭接宽度的负偏差不应大于10mm。

（12）防水透气膜的搭接缝应粘结牢固，密封严密；收头应与基层黏结并固定牢固，缝口应封严，不得有翘边现象。

二、外墙防水工程质量验收

（一）一般规定

（1）外墙防水工程验收时应检查下列文件和记录：

1）外墙防水工程的施工图、设计说明及其他设计文件。

2）材料的产品合格证书、性能检验报告、进场验收记录和复验报告。

3）施工方案及安全技术措施文件。

4）雨后或现场淋水检验记录。

5）隐蔽工程验收记录。

6）施工记录。

7）施工单位的资质证书及操作人员的上岗证书。

（2）外墙防水工程应对下列材料及其性能指标进行复验：

1）防水砂浆的粘结强度和抗渗性能。

2）防水涂料的低温柔性和不透水性。

3）防水透气膜的不透水性。

（3）外墙防水工程应对下列隐蔽工程项目进行验收：

1）外墙不同结构材料交接处的增强处理措施的节点。

2）防水层在变形缝、门窗洞口、穿外墙管道、预埋件及收头等部位的节点。

3）防水层的搭接宽度及附加层。

（4）相同材料、工艺和施工条件的外墙防水工程每 1000m² 应划分为一个检验批，不足 1000m² 时也应划分为一个检验批。

（5）每个检验批每 100m² 应至少抽查一处，每处检查不得小于 10m²，节点构造应全数进行检查。

（二）砂浆防水工程

1. 主控项目

（1）砂浆防水层所用砂浆品种及性能应符合设计要求及国家现行标准的有关规定。

检验方法：检查产品合格证书、性能检验报告、进场验收记录和复验报告。

（2）砂浆防水层在变形缝、门窗洞口、穿外墙管道和预埋件等部位的做法应符合设计要求。

检验方法：观察；检查隐蔽工程验收记录。

（3）砂浆防水层不得有渗漏现象。

检验方法：检查雨后或现场淋水检验记录。

（4）砂浆防水层与基层之间及防水层各层之间应粘结牢固，不得有空鼓。

检验方法：观察；用小锤轻击检查。

2. 一般项目

（1）砂浆防水层表面应密实、平整，不得有裂纹、起砂和麻面等缺陷。

检验方法：观察。

（2）砂浆防水层施工缝位置及施工方法应符合设计及施工方案要求。

检验方法：观察。

（3）砂浆防水层厚度应符合设计要求。

检验方法：尺量检查；检查施工记录。

（三）涂膜防水工程

1. 主控项目

（1）涂膜防水层所用防水涂料及配套材料的品种及性能应符合设计要求及国家现行标准的有关规定。

检验方法：检查产品出厂合格证书、性能检验报告、进场验收记录和复验报告。

（2）涂膜防水层在变形缝、门窗洞口、穿外墙管道、预埋件等部位的做法应符合设计要求。

检验方法：观察；检查隐蔽工程验收记录。

（3）涂膜防水层不得有渗漏现象。

检验方法：检查雨后或现场淋水检验记录。

（4）涂膜防水层与基层之间应黏结牢固。

检验方法：观察。

2. 一般项目

（1）涂膜防水层表面应平整，涂刷应均匀，不得有流坠、露底、气泡、皱折和翘边等缺陷。

检验方法：观察。

（2）涂膜防水层的厚度应符合设计要求。

检验方法：针测法或割取 20mm×20mm 实样用卡尺测量。

（四）透气膜防水工程

1. 主控项目

（1）透气膜防水层所用透气膜及配套材料的品种及性能应符合设计要求及国家现行标准的有关规定。

检验方法：检查产品出厂合格证书、性能检验报告、进场验收记录和复验报告。

（2）透气膜防水层在变形缝、门窗洞口、穿外墙管道和预埋件等部位的做法应符合设计要求。

检验方法：观察；检查隐蔽工程验收记录。

（3）透气膜防水层不得有渗漏现象。

检验方法：检查雨后或现场淋水检验记录。

（4）防水透气膜应与基层粘结固定牢固。

检验方法：观察。

2. 一般项目

（1）透气膜防水层表面应平整，不得有皱折、伤痕、破裂等缺陷。

检验方法：观察。

（2）防水透气膜的铺贴方向应正确，纵向搭接缝应错开，搭接宽度应符合设计要求。

检验方法：观察；尺量检查。

（3）防水透气膜的搭接缝应粘结牢固、密封严密；收头应与基层粘结固定牢固，缝口应严密，不得有翘边现象。

检验方法：观察。

任务三 门窗工程质量控制与验收

门窗子分部工程包括木门窗制作与安装、金属门窗安装、塑料门窗安装、门窗玻璃安装等分项工程。各分项工程的检验批应按下列规定划分：

（1）同一品种、类型和规格的木门窗、金属门窗、塑料门窗及门窗玻璃每100樘应划分为一个检验批，不足100樘也应划分为一个检验批。

（2）同一品种、类型和规格的特种门每50樘应划分为一个检验批，不足50樘也应划分为一个检验批。

一、门窗工程质量控制

（1）门窗工程应对下列材料及其性能指标进行复验：

1）人造木板的甲醛含量。

2）建筑外墙金属窗、塑料窗的抗风性能、空气渗透性能和雨水渗漏性能。

（2）门窗安装前，应对门窗洞口尺寸进行检验。

（3）金属门窗和塑料门窗安装应采用预留洞口的方法施工，不得采用边安装边砌口或先安装后砌口的方法施工。

（4）木门窗与砖石砌体、混凝土或抹灰层接触处应进行防腐处理并应设置防潮层；埋入砌体或混凝土中的木砖应进行防腐处理。

（5）当金属窗或塑料窗组合时，其拼樘料的尺寸、规格、壁厚应符合设计要求。

（6）建筑外门窗的安装必须牢固。在砌体上安装门窗严禁用射钉固定。

二、门窗工程质量验收

（一）一般规定

（1）门窗工程验收时应检查下列文件和记录：

1）门窗工程的施工图、设计说明及其他设计文件。

2）材料的产品合格证书、性能检测报告、进场验收记录和复验报告。

3）特种门及其附件的生产许可文件。

4）隐蔽工程验收记录、施工记录。

（2）门窗工程应对下列隐蔽工程项目进行验收：

1）预埋件和锚固件。

2）隐蔽部位的防腐、填嵌处理。

（3）检查数量应符合下列规定：

1）木门窗、金属门窗、塑料门窗及门窗玻璃，每个检验批应至少抽查5%，并不得少于3樘，不足3樘时应全数检查；高层建筑的外窗，每个检验批应至少抽查10%，并不得少于6樘，不足6樘时应全数检查。

2）特种门每个检验批应至少抽查50%，并不得少于10樘，不足10樘时应全数检查。

（二）木门窗制作与安装工程

1. 主控项目

（1）木门窗的木材品种、材质等级、规格、尺寸、框扇的线型及人造木板的甲醛含量应符合设计要求。设计未规定材质等级时，所用木材的质量应符合《建筑装饰装修工程质量验收标准》（GB 50210—2018）附录 A 的规定。

检验方法：观察检查；检查材料进场验收记录和复验报告。

（2）木门窗应采用烘干的木材，含水率应符合《木门窗》（GB/T 29498—2013）的规定。

检验方法：检查材料进场验收记录。

（3）木门窗的防火、防腐、防虫处理应符合设计要求。

检验方法：观察检查；检查材料进场验收记录。

（4）木门窗的接合处和安装配件处不得有木节或已填补的木节。木门窗如有允许限值以内的死节及直径较大的虫眼时，应用同一材质的木塞加胶填补。对于清漆制品，木塞的木纹和色泽应与制品一致。

检验方法：观察检查。

（5）门窗框和厚度大于 50mm 的门窗扇应用双榫连接。榫槽应采用胶料严密嵌合，并应用胶楔加紧。

检验方法：观察检查；手扳检查。

（6）胶合板门、纤维板门和模压门不得脱胶。胶合板不得刨透表层单板，不得有戗槎。制作胶合板门、纤维板门时，边框和横楞应在同一平面上，面层、边框及横楞应加压胶结。横楞和上、下冒头应各钻两个以上的透气孔，透气孔应通畅。

检验方法：观察检查。

（7）木门窗的品种、类型、规格、开启方向、安装位置及连接方式应符合设计要求。

检验方法：观察和尺量检查；检查成品门的产品合格证书。

（8）木门窗框的安装必须牢固。预埋木砖的防腐处理、木门窗框固定点的数量、位置及固定方法应符合设计要求。

检验方法：观察和手扳检查；检查隐蔽工程验收记录和施工记录。

（9）木门窗扇必须安装牢固，并应开关灵活，关闭严密，无倒翘。

检验方法：观察检查；开启和关闭检查；手扳检查。

（10）木门窗配件的型号、规格、数量应符合设计要求，安装应牢固，位置应正确，功能应满足使用要求。

检验方法：观察检查；开启和关闭检查；手扳检查。

2. 一般项目

（1）木门窗表面应洁净，不得有刨痕、锤印。

检验方法：观察检查。

（2）木门窗的割角、拼缝应严密平整。门窗框、扇裁口应顺直，刨面应平整。

检验方法：观察检查。

（3）木门窗上的槽、孔应边缘整齐，无毛刺。

检验方法：观察检查。

（4）木门窗与墙体间缝隙的填嵌材料应符合设计要求，填嵌应饱满。寒冷地区外门窗（或门窗框）与砌体间的空隙应填充保温材料。

检验方法：轻敲门窗框检查；检查隐蔽工程验收记录和施工记录。

（5）木门窗批水、盖口条、压缝条、密封条安装应顺直，与门窗接合应牢固、严密。

检验方法：观察和手扳检查。

（6）平开木门窗安装的留缝限值、允许偏差和检验方法应符合表8-3的规定。

表8-3　　　　　　　　　　木门窗安装的留缝限值、允许偏差和检验方法

项次	项目		留缝限值（mm）	允许偏差（mm）	检验方法
1	门窗框的正、侧面垂直度		—	2	用1m垂直检测尺检查
2	框与扇接缝高低差		—	1	用塞尺检查
	扇与扇接缝高低差		—	1	
3	门窗扇对口缝		1～4	—	用钢直尺和塞尺检查 用钢尺检查
4	工业厂房、围墙双扇大门对口缝		2～7	—	
5	门窗扇与上框间留缝		1～3	—	
6	门窗扇与合页侧框间留缝		1～3	—	
7	室外门扇与锁侧框间留缝		1～3	—	
8	门扇与下框间留缝		3～5	—	用塞尺检查
9	窗扇与下框间留缝		1～3	—	
10	双层门窗内外框间距		—	4	用钢直尺检查
11	无下框时门扇与地面间留缝	室外门	4～7	—	用钢直尺或塞尺检查
		室内门	4～8	—	
		卫生间门			
		厂房大门	10～20	—	
		围墙大门			
12	框与扇搭接宽度	门	—	2	用钢直尺检查
		窗	—	1	用钢直尺检查

（三）金属门窗安装工程

1. 主控项目

（1）金属门窗的品种、类型、规格、尺寸、性能、开启方向、安装位置、连接方式及铝合金门窗的型材壁厚应符合设计要求。金属门窗的防腐处理及填嵌、密封处理应符合设计要求。

检验方法：观察和尺量检查；检查产品合格证书、性能检测报告、进场验收记录和复验报告；检查隐蔽工程验收记录。

（2）金属门窗框和副框的安装必须牢固。预埋件的数量、位置、埋设方式、与框的连接方式必须符合设计要求。

检验方法：手扳检查；检查隐蔽工程验收记录。

（3）金属门窗扇必须安装牢固，并应开关灵活、关闭严密，无倒翘。推拉门窗必须有防脱落措施。

检验方法：观察检查；开启和关闭检查；手扳检查。

（4）推拉门窗扇意外脱落容易造成安全方面的伤害，对高层建筑情况更为严重，故规定推拉门窗扇必须有防脱落措施。

（5）金属门窗配件的型号、规格、数量应符合设计要求，安装应牢固，位置应正确，功能应满足使用要求。

检验方法：观察检查；开启和关闭检查；手扳检查。

2. 一般项目

（1）金属门窗表面应洁净、平整、光滑、色泽一致，无锈蚀。大面应无划痕、碰伤。漆膜或保护层应连续。

检验方法：观察检查。

（2）铝合金门窗推拉门窗扇开关力应不大于 100N。

检验方法：用弹簧秤检查。

（3）金属门窗框与墙体之间的缝隙应填嵌饱满，并采用密封胶密封。密封胶表面应光滑、顺直，无裂纹。

检验方法：观察检查；轻敲门窗框检查；检查隐蔽工程验收记录。

（4）金属门窗扇的橡胶密封条或毛毡密封条应安装完好，不得脱槽。

检验方法：观察检查；开启和关闭检查。

（5）有排水孔的金属门窗，排水孔应畅通，位置和数量应符合设计要求。

检验方法：观察检查。

（6）钢门窗安装的留缝限值、允许偏差和检验方法应符合表 8-4 的规定。

表 8-4　　　　　　　　钢门窗安装的留缝限值、允许偏差和检验方法

项次	项目		留缝限值（mm）	允许偏差（mm）	检验方法
1	门窗槽口宽度、高度	≤1500mm	—	2	用钢尺检查
		>1500mm	—	3	
2	门窗槽口对角线长度差	≤2000mm	—	3	用钢尺检查
		>2000mm	—	4	
3	门窗框的正、侧面垂直度		—	3	用 1m 垂直检测尺检查
4	门窗横框的水平度		—	3	用 1m 水平尺和塞尺检查
5	门窗横框标高		—	5	用钢尺检查
6	门窗竖向偏离中心		—	4	用钢尺检查
7	双层门窗内外框间距		—	5	用钢卷尺检查
8	门窗框、扇配合间隙		≤2	—	用塞尺检查
9	平开门窗框扇搭接宽度	门	6	—	用钢直尺检查
		窗	4	—	用钢直尺检查
	推拉门窗框扇搭接宽度		6	—	用钢直尺检查
10	无下框时门扇与地面间留缝		4~8	—	用塞尺检查

（7）铝合金门窗安装的允许偏差和检验方法应符合表 8-5 的规定。

表8-5　　　　　　　　　　铝合金门窗安装的允许偏差和体验方法

项次	项目		允许偏差（mm）	检验方法
1	门窗槽口宽度、高度	≤2000mm	2	用钢卷尺检查
		>2000mm	3	
2	门窗槽口对角线长度差	≤2500mm	4	用钢卷尺检查
		>2500mm	5	
3	门窗框的正、侧面垂直度		2	用1m垂直检测尺检查
4	门窗横框的水平度		2	用1m水平尺和塞尺检查
5	门窗横框标高		5	用钢卷尺检查
6	门窗竖向偏离中心		5	用钢卷尺检查
7	双层门窗内外框间距		4	用钢卷尺检查
8	推拉门窗扇与框搭接宽度	门	2	用钢直尺检查
		窗	1	

（8）涂色镀锌钢板门窗安装的允许偏差和检验方法应符合表8-6的规定。

表8-6　　　　　　　　涂色镀锌钢板门窗安装的允许偏差和检验方法

项次	项目		允许偏差（mm）	检验方法
1	门窗槽口宽度、高度	≤1500mm	2	用钢卷尺检查
		>1500mm	3	
2	门窗槽口对角线长度差	≤2000mm	4	用钢卷尺检查
		>2000mm	5	
3	门窗框的正、侧面垂直度		3	用1m垂直检测尺检查
4	门窗横框的水平度		3	用1m水平尺和塞尺检查
5	门窗横框标高		5	用钢卷尺检查
6	门窗竖向偏离中心		5	用钢卷尺检查
7	双层门窗内外框间距		4	用钢卷尺检查
8	推拉门窗扇与框搭接宽度		2	用钢直尺检查

（四）塑料门窗安装工程

1. 主控项目

（1）塑料门窗的品种、类型、规格、尺寸、开启方向、安装位置、连接方式及填嵌密封处理应符合设计要求，内衬增强型钢的壁厚及设置应符合国家现行产品标准的质量要求。

检验方法：观察和尺量检查；检查产品合格证书、性能检测报告、进场验收记录和复验报告；检查隐蔽工程验收记录。

（2）塑料门窗框、副框和扇的安装必须牢固。固定片或膨胀螺栓的数量与位置应正确，连接方式应符合设计要求。固定点应距窗角、中横框、中竖框150～200mm，固定点间距应不大于600mm。

检验方法：观察和手扳检查；检查隐蔽工程验收记录。

（3）塑料门窗拼樘料内衬增加型钢的规格、壁厚必须符合设计要求，型钢应与型材内腔紧密吻合，其两端必须与洞口固定牢固。窗框必须与拼樘料连接紧密，固定点间距应不大于 600mm。

检验方法：观察和手扳检查；尺量检查；检查进场验收记录。

（4）塑料门窗扇应开关灵活、关闭严密，无倒翘。推拉门窗扇必须有防脱落措施。

检验方法：观察检查；开启和关闭检查；手扳检查。

（5）塑料门窗配件的型号、规格、数量应符合设计要求，安装应牢固，位置应正确，功能应满足使用要求。

检验方法：观察检查；手扳检查；尺量检查。

（6）塑料门窗框与墙体间缝隙应采用闭孔弹性材料填嵌饱满，表面应采用密封胶密封。密封胶应黏结牢固，表面应光滑、顺直、无裂纹。

检验方法：观察检查；检查隐蔽工程验收记录。

2. 一般项目

（1）塑料门窗表面应洁净、平整、光滑，大面应无划痕、碰伤。

检验方法：观察检查。

（2）塑料门窗扇的密封条不得脱槽。旋转窗间隙应基本均匀。

（3）塑料门窗扇的开关力应符合下列规定：

1）平开门窗扇平铰链的开关力应不大于 80N；滑撑铰链的开关力应不大于 80N，并不小于 30N。

2）推拉门窗扇的开关力应不大于 100N。

检验方法：观察检查；用弹簧秤检查。

（4）玻璃密封条与玻璃槽口的接缝应平整，不得卷边、脱槽。

检验方法：观察检查。

（5）排水孔应畅通，位置和数量应符合设计要求。

检验方法：观察检查。

（6）塑料门窗安装的允许偏差和检验方法应符合表 8-7 的规定。

表 8-7　　　　　　　　　　塑料门窗安装的允许偏差和检验方法

项次	项目		允许偏差（mm）	检验方法
1	门、窗框外形（高、宽）尺寸长度差	≤1500mm	2	用钢卷尺检查
		>1500mm	3	
2	门、窗框对角线长度差	≤2000mm	3	用钢卷尺检查
		>2000mm	5	
3	门、窗框（含拼樘料）的正、侧面垂直度		3	用 1m 垂直检测尺检查
4	门、窗框（含拼樘料）水平度		3	用 1m 水平尺和塞尺检查
5	门、窗下横框的标高		5	用钢卷尺检查，与基准线比较
6	门、窗竖向偏离中心		5	用钢直尺检查
7	双层门、窗内外框间距		4	用钢卷尺检查

项次	项目		允许偏差（mm）	检验方法
8	平开门窗及上悬、下悬、中悬窗	门、窗扇与框搭接宽度	2	用深度尺或钢直尺检查
		同樘门、窗相邻扇的水平高度差	2	用靠尺和钢直尺检查
		门、窗框扇四周的配合间隙	1	用楔形塞尺检查
9	推拉门窗	门、窗扇与框搭接宽度	2	用深度尺或钢直尺检查
		门、窗扇与框或相邻扇立边平行度	2	用钢直尺检查
10	推拉门窗	平整度	3	用2m靠尺和钢直尺检查
		缝直线度	3	用2m靠尺和钢直尺检查

（五）门窗玻璃安装工程

1. 主控项目

（1）玻璃的品种、规格、尺寸、色彩、图案和涂膜朝向应符合设计要求。单块玻璃大于 $1.5m^2$ 时应使用安全玻璃。

检验方法：观察检查；检查产品合格证书、性能检测报告和进场验收记录。

（2）门窗玻璃裁割尺寸应正确。安装后的玻璃应牢固，不得有裂纹、损伤和松动。

检验方法：观察检查；轻敲检查。

（3）玻璃的安装方法应符合设计要求。固定玻璃的钉子或钢丝卡的数量、规格应保证玻璃安装牢固。

检验方法：观察检查；检查施工记录。

（4）镶钉木压条接触玻璃处，应与裁口边缘平齐。木压条应互相紧密连接，并与裁口边缘紧贴，割角应整齐。

检验方法：观察检查。

（5）密封条与玻璃、玻璃槽口的接触应紧密、平整。密封胶与玻璃、玻璃槽口的边缘应黏结牢固、接缝平齐。

检验方法：观察检查。

（6）带密封条的玻璃压条，其密封条封条必须与玻璃全部贴紧，压条与型材之间应无明显缝隙，压条接缝应不大于 0.5mm。

检验方法：观察和尺量检查。

2. 一般项目

（1）玻璃表面应洁净，不得有腻子、密封胶、涂料等污渍。中空玻璃内外表面均应洁净，玻璃中空层内不得有灰尘和水蒸气。

检验方法：观察检查。

（2）门窗玻璃不应直接接触型材。单面镀膜玻璃的镀膜层及磨砂玻璃的磨砂面应朝向室内。中空玻璃的单面镀膜玻璃应在最外层，镀膜层应朝向室内。

检验方法：观察检查。

（3）腻子应填抹饱满、黏结牢固；腻子边缘与裁口应平齐。固定玻璃的卡子不应在腻子表面显露。

检验方法：观察检查。

任务四　吊顶工程质量控制与验收

吊顶子分部工程，主要包括整体面层吊顶、板块面层吊顶等分项工程。整体面层吊顶包括以轻钢龙骨、铝合金龙骨和木龙骨等为骨架，以石膏板、水泥纤维板和木板等为整体面层的吊顶；板块面层吊顶包括以轻钢龙骨、铝合金龙骨和木龙骨等为骨架，以石膏板、金属板、矿棉板、木板、塑料板、玻璃板和复合板等为板块面层的吊顶。

一、吊顶工程质量控制

（1）吊顶工程验收时应检查下列文件和记录：

1）吊顶工程的施工图、设计说明及其他设计文件。

2）材料的产品合格证书、性能检测报告、进场验收记录和复验报告。

3）隐蔽工程验收记录。

4）施工记录。

（2）吊顶工程应对人造木板的甲醛含量进行复验。

（3）吊顶工程应对下列隐蔽工程项目进行验收：

1）吊顶内管道、设备的安装及水管试压。

2）木龙骨防火、防腐处理。

3）预埋件或拉结筋。

4）吊杆安装。

5）龙骨安装。

6）填充材料的设置。

（4）检查数量应符合下列规定：

每个检验批应至少抽查10%，并不得少于3间；不足3间时应全数检查。

（5）安装龙骨前，应按设计要求对房间净高、洞口标高和吊顶内管道、设备及其支架的标高进行交接检验。

（6）吊顶工程的木吊杆、木龙骨和木饰面板必须进行防火处理，并应符合有关设计防火规范的规定。

（7）吊顶工程中的预埋件、钢筋吊杆和型钢吊杆应进行防锈处理。

（8）安装饰面板前应完成吊顶内管道和设备的调试及验收。

（9）吊杆距主龙骨端部距离不得大于300mm，当大于300mm时，应增加吊杆。当吊杆长度大于1.5m时，应设置反支撑。当吊杆与设备相遇时，应调整并增设吊杆。

（10）重型灯具、电扇及其他重型设备严禁安装在吊顶工程的龙骨上。

二、吊顶工程质量验收

（一）一般规定

（1）吊顶工程验收时应检查下列文件和记录：

1）吊顶工程的施工图、设计说明及其他设计文件。

2）材料的产品合格证书、性能检验报告、进场验收记录和复验报告。

3）隐蔽工程验收记录。

4）施工记录。

（2）吊顶工程应对人造木板的甲醛释放量进行复验。

（3）吊顶工程应对下列隐蔽工程项目进行验收：

1）吊顶内管道、设备的安装及水管试压、风管严密性检验。

2）木龙骨防火、防腐处理。

3）埋件。

4）吊杆安装。

5）龙骨安装。

6）填充材料的设置。

7）反支撑及钢结构转换层。

（4）同一品种的吊顶工程每 50 间应划分为一个检验批，不足 50 间也应划分为一个检验批，大面积房间和走廊可按吊顶面积每 30m² 计为 1 间。

（5）每个检验批应至少抽查 10%，并不得少于 3 间，不足 3 间时应全数检查。

（6）安装龙骨前，应按设计要求对房间净高、洞口标高和吊顶内管道、设备及其支架的标高进行交接检验。

（7）吊顶工程的木龙骨和木面板应进行防火处理，并应符合有关设计防火标准的规定。

（8）吊顶工程中的埋件、钢筋吊杆和型钢吊杆应进行防腐处理。

（9）安装面板前应完成吊顶内管道和设备的调试及验收。

（10）吊杆距主龙骨端部距离不得大于 300mm。当吊杆长度大于 1500mm 时，应设置反支撑。当吊杆与设备相遇时，应调整并增设吊杆或采用型钢支架。

（11）重型设备和有振动荷载的设备严禁安装在吊顶工程的龙骨上。

（12）吊顶埋件与吊杆的连接、吊杆与龙骨的连接、龙骨与面板的连接应安全可靠。

（13）吊杆上部为网架、钢屋架或吊杆长度大于 2500mm 时，应设有钢结构转换层。

（14）大面积或狭长形吊顶面层的伸缩缝及分格缝应符合设计要求。

（二）整体面层吊顶工程

1. 主控项目

（1）吊顶标高、尺寸、起拱和造型应符合设计要求。

检验方法：观察；尺量检查。

（2）面层材料的材质、品种、规格、图案、颜色和性能应符合设计要求及国家现行标准的有关规定。

检验方法：观察；检查产品合格证书、性能检验报告、进场验收记录和复验报告。

（3）整体面层吊顶工程的吊杆、龙骨和面板的安装应牢固。

检验方法：观察；手扳检查；检查隐蔽工程验收记录和施工记录。

（4）吊杆和龙骨的材质、规格、安装间距及连接方式应符合设计要求。金属吊杆和龙骨应经过表面防腐处理；木龙骨应进行防腐、防火处理。

检验方法：观察；尺量检查；检查产品合格证书、性能检验报告、进场验收记录和隐蔽工程验收记录。

（5）石膏板、水泥纤维板的接缝应按其施工工艺标准进行板缝防裂处理。安装双层板时，面层板与基层板的接缝应错开，并不得在同一根龙骨上接缝。

检验方法：观察。

2. 一般项目

(1) 面层材料表面应洁净、色泽一致，不得有翘曲、裂缝及缺损。压条应平直、宽窄一致。

检验方法：观察；尺量检查。

(2) 面板上的灯具、烟感器、喷淋头、风口箅子和检修口等设备设施的位置应合理、美观，与面板的交接应吻合、严密。

检验方法：观察。

(3) 金属龙骨的接缝应均匀一致，角缝应吻合，表面应平整，应无翘曲和锤印。木质龙骨应顺直，应无劈裂和变形。

检验方法：检查隐蔽工程验收记录和施工记录。

(4) 吊顶内填充吸声材料的品种和铺设厚度应符合设计要求，并应有防散落措施。

检验方法：检查隐蔽工程验收记录和施工记录。

(5) 整体面层吊顶工程安装的允许偏差和检验方法应符合表 8-8 的规定。

表 8-8　　　　　整体面层吊顶工程安装的允许偏差和检验方法

项次	项目	允许偏差（mm）	检验方法
1	表面平整度	3	用 2m 靠尺和塞尺检查
2	缝格、凹槽直线度	3	拉 5m 线，不足 5m 拉通线，用钢直尺检查

(三) 板块面层吊顶工程

1. 主控项目

(1) 吊顶标高、尺寸、起拱和造型应符合设计要求。

检验方法：观察；尺量检查。

(2) 面层材料的材质、品种、规格、图案、颜色和性能应符合设计要求及国家现行标准的有关规定。当面层材料为玻璃板时，应使用安全玻璃并采取可靠的安全措施。

检验方法：观察；检查产品合格证书、性能检验报告、进场验收记录和复验报告。

(3) 面板的安装应稳固严密。面板与龙骨的搭接宽度应大于龙骨受力面宽度的 2/3。

检验方法：观察；手扳检查：尺量检查。

(4) 吊杆和龙骨的材质、规格、安装间距及连接方式应符合设计要求。金属吊杆和龙骨应进行表面防腐处理；木龙骨应进行防腐、防火处理。

检验方法：观察；尺量检查；检查产品合格证书、性能检验报告、进场验收记录和隐蔽工程验收记录。

(5) 板块面层吊顶工程的吊杆和龙骨安装应牢固。

检验方法：手扳检查；检查隐蔽工程验收记录和施工记录。

2. 一般项目

(1) 面层材料表面应洁净、色泽一致，不得有翘曲、裂缝及缺损。面板与龙骨的搭接应平整、吻合，压条应平直、宽窄一致。

检验方法：观察；尺量检查。

(2) 面板上的灯具、烟感器、喷淋头、风口箅子和检修口等设备设施的位置应合理、美观，与面板的交接应吻合、严密。

检验方法：观察。

（3）金属龙骨的接缝应平整、吻合、颜色一致，不得有划伤和擦伤等表面缺陷。木质龙骨应平整、顺直，应无劈裂。

检验方法：观察。

（4）吊顶内填充吸声材料的品种和铺设厚度应符合设计要求，并应有防散落措施。

检验方法：检查隐蔽工程验收记录和施工记录。

（5）板块面层吊顶工程安装的允许偏差和检验方法应符合表 8-9 的规定。

表 8-9　　　　　　板块面层吊顶工程安装的允许偏差和检验方法

项次	项目	允许偏差（mm）				检验方法
		石膏板	金属板	矿棉板	木板、塑料板、玻璃板、复合板	
1	表面平整度	3	2	2	2	用 2m 靠尺和塞尺检查
2	接缝直线度	3	2	3	3	拉 5m 线，不足 5m 拉通线，用钢直尺检查
3	接缝高低差	1	1	2	1	用钢直尺和塞尺检查

任务五　轻质隔墙工程质量控制与验收

轻质隔墙子分部工程，包括板材隔墙、骨架隔墙、活动隔墙、玻璃隔墙等分项工程。各分项工程的检验批划分：同一品种的轻质隔墙工程每 50 间（大面积房间和走廊按轻质隔墙的墙面 30m² 为一间）应划分为一个检验批，不足 50 间也应划分为一个检验批。

一、轻质隔墙工程质量控制

（1）轻质隔墙工程应对人造木板的甲醛含量进行复验。

（2）轻质隔墙与顶棚和其他墙体的交接处应采取防开裂措施。

（3）民用建筑轻质隔墙工程的隔声性能应符合《民用建筑隔声设计规范》（GB 50118—2010）的规定。

二、轻质隔墙工程质量验收

（一）一般规定

（1）轻质隔墙工程验收时应检查下列文件和记录：

1）轻质隔墙工程的施工图、设计说明及其他设计文件。

2）材料的产品合格证书、性能检测报告、进场验收记录和复验报告。

3）隐蔽工程验收记录。

4）施工记录。

（2）轻质隔墙工程应对下列隐蔽工程项目进行验收：

1）骨架隔墙中设备管线的安装及水管试压。

2）木龙骨防火、防腐处理。

3）预埋件或拉结筋。

4）龙骨安装。

5）填充材料的设置。

（二）板材隔墙工程

板材隔墙工程的检查数量应符合：每个检验批应至少抽查 10%，并不得少于 3 间；不足 3 间时应全数检查。

1. 主控项目

（1）隔墙板材的品种、规格、性能、颜色应符合设计要求。有隔声、隔热、阻燃、防潮等特殊要求的工程，板材应有相应性能等级的检测报告。

检验方法：观察检查；检查产品合格证书、进场验收记录和性能检测报告。

（2）安装隔墙板材所需预埋件、连接件的位置、数量及连接方法应符合设计要求。

检验方法：观察和尺量检查；检查隐蔽工程验收记录。

（3）隔墙板材安装必须牢固。现制钢丝网水泥隔墙与周边墙体的连接方法应符合设计要求，并应连接牢固。

检验方法：观察和手扳检查。

（4）隔墙板材所用接缝材料的品种及接缝方法应符合设计要求。

检验方法：观察检查；检查产品合格证书和施工记录。

2. 一般项目

（1）隔墙板材安装应垂直、平整、位置正确，板材不应有裂缝或缺损。

检验方法：观察和尺量检查。

（2）板材隔墙表面应平整光滑、色泽一致、洁净，接缝应均匀、顺直。

检验方法：观察和手摸检查。

（3）隔墙上的孔洞、槽、盒应位置正确、套割方正、边缘整齐。

检验方法：观察检查。

（4）板材隔墙安装的允许偏差和检验方法应符合表 8-10 的规定。

表 8-10　　　　　　　　　　　　板材隔墙安装的允许偏差和检验方法

项次	项目	允许偏差（mm）				检验方法
		复合轻质墙板		石膏空心板	增强水泥板、混凝土轻质板	
		金属夹芯板	其他复合板			
1	立面垂直度	2	3	3	3	用 2m 垂直检测尺检查
2	表面平整度	2	3	3	3	用 2m 靠尺和塞尺检查
3	阴阳角方正	3	3	3	4	用 200mm 直角检测尺检查
4	接缝高低差	1	2	2	3	用钢直尺和塞尺检查

（三）骨架隔墙工程

骨架隔墙工程的检查数量应符合：每个检验批应至少抽查 10%，并不得少于 3 间；不足 3 间时应全数检查。

1. 主控项目

（1）骨架隔墙所用龙骨、配件、墙面板、填充材料及嵌缝材料的品种、规格、性能和木材的含水率应符合设计要求。有隔声、隔热、阻燃、防潮等特殊要求的工程，材料应有相应性能等级的检测报告。

检验方法：观察检查；检查产品合格证书、进场验收记录、性能检测报告和复验报告。

（2）骨架隔墙工程边框龙骨必须与基体结构连接牢固，并应平整、垂直、位置正确。

检验方法：手扳检查；尺量检查；检查隐蔽工程验收记录。

（3）骨架隔墙中龙骨间距和构造连接方法应符合设计要求。骨架内设备管线的安装、门窗洞口等部位加强龙骨应安装牢固、位置正确，填充材料的设置应符合设计要求。

检验方法：检查隐蔽工程验收记录。

（4）木龙骨及木墙面板的防火和防腐处理必须符合设计要求。

检验方法：检查隐蔽工程验收记录。

（5）骨架隔墙的墙面板应安装牢固，无脱层、翘曲、折裂及缺损。

检验方法：观察和手扳检查。

（6）墙面板所用接缝材料的接缝方法应符合设计要求。

检验方法：观察检查。

2．一般项目

（1）骨架隔墙表面应平整光滑、色泽一致、洁净、无裂缝，接缝应均匀、顺直。

检验方法：观察和手摸检查。

（2）骨架隔墙上的孔洞、槽、盒应位置正确、套割吻合、边缘整齐。

检验方法：观察检查。

（3）骨架隔墙内的填充材料应干燥，填充应密实、均匀、无下坠。

检验方法：轻敲检查；检查隐蔽工程验收记录。

（4）骨架隔墙安装的允许偏差和检验方法应符合表 8 - 11 的规定。

表 8 - 11　　　　　　　　　　　骨架隔墙安装的允许偏差和检验方法

项次	项目	允许偏差（mm）		检验方法
		纸面石膏板	人造木板、水泥纤维板	
1	立面垂直度	3	4	用 2m 垂直检测尺检查
2	表面平整度	3	3	用 2m 靠尺和塞尺检查
3	阴阳角方正	3	3	用 200mm 直角检测尺检查
4	接缝直线度	—	3	拉 5m 线，不足 5m 拉通线，用钢直尺检查
5	压条直线度	—	3	拉 5m 线，不足 5m 拉通线，用钢直尺检查
6	接缝高低差	1	1	用钢直尺和塞尺检查

任务六　饰面板工程质量控制与验收

饰面板子分部工程主要包括石板安装、塑料板安装等分项工程。

一、饰面板工程质量控制

1．石板安装

（1）安装前应对采用的构件、横竖连接件进行检查、测量与调整。

（2）块材的表面应光洁、方正、平整、质地坚固，不得有缺棱、掉角、暗痕和裂纹等缺陷。

（3）与主体结构连接的预埋件应在结构施工时按设计要求埋设。预埋件应牢固，位置准确。应根据设计图纸进行复查。当设计无明确要求时，预埋件标高差不应大于 10mm，位置差不应大于 20mm。

（4）构件连接件必须拧紧，各类金属连接件与石材孔、槽间配合要到位，并用专用胶固定，不得留明显缝隙或松动。

（5）石材安装自下而上进行，要用水平尺校对检查，保证横平竖直。对不符合要求的应及时撤换调整。

（6）及时对缝槽进行封闭打胶，缝槽泡沫填充条应塞紧；应采用中性硅酮结构密封胶。

（7）面层与基底应安装牢固；粘贴用料、干挂配件必须符合设计要求和国家现行有关标准的规定。

（8）石材表面平整、洁净；拼花正确、纹理清晰通顺，颜色均匀一致；非整板部位安排适宜，阴阳角处的板压向正确。

（9）缝格均匀，板缝通顺，接缝填嵌密实，宽窄一致，无错台错位。

2. 塑料板安装

（1）对折好的塑料板要轻搬轻放，表面保护膜尽量不要破损撕毁。

（2）胶粘剂粘结法安装塑料板时，在清理基层达到要求后，应在基层表面划线规划；将塑料板内侧和基层表面均匀地刷上粘结剂，用锯齿状刮板将胶液刮平并将多余的胶液去除；要根据胶粘剂说明书，达到待干程度后方能粘贴。

根据规划线，粘贴时应两手各持一角，先粘住一角，调整好角度后再粘另一角，确定无误后，逐步将整张板粘贴，粘贴时要注意空气的排尽，粘贴后可用木块衬垫后轻轻敲实。较大的塑料板需两人或两人以上共同完成。室内温度低于 5℃时，不宜采用胶粘剂粘结法施工。

（3）螺钉连接法安装塑料板时，用电钻在塑料板拧螺钉的位置钻孔，螺钉应打在不显眼及次要部位，孔径应根据螺钉的规格决定，再用自攻螺钉拧紧，并保持螺钉不外露；缝槽宽度应符合设计要求。

二、饰面板工程质量验收

（一）一般规定

（1）饰面板工程验收时应检查下列文件和记录：

1）饰面板工程的施工图、设计说明及其他设计文件。

2）材料的产品合格证书、性能检验报告、进场验收记录和复验报告。

3）后置埋件的现场拉拔检验报告。

4）满粘法施工的外墙石板和外墙陶瓷板粘结强度检验报告。

5）隐蔽工程验收记录。

6）施工记录。

（2）饰面板工程应对下列材料及其性能指标进行复验：

1）室内用花岗石板的放射性、室内用人造木板的甲醛释放量。

2）水泥基粘结料的粘结强度。

3）外墙陶瓷板的吸水率。

4）严寒和寒冷地区外墙陶瓷板的抗冻性。

（3）饰面板工程应对下列隐蔽工程项目进行验收：

1）预埋件（或后置埋件）。

2）龙骨安装。

3）连接节点。

4）防水、保温、防火节点。

5）外墙金属板防雷连接节点。

（4）各分项工程的检验批应按下列规定划分：

1）相同材料、工艺和施工条件的室内饰面板工程每 50 间应划分为一个检验批，不足 50 间也应划分为一个检验批，大面积房间和走廊可按饰面板面积每 30m² 计为主间。

2）相同材料、工艺和施工条件的室外饰面板工程每 1000m² 应划分为一个检验批，不足 1000m² 也应划分为一个检验批。

（5）检查数量应符合下列规定：

1）室内每个检验批应至少抽查 10%，并不得少于 3 间，不足 3 间时应全数检查。

2）室外每个检验批每 100m² 应至少抽查一处，每处不得小于 10m²。

（6）饰面板工程的防震缝、伸缩缝、沉降缝等部位的处理应保证缝的使用功能和饰面的完整性。

（二）石板安装工程

1．主控项目

（1）石板的品种、规格、颜色和性能应符合设计要求及国家现行标准的有关规定。

检验方法：观察；检查产品合格证书、进场验收记录、性能检验报告和复验报告。

（2）石板孔、槽的数量、位置和尺寸应符合设计要求。

检验方法：检查进场验收记录和施工记录。

（3）石板安装工程的预埋件（或后置埋件）、连接件的材质、数量、规格、位置、连接方法和防腐处理应符合设计要求。后置埋件的现场拉拔力应符合设计要求。石板安装应牢固。

检验方法：手扳检查；检查进场验收记录、现场拉拔检验报告、隐蔽工程验收记录和施工记录。

（4）采用满粘法施工的石板工程，石板与基层之间的粘结料应饱满、无空鼓。石板粘结应牢固。

检验方法：用小锤轻击检查；检查施工记录；检查外墙石板粘结强度检验报告。

2．一般项目

（1）石板表面应平整、洁净、色泽一致，应无裂痕和缺损。石板表面应无泛碱等污染。

检验方法：观察。

（2）石板填缝应密实、平直，宽度和深度应符合设计要求，填缝材料色泽应一致。

检验方法：观察；尺量检查。

（3）采用湿作业法施工的石板安装工程，石板应进行防碱封闭处理。石板与基体之间的灌注材料应饱满、密实。

检验方法：用小锤轻击检查；检查施工记录。

（4）石板上的孔洞应套割吻合，边缘应整齐。

检验方法：观察。

（5）石板安装的允许偏差和检验方法应符合表 8 - 12 的规定。

表 8 - 12　　　　　　　　　　石板安装的允许偏差和检验方法

项次	项目	允许偏差（mm）			检验方法
		光面	剁斧石	蘑菇石	
1	立面垂直度	2	3	3	用 2m 垂直检测尺检查
2	表面平整度	2	3	—	用 2m 靠尺和塞尺检查
3	阴阳角方正	2	4	4	用 200mm 直角检测尺检查
4	接缝直线度	2	4	4	拉 5m 线，不足 5m 拉通线，用钢直尺检查
5	墙裙、勒脚上口直线度	2	4	3	拉 5m 线，不足 5m 拉通线，用钢直尺检查
6	接缝高低差	1	3	—	用钢直尺和塞尺检查
7	接缝宽度	1	2	2	用钢直尺检查

（三）塑料板安装工程

1. 主控项目

（1）塑料板的品种、规格、颜色和性能应符合设计要求及国家现行标准的有关规定。塑料饰面板的燃烧性能等级应符合设计要求。

检验方法：观察；检查产品合格证书、进场验收记录和性能检验报告。

（2）塑料板安装工程的龙骨、连接件的材质、数量、规格、位置、连接方法和防腐处理应符合设计要求。塑料板安装应牢固。

检验方法：手扳检查；检查进场验收记录、隐蔽工程验收记录和施工记录。

2. 一般项目

（1）塑料板表面应平整、洁净、色泽一致，应无缺损。

检验方法：观察。

（2）塑料板接缝应平直，宽度应符合设计要求。

检验方法：观察；尺量检查。

（3）塑料板上的孔洞应套割吻合，边缘应整齐。

检验方法：观察。

（4）塑料板安装的允许偏差和检验方法应符合表表 8 - 13 的规定。

表 8 - 13　　　　　　　　　　塑料板安装的允许偏差和检验方法

项次	项目	允许偏差（mm）	检验方法
1	立面垂直度	2	用 2m 垂直检测尺检查
2	表面平整度	2	用 2m 靠尺和塞尺检查
3	阴阳角方正	3	用 200mm 直角检测尺检查
4	接缝直线度	2	拉 5m 线，不足 5m 拉通线，用钢直尺检查
5	墙裙、勒脚上口直线度	2	拉 5m 线，不足 5m 拉通线，用钢直尺检查
6	接缝高低差	1	用钢直尺和塞尺检查
7	接缝宽度	1	用钢直尺检查

任务七 饰面砖工程质量控制与验收

饰面板子分部工程主要包括内墙饰面砖粘贴和外墙饰面砖粘贴等分项工程。

一、饰面砖工程质量控制

1. 排砖、分格、弹线

（1）基层上的粉尘和污染应处理干净，饰面砖粘贴前背面不得有粉状物，在找平层上宜刷结合层。

（2）应按设计要求和施工样板进行排砖、分格，排砖宜使用整砖，对必须使用非整砖的部位，非整砖宽度不宜小于整砖宽度的1/3。

（3）应弹出控制线，做出标记。

2. 粘贴饰面砖

（1）现场粘贴外墙饰面砖所用材料和施工工艺必须与施工前粘结强度检验合格的饰面砖样板相同。

（2）在粘贴前应对饰面砖进行挑选。

（3）饰面砖宜自上而下粘贴，宜用齿形抹刀在找平基层上刮粘结材料并在饰面砖背面满刮粘结材料，粘结层总厚度宜为3～8mm。

（4）在粘结层允许调整时间内，可调整饰面砖的位置和接缝宽度并敲实；在超过允许调整时间后，严禁振动或移动饰面砖。

3. 填缝

填缝材料和接缝深度应符合设计要求，填缝应连续、平直、光滑、无裂纹、无空鼓。填缝宜按先水平后垂直的顺序进行。

二、饰面砖工程质量验收

（一）一般规定

（1）饰面砖工程验收时应检查下列文件和记录：

1）饰面砖工程的施工图、设计说明及其他设计文件。

2）材料的产品合格证书、性能检验报告、进场验收记录和复验报告。

3）外墙饰面砖施工前粘贴样板和外墙饰面砖粘贴工程饰面砖粘结强度检验报告。

4）隐蔽工程验收记录。

5）施工记录。

（2）饰面砖工程应对下列材料及其性能指标进行复验：

1）室内用花岗石和瓷质饰面砖的放射性。

2）水泥基粘结材料与所用外墙饰面砖的拉伸粘结强度。

3）外墙陶瓷饰面砖的吸水率。

4）严寒及寒冷地区外墙陶瓷饰面砖的抗冻性。

（3）饰面砖工程应对下列隐蔽工程项目进行验收：

1）基层和基体。

2）防水层。

（4）各分项工程的检验批应按下列规定划分：

1）相同材料、工艺和施工条件的室内饰面砖工程每 50 间应划分为一个检验批，不足 50 间也应划分为一个检验批，大面积房间和走廊可按饰面砖面积每 30m² 计为 1 间。

2）相同材料、工艺和施工条件的室外饰面砖工程每 1000m² 应划分为一个检验批，不足 1000² 也应划分为一个检验批。

（5）检查数量应符合下列规定：

1）室内每个检验批应至少抽查 10%，并不得少于 3 间，不足 3 间时应全数检查。

2）室外每个检验批每 100m² 应至少抽查一处，每处不得小于 10m²。

（6）外墙饰面砖工程施工前，应在待施工基层上做样板，并对样板的饰面砖粘结强度进行检验，检验方法和结果判定应符合现行行业标准《建筑工程饰面砖粘结强度检验标准》（JGJ/T 110—2017）的规定。

（7）饰面砖工程的防震缝、伸缩缝、沉降缝等部位的处理应保证缝的使用功能和饰面的完整性。

（二）内墙饰面砖粘贴工程

1. 主控项目

（1）内墙饰面砖的品种、规格、图案、颜色和性能应符合设计要求及国家现行标准的有关规定。

检验方法：观察；检查产品合格证书、进场验收记录、性能检验报告和复验报告。

（2）内墙饰面砖粘贴工程的找平、防水、粘结和填缝材料及施工方法应符合设计要求及国家现行标准的有关规定。

检验方法：检查产品合格证书、复验报告和隐蔽工程验收记录。

（3）内墙饰面砖粘贴应牢固。

检验方法：手拍检查，检查施工记录。

（4）满粘法施工的内墙饰面砖应无裂缝，大面和阳角应无空鼓。

检验方法：观察；用小锤轻击检查。

2. 一般项目

（1）内墙饰面砖表面应平整、洁净、色泽一致，应无裂痕和缺损。

检验方法：观察。

（2）内墙面凸出物周围的饰面砖应整砖套割吻合，边缘应整齐。墙裙、贴脸突出墙面的厚度应一致。

检验方法：观察；尺量检查。

（3）内墙饰面砖接缝应平直、光滑，填嵌应连续、密实；宽度和深度应符合设计要求。

检验方法：观察；尺量检查。

（4）内墙饰面砖粘贴的允许偏差和检验方法应符合表 8-14 的规定。

表 8-14   内墙饰面砖粘贴的允许偏差和检验方法

项次	项目	允许偏差（mm）	检验方法
1	立面垂直度	2	用 2m 垂直检测尺检查
2	表面平整度	3	用 2m 靠尺和塞尺检查
3	阴阳角方正	3	用 200mm 直角检测尺检查

项次	项目	允许偏差（mm）	检验方法
4	接缝直线度	2	拉5m线，不足5m拉通线，用钢直尺检查
5	接缝高低差	1	用钢直尺和塞尺检查
6	接缝宽度	1	用钢直尺检查

（三）外墙饰面砖粘贴工程

1. 主控项目

（1）外墙饰面砖的品种、规格、图案、颜色和性能应符合设计要求及国家现行标准的有关规定。

检验方法：观察；检查产品合格证书、进场验收记录、性能检验报告和复验报告。

（2）外墙饰面砖粘贴工程的找平、防水、粘结、填缝材料及施工方法应符合设计要求和现行行业标准《外墙饰面砖工程施工及验收规程》（JGJ 126—2015）的规定。

检验方法：检查产品合格证书、复验报告和隐蔽工程验收记录。

（3）外墙饰面砖粘贴工程的伸缩缝设置应符合设计要求。

检验方法：观察；尺量检查。

（4）外墙饰面砖粘贴应牢固。

检验方法：检查外墙饰面砖粘结强度检验报告和施工记录。

（5）外墙饰面砖工程应无空鼓、裂缝。

检验方法：观察；用小锤轻击检查。

2. 一般项目

（1）外墙饰面砖表面应平整、洁净、色泽一致，应无裂痕和缺损。

检验方法：观察。

（2）饰面砖外墙阴阳角构造应符合设计要求。

检验方法：观察。

（3）墙面凸出物周围的外墙饰面砖应整砖套割吻合，边缘应整齐。墙裙、贴脸突出墙面的厚度应一致。

检验方法：观察；尺量检查。

（4）外墙饰面砖接缝应平直、光滑，填嵌应连续、密实；宽度和深度应符合设计要求。

检验方法：观察；尺量检查。

（5）有排水要求的部位应做滴水线（槽）。滴水线（槽）应顺直，流水坡向应正确，坡度应符合设计要求。

检验方法：观察；用水平尺检查。

（6）外墙饰面砖粘贴的允许偏差和检验方法应符合表8-15的规定。

表 8 - 15   **内墙饰面砖粘贴的允许偏差和检验方法**

项次	项目	允许偏差（mm）	检验方法
1	立面垂直度	3	用2m垂直检测尺检查
2	表面平整度	4	用2m靠尺和塞尺检查

续表

项次	项目	允许偏差（mm）	检验方法
3	阴阳角方正	3	用 200mm 直角检测尺检查
4	接缝直线度	3	拉 5m 线，不足 5m 拉通线，用钢直尺检查
5	接缝高低差	1	用钢直尺和塞尺检查
6	接缝宽度	1	用钢直尺检查

任务八　涂饰工程质量控制与验收

涂饰子分部工程，包括水性涂料涂饰、溶剂型涂料涂饰、美术涂饰等分项工程。各分项工程的检验批应按下列规定划分：

（1）室外涂饰工程每栋楼的同类涂料涂饰的墙面每 $500\sim1000\text{m}^2$ 应划分为一个检验批，不足 500m^2 也应划分为一个检验批。

（2）室内涂饰工程同类涂料涂饰墙面每 50 间（大面积房间和走廊按涂饰面积 30m^2 为一间）应划分为一个检验批，不足 50 间也应划分为一个检验批。

一、涂饰工程质量控制

（1）涂饰工程的基层处理应符合下列要求：

1）新建筑物的混凝土或抹灰层基层在涂饰涂料前应涂刷抗碱封闭底漆。

2）旧墙面在涂饰涂料前应清除疏松的旧装修层，并涂刷界面剂。

3）混凝土或抹灰基层涂刷溶剂型涂料时，含水率不得大于 8%；涂刷乳液型涂料时，含水率不得大于 10%。木材基层的含水率不得大于 12%。

4）基层腻子应平整、坚实、牢固，无粉化、起皮和裂缝；内墙腻子的黏结强度应符合《建筑室内用腻子》（JG/T 298—2010）的规定。

5）厨房、卫生间墙面必须使用耐水腻子。

（2）水性涂料涂饰工程施工的环境温度应在 5～35℃之间。

（3）涂饰工程应在涂层养护期满后进行质量验收。

二、涂饰工程质量验收

（一）一般规定

（1）涂饰工程验收时应检查下列文件和记录：

1）涂饰工程的施工图、设计说明及其他设计文件。

2）材料的产品合格证书、性能检测报告和进场验收记录。

3）施工记录。

（2）检查数量应符合下列规定：

1）室外涂饰工程每 100m^2 应至少检查一处，每处不得小于 10m^2。

2）室内涂饰工程每个检验批应至少抽查 10%，并不得少于 3 间；不足 3 间时应全数检查。

（二）水性涂料涂饰工程

以下验收规定适用于乳液型涂料、无机涂料、水溶性涂料等水性涂料涂饰工程的质量验收。

1. 主控项目

（1）水性涂料涂饰工程所用涂料的品种、型号和性能应符合设计要求。

检验方法：检查产品合格证书、性能检测报告和进场验收记录。

（2）水性涂料涂饰工程的颜色、图案应符合设计要求。

检验方法：观察检查。

（3）水性涂料涂饰工程应涂饰均匀、黏结牢固，不得漏涂、透底、起皮和掉粉。

检验方法：观察和手摸检查。

（4）水性涂料涂饰工程的基层处理应符合《建筑装饰装修工程质量验收标准》（GB 50210—2018）第 10.1.5 条的要求。

检验方法：观察和手摸检查；检查施工记录。

2. 一般项目

（1）薄涂料的涂饰质量和检验方法应符合表 8-16 的规定。

表 8-16　　　　　　　　　　　薄涂料的涂饰质量和检验方法

项次	项目	普通涂饰	高级涂饰	检验方法
1	颜色	均匀一致	均匀一致	观察
2	光泽、光滑	光泽基本均匀，光滑无挡手感	光泽均匀一致，光滑	
3	泛碱、咬色	允许少量轻微	不允许	
4	流坠、疙瘩	允许少量轻微	不允许	
5	砂眼、刷纹	允许少量轻微砂眼、刷纹通顺	无砂眼，无刷纹	

（2）厚涂料的涂饰质量和检验方法应符合表 8-17 的规定。

表 8-17　　　　　　　　　　　厚涂料的涂饰质量和检验方法

项次	项目	普通涂饰	高级涂饰	检验方法
1	颜色	均匀一致	均匀一致	观察
2	光泽	光泽基本均匀	光泽均匀一致	
3	泛碱、咬色	允许少量轻微	不允许	
4	点状分布	—	疏密均匀	

（3）复合涂料的涂饰质量和检验方法应符合表 8-18 的规定。

表 8-18　　　　　　　　　　　复合涂料的涂饰质量和检验方法

项次	项目	质量要求	检验方法
1	颜色	均匀一致	观察
2	光泽	光泽基本均匀	
3	泛碱、咬色	不允许	
4	喷点疏密程度	均匀，不允许连片	

（4）涂层与其他装修材料和设备衔接处应吻合，界面应清晰。

检验方法：观察。

（5）墙面水性涂料涂饰工程的允许偏差和检验方法应符合表 8-19 的规定。

表 8-19　　　　　　　　　　　　墙面水性涂料涂饰工程的允许偏差和检验方法

| 项次 | 项目 | 允许偏差（mm） | | | | | 检验方法 |
| | | 薄涂料 | | 厚涂料 | | 复层涂料 | |
		普通涂饰	高级涂饰	普通涂饰	高级涂饰		
1	立面垂直度	3	2	4	3	5	用 2m 垂直检测尺检查
2	表面平整度	3	2	4	3	5	用 2m 靠尺和塞尺检查
3	阴阳角方正	3	2	4	3	4	用 200mm 直角检测尺检查
4	装饰线、分色线直线度	2	1	2	1	3	拉 5m 线，不足 5m 拉通线，用钢直尺检查
5	墙裙、勒脚上口直线度	2	1	2	1	3	拉 5m 线，不足 5m 拉通线，用钢直尺检查

（三）溶剂型涂料涂饰工程

以下验收规定适用于丙烯酸酯涂料、聚氨酯丙烯酸涂料、有机硅丙烯酸涂料等溶剂型涂料涂饰工程的质量验收。

1. 主控项目

（1）溶剂型涂料涂饰工程所选用涂料的品种、型号和性能应符合设计要求。

检验方法：检查产品合格证书、性能检测报告和进场验收记录。

（2）溶剂型涂料涂饰工程的颜色、光泽、图案应符合设计要求。

检验方法：观察检查。

（3）溶剂型涂料涂饰工程应涂饰均匀、黏结牢固，不得漏涂、透底、起皮和反锈。

检验方法：观察和手摸检查。

（4）溶剂型涂料涂饰工程的基层处理应符合《建筑装饰装修工程质量验收标准》（GB 50210—2018）第 10.2.5 条的要求。

检验方法：观察和手摸检查；检查施工记录。

2. 一般项目

（1）色漆的涂饰质量和检验方法应符合表 8-20 的规定。

表 8-20　　　　　　　　　　　　色漆的涂饰质量和检验方法

项次	项目	变通涂饰	高级涂饰	检验方法
1	颜色	均匀一致	均匀一致	观察
2	光泽、光滑	光泽基本均匀，光滑无挡手感	光泽均匀一致，光滑	观察、手摸检查
3	刷纹	刷纹通顺	无刷纹	观察
4	裹棱、流坠、皱皮	明显处不允许	不允许	观察

　　注　无光色漆不检查光泽。

（2）清漆的涂饰质量和检验方法应符合表 8-21 的规定。

（3）涂层与其他装修材料和设备衔接处应吻合，界面应清晰。

检验方法：观察。

表 8 - 21 清漆的涂饰质量和检验方法

项次	项目	普通涂饰	高级涂饰	检验方法
1	颜色	基本一致	均匀一致	观察
2	木纹	棕眼刮平、木纹清楚	棕眼刮平、木纹清楚	观察
3	光泽、光滑	光泽基本均匀，光滑无挡手感	光泽均匀一致，光滑	观察、手摸检查
4	刷纹	无刷纹	无刷纹	观察
5	裹棱、流坠、皱皮	明显处不允许	不允许	观察

（4）墙面溶剂型涂料涂饰工程的允许偏差和检验方法应符合表 8 - 22 的规定。

表 8 - 22 墙面溶剂型涂料涂饰工程的允许偏差和检验方法

项次	项目	允许偏差（mm）				检验方法
		色漆		清漆		
		普通涂饰	高级涂饰	普通涂饰	高级涂饰	
1	立面垂直度	4	3	3	2	用 2m 垂直检测尺检查
2	表面平整度	4	3	3	2	用 2m 靠尺和塞尺检查
3	阴阳角方正	4	3	3	2	用 200mm 直角检测尺检查
4	装饰线、分色线直线度	2	1	2	1	拉 5m 线，不足 5m 拉通线，用钢直尺检查
5	墙裙、勒脚上口直线度	2	1	2	1	拉 5m 线，不足 5m 拉通线，用钢直尺检查

任务九 建筑地面工程质量控制与验收

建筑地面工程子分部工程、分项工程的划分，应按表 8 - 23 中的规定执行。

表 8 - 23 建筑地面工程子分部工程、分项工程的划分

子分部工程		分项工程
地面	整体面层	基层：基土、灰土垫层、砂垫层和砂石垫层、碎石垫层和碎砖垫层、三合土及四合土垫层、炉渣垫层、水泥混凝土垫层、找平层、隔离层、填充层、绝热层
		面层：水泥混凝土面层、水泥砂浆面层、水磨石面层、硬化耐磨面层、防油渗面层、不发火（防爆）面层、自流平面层、涂料面层、塑胶面层、地面辐射供暖的整体面层
	板块面层	基层：基土、灰土垫层、砂垫层和砂石垫层、碎石垫层和碎砖垫层、三合土及四合土垫层、炉渣垫层、水泥混凝土垫层、找平层、隔离层、填充层、绝热层
		面层：砖面层（陶瓷锦砖、缸砖、陶瓷地砖和水泥花砖面层）、大理石面层和花岗石面层、预制板块面层（水泥混凝土板块、水磨石板块、人造石板块面层）、料石面层（条石、块石面层）、塑料板面层、活动地板面层、金属板面层、地毯面层、地面辐射供暖的板块面层
	木竹面层	基层：基土、灰土垫层、砂垫层和砂石垫层、碎石垫层和碎砖垫层、三合土及四合土垫层、炉渣垫层、水泥混凝土垫层、找平层、隔离层、填充层、绝热层
		面层：实木地板、实木集成地板、竹地板面层（条材、块材面层）、实木复合地板面层（条材、块材面层）、浸渍纸层压木质地板面层（条材、块材面层）、软木类地板面层（条材、块材面层）、地面辐射供暖的木板面层

一、基层铺设工程质量控制与验收

基层铺设工程包括基土、垫层、找平层、隔离层、绝热层和填充层等基层分项工程。以下主要介绍基土、水泥混凝土垫层、找平层、隔离层工程质量控制与验收。

（一）基层铺设工程质量控制

1. 一般规定

（1）基层铺设的材料质量、密实度和强度等级（或配合比）等应符合设计要求和《建筑装饰装修工程质量验收标准》（GB 50210—2018）的规定。

（2）基层铺设前，其下一层表面应干净、无积水。

（3）垫层分段施工时，接槎处应做成阶梯形，每层接槎处的水平距离应错开 0.5～1.0m。接槎处不应设在地面荷载较大的部位。

（4）当垫层、找平层、填充层内埋设暗管时，管道应按设计要求予以稳固。

（5）对有防静电要求的整体地面的基层，应清除残留物，将露出基层的金属物涂绝缘漆两遍晾干。

（6）基层的标高、坡度、厚度等应符合设计要求。基层表面应平整，其允许偏差和检验方法应符合表 8-24 的规定。

表 8-24　　　　　　　　　　　　　基层表面允许偏差和检验方法

项目	允许偏差（mm）								检验方法
	基土	垫层		找平层				隔离层	
	土	砂子砂石碎石碎砖	灰土、三合土、四合土、炉渣、水泥混凝土、陶粒混凝土	拼花实木地板、拼花实木复合地板、软木类地板面层	用胶结料做接合层铺设板块面层	用水泥砂浆做接合层铺设板块面层	用胶黏剂做接合层铺设拼花木板、浸渍纸层压木质地板、实木复合地板、竹地板、软木地板面层		防水、防潮、防油渗	
平整度	15	15	10	3	3	5	2		3	用 2m 靠尺和楔形塞尺检查
标高	0，−50	±20	±10	±5	±5	±8	±4		±4	用水准仪进行检查
坡度	不大于房间相应尺寸的 2/1000，且不大于 30									用坡度尺进行检查
厚度	在个别地方不大于设计厚度的 1/10，且不大于 20									用钢尺进行检查

2. 基土

（1）在填土前，其下一层土表面应干净、无积水。填土用的土料，可采用砂土或黏性土，土中不得含有草皮、树根等杂质，土的粒径不应大于 50mm。

（2）地面应铺设在均匀密实的基土上。土层结构被扰动的基土应进行换填，并予以压实。压实系数应符合设计要求。

（3）对于软弱土层必须按照设计要求进行处理，处理完毕后经验收合格才能进行下道工序的施工。

（4）土料回填前应清除基底的垃圾、树根等杂物，抽除坑穴中的积水和淤泥，测量基底的标高。如在耕植土或松土上填土料，应在基底土压实后再进行。

（5）填土应分层摊铺、分层压（夯）实、分层检验其密实度。填土质量应符合《建筑地基基础工程施工质量验收标准》（GB 50202—2018）的有关规定。

（6）填土时应为最优含水量。重要工程或大面积的地面填土前，应取土样，按击实试验确定最优含水量与相应的最大干密度。

（7）当墙柱基础处填土时，应采用重叠夯实的方法。在填土与墙柱相连接处，也可采取设置缝隙进行技术处理。

3. 水泥混凝土垫层

（1）水泥混凝土垫层和陶粒混凝土垫层应铺设在基土上。当气温长期处于0℃以下，设计无要求时，垫层应设置缩缝，缝的位置、嵌缝做法等应与面层伸、缩缝相一致，并应符合《建筑装饰装修工程质量验收标准》（GB 50210—2018）第3.0.16条的规定。

（2）水泥混凝土垫层的厚度不应小于60mm。

（3）垫层铺设前，当为水泥类基层时，其下一层表面应湿润。

（4）室内地面的水泥混凝土垫层和陶粒混凝土垫层，应设置纵向缩缝和横向缩缝；纵向缩缝、横向缩缝的间距均不得大于6m。

（5）垫层的纵向缩缝应做平头缝或加肋板平头缝。当垫层厚度大于150mm时，可做企口缝。横向缩缝应做假缝。平头缝和企口缝的缝间不得放置隔离材料，浇筑时应互相紧贴。企口缝尺寸应符合设计要求，假缝宽度宜为5～20mm，深度宜为垫层厚度的1/3，填缝材料应与地面变形缝的填缝材料相一致。

（6）工业厂房、礼堂、门厅等大面积水泥混凝土、陶粒混凝土垫层应分区段浇筑。分区段应结合变形缝位置、不同类型的建筑地面连接处和设备基础的位置进行划分，并应与设置的纵向、横向缩缝的间距相一致。

（7）水泥混凝土施工质量检验尚应符合《混凝土结构工程施工质量验收规范》（GB 50204—2015）的有关规定。

4. 找平层

（1）找平层宜采用水泥砂浆或水泥混凝土铺设。当找平层厚度小于30mm时，宜用水泥砂浆做找平层；当找平层厚度不小于30mm时，宜用细石混凝土做找平层。

（2）找平层铺设前，当其下一层有松散填充料时，应予铺平振实。

（3）有防水要求的建筑地面工程，铺设前必须对立管、套管和地漏与楼板节点之间进行密封处理，并应进行隐蔽验收；排水坡度应符合设计要求。

（4）在预制钢筋混凝土板上铺设找平层前，板缝填嵌的施工应符合下列要求：

1）预制钢筋混凝土板相邻缝底宽不应小于20mm。

2）填嵌时，板缝内应清理干净，保持湿润。

3）填缝应采用细石混凝土，其强度等级不应小于C20。填缝高度应低于板面10～20mm，且振捣密实；填缝后应养护。当填缝混凝土的强度等级达到C15后方可继续施工。

4）当板缝底宽大于40mm时，应按设计要求配置钢筋。

（5）在预制钢筋混凝土板上铺设找平层时，其板端应按设计要求做防裂的构造措施。

5. 隔离层

(1) 隔离层材料的防水、防油渗性能应符合设计要求。

(2) 隔离层的铺设层数（或道数）、上翻高度应符合设计要求。有种植要求的地面隔离层的防根穿刺等应符合《种植屋面工程技术规程》（JGJ 155—2013）的有关规定。

(3) 在水泥类找平层上铺设卷材类、涂料类防水、防油渗隔离层时，其表面应坚固、洁净、干燥。铺设前，应涂刷基层处理剂。基层处理剂应采用与卷材性能相容的配套材料或采用与涂料性能相容的同类涂料的底子油。

(4) 当采用掺有防渗外加剂的水泥类隔离层时，其配合比、强度等级、外加剂的复合掺量等应符合设计要求。

(5) 铺设隔离层时，在管道穿过楼板面四周，防水、防油渗材料应向上铺涂，并超过套管的上口；在靠近柱、墙处，应高出面层 200～300mm 或按设计要求的高度铺涂。阴阳角和管道穿过楼板面的根部应增加铺涂附加防水、防油渗隔离层。

(6) 隔离层兼作面层时，其材料不得对人体及环境产生不利影响，并应符合《食品安全国家标准　食品安全性毒理学评价程序》（GB 15193.1—2014）和《生活饮用水卫生标准》（GB 5749—2006）的有关规定。

(7) 防水隔离层铺设后，应按《建筑装饰装修工程质量验收标准》（GB 50210—2018）第 3.0.24 条的规定进行蓄水检验，并做记录。

(8) 隔离层施工质量检验还应符合《屋面工程施工质量验收规范》（GB 50207—2012）的有关规定。

(二) 基层铺设工程质量验收

1. 基土

(1) 主控项目。

1) 基土不应用淤泥、腐殖土、冻土、耕植土、膨胀土和建筑杂物作为填土，填土土块的粒径不应大于 50mm。

检验方法：观察检查和检查土质记录。

检查数量：应按《建筑地面工程施工质量验收规范》（GB 50209—2010）中第 3.0.21 条规定的检验批检查。

2) Ⅰ类建筑基土的氡浓度应符合《民用建筑工程室内环境污染控制规范》 （GB 50325—2010）的规定。

检验方法：检查检测报告。

检查数量：同一工程、同一土源地点检查一组。

3) 基土应均匀密实，压实系数符合设计要求，设计无要求时不应小于 0.90。

检验方法：观察检查和检查试验记录。

检查数量：应按《建筑地面工程施工质量验收规范》（GB 50209—2010）中第 3.0.21 条的规定检查。

(2) 一般项目。基土表面的允许偏差应符合表 8-21 中的规定。

检验方法：按表 8-21 中规定的方法检验。

检查数量：应按《建筑地面工程施工质量验收规范》（GB 50209—2010）中第 3.0.21 条规定的检验批和第 3.0.22 条的规定进行检查。

2. 水泥混凝土垫层

(1) 主控项目。

1) 水泥混凝土垫层和陶粒混凝土垫层采用的粗骨料，其最大粒径不应大于垫层厚度的 2/3，含泥量不应大于 3%；砂为中粗砂，其含泥量不应大于 3%。陶粒中粒径小于 5mm 的颗粒含量不应小于 10%；粉煤灰陶粒中大于 15mm 的颗粒含量不应小于 5%；陶粒中不得混夹杂物或黏土块。陶粒宜选用粉煤灰陶粒、页岩陶粒等。

检验方法：观察检查和检查质量合格证明文件。

检查数量：同一工程、同一强度等级、同一个配合比可检查一次。

2) 水泥混凝土和陶粒混凝土的强度等级应符合设计要求。陶粒混凝土的密度应在 800～1400kg/m³ 之间。

检验方法：检查配合比试验报告和强度等级检测报告。

检查数量：同一工程、同一强度等级、同一个配合比可检查一次。强度等级检测报告应按《建筑地面工程施工质量验收规范》（GB 50209—2010）中第 3.0.19 条的规定检验。

(2) 一般项目。水泥混凝土和陶粒混凝土垫层的表面允许偏差符合表 8-24 中的规定。

检验方法：按表 8-24 中规定的方法检验。

检查数量：应按《建筑地面工程施工质量验收规范》（GB 50209—2010）中第 3.0.21 条规定的检验批和第 3.0.22 条的规定进行检查。

3. 找平层

(1) 主控项目。

1) 找平层采用碎石或卵石的粒径不应大于其厚度的 2/3，含泥量不应大于 2%；砂为中粗砂，其含泥量不应大于 3%。

检验方法：观察检查和检查质量合格证明文件。

检查数量：同一工程、同一强度等级、同一配合比检查一次。

2) 水泥砂浆体积比、水泥混凝土强度等级应符合设计要求，且水泥砂浆体积比不应小于 1∶3（或相应强度等级）；水泥混凝土强度等级不应小于 C15。

检验方法：观察检查和检查配合比试验报告、强度等级检测报告。

检查数量：配合比试验报告按同一工程、同一强度等级、同一配合比检查一次。

3) 有防水要求的建筑地面工程的立管、套管、地漏处不应渗漏，坡向应正确、无积水。

检验方法：观察检查和蓄水、泼水检验及用坡度尺检查。

检查数量：按《建筑装饰装修工程质量验收标准》（GB 50210—2018）第 3.0.21 条规定的检验批检查。

4) 在有防静电要求的整体面层的找平层施工前，其下敷设的导电地网系统应与接地引下线和地下接电体有可靠连接，经电性能检测且符合相关要求后进行隐蔽工程验收。

检验方法：观察检查和检查质量合格证明文件。

检查数量：按《建筑装饰装修工程质量验收标准》（GB 50210—2018）第 3.0.21 条规定的检验批检查。

(2) 一般项目。

1) 找平层与其下一层接合应牢固，不应有空鼓。

检验方法：用小锤轻击检查。

检查数量：按《建筑装饰装修工程质量验收标准》（GB 50210—2018）第 3.0.21 条规定的检验批检查。

2）找平层表面应密实，不应有起砂、蜂窝和裂缝等缺陷。

检验方法：观察检查。

检查数量：按《建筑装饰装修工程质量验收标准》（GB 50210—2018）第 3.0.21 条规定的检验批检查。

3）找平层的表面允许偏差应符合表 8-24 的规定。

检验方法：按表 8-24 中的检验方法检验。

检查数量：按《建筑装饰装修工程质量验收标准》（GB 50210—2018）第 3.0.21 条规定的检验批和第 3.0.22 条的规定检查。

4. 隔离层

（1）主控项目。

1）隔离层材料应符合设计要求和国家现行有关标准的规定。

检验方法：观察检查和检查型式检验报告、出厂检验报告、出厂合格证。

检查数量：同一工程、同一材料、同一生产厂家、同一型号、同一规格、同一批号检查一次。

2）卷材类、涂料类隔离层材料进入施工现场，应对材料的主要物理性能指标进行复验。

检验方法：检查复验报告。

检查数量：执行《屋面工程质量验收规范》（GB 50207—2012）的有关规定。

3）厕浴间和有防水要求的建筑地面必须设置防水隔离层。楼层结构必须采用现浇混凝土或整块预制混凝土板。混凝土强度等级不应小于 C20；房间的楼板四周除门洞外应做混凝土翻边，高度不应小于 200mm，宽同墙厚，混凝土强度等级不应小于 C20。施工时结构层标高和预留位置应准确，严禁乱凿洞。

检验方法：观察检查和用钢尺检查。

检查数量：按《建筑装饰装修工程质量验收标准》（GB 50210—2018）第 3.0.21 条规定的检验批检查。

4）水泥类防水隔离层的防水等级和强度等级应符合设计要求。

检验方法：观察检查和检查防水等级检测报告、强度等级检测报告。

检查数量：防水等级检测报告、强度等级检测报告均按《建筑装饰装修工程质量验收标准》（GB 50210—2018）的规定检查。

5）防水隔离层严禁渗漏，排水的坡向应正确、排水通畅。

检验方法：观察检查和蓄水、泼水检验，用坡度尺检查及检查验收记录。

检查数量：按《建筑装饰装修工程质量验收标准》（GB 50210—2018）第 3.0.21 条规定的检验批检查。

（2）一般项目。

1）隔离层厚度应符合设计要求。

检验方法：观察检查和用钢尺、卡尺检查。

检查数量：按《建筑装饰装修工程质量验收标准》（GB 50210—2018）第 3.0.21 条规定的检验批检查。

2）隔离层与其下一层应黏结牢固，不应有空鼓；防水涂层应平整、均匀，无脱皮、起壳、裂缝、鼓泡等缺陷。

检验方法：用小锤轻击检查和观察检查。

检查数量：按《建筑装饰装修工程质量验收标准》（GB 50210—2018）第 3.0.21 条规定的检验批检查。

3）隔离层表面的允许偏差应符合《建筑装饰装修工程质量验收标准》（GB 50210—2018）的规定。

检验方法：按表 8-21 中规定的方法检验。

检查数量：应按《建筑地面工程施工质量验收规范》（GB 50209—2010）中第 3.0.21 条规定的检验批和第 3.0.22 条的规定进行检查。

二、整体面层铺设工程质量控制与验收

整体面层包括水泥混凝土面层、水泥砂浆面层、水磨石面层、水泥钢铁面层、防油渗面层和不发火（防爆）面层等。以下主要介绍水泥砂浆面层铺设工程质量控制与验收。

（一）水泥砂浆面层铺设工程质量控制

（1）铺设整体面层时，水泥类基层的抗压强度不得小于 1.2MPa；表面应粗糙、洁净、湿润并不得有积水。铺设前宜凿毛或涂刷界面剂。

（2）铺设整体面层时，地面变形缝的位置应符合《建筑装饰装修工程质量验收标准》（GB 50210—2018）的规定；大面积水泥类面层应设置分格缝。

（3）水泥砂浆面层的厚度应符合设计要求，且不应小于 20mm。

（4）水泥砂浆的强度等级或体积比必须符合设计要求；在一般情况下体积比应为 1:2（水泥:砂），砂浆的稠度不应大于 35mm，强度等级不应小于 M15。

（5）地面和楼面的标高与找平控制线，应统一弹到房间的墙面上，高度一般比设计地面高 500mm。有地漏等带有坡度的面层，表面坡度应符合设计要求，且不得出现倒泛水和积水现象。

（6）水泥砂浆面层的抹平工作应在砂浆初凝前完成，压光工作应在砂浆终凝前完成。

（7）整体面层施工后，养护时间不应少于 7 天；抗压强度应达到 5MPa 后方准上人行走；抗压强度应达到设计要求后，方可正常使用。

（8）当采用掺有水泥拌和料做踢脚线时，不得用石灰混合砂浆打底。

（9）整体面层的允许偏差和检验方法应符合表 8-25 的规定。

表 8-25　　　　　　　　整体面层的允许偏差和检验方法

项次	项目	允许偏差（mm）						检验方法
		水泥混凝土面层	水泥砂浆面层	普通水磨石面层	高级水磨石面层	涂料面层	塑胶面层	
1	平面平整度	5	4	3	2	2	2	用 2m 靠尺和楔形塞尺检查
2	踢脚线上口平直	4	4	3	3	3	3	拉 5m 线和用钢尺检查
3	缝格平直	3	3	3	2	2	2	

（二）水泥砂浆面层铺设工程质量验收

1. 主控项目

（1）水泥宜采用硅酸盐水泥、普通硅酸盐水泥，不同品种、不同强度等级的水泥不应混用；砂应为中粗砂，当采用石屑时，其粒径应为 1～5mm，且含泥量不应大于 3％；防水水泥砂浆采用的砂或石屑，其含泥量不应大于 1％。

检验方法：观察检查和检查质量合格证明文件。

检查数量：同一工程、同一强度等级、同一配合比检查一次。

（2）防水水泥砂浆中掺入的外加剂的技术性能应符合国家现行有关标准的规定，外加剂的品种和掺量应经试验确定。

检验方法：观察检查和检查质量合格证明文件、配合比试验报告。

检查数量：同一工程、同一强度等级、同一配合比、同一外加剂品种、同一掺量检查一次。

（3）水泥砂浆的体积比（强度等级）应符合设计要求，且体积比应为 1∶2，强度等级不应小于 M15。

检验方法：检查强度等级检测报告。

检查数量：按《建筑装饰装修工程质量验收标准》（GB 50210—2018）第 3.0.19 条的规定检查。

（4）有排水要求的水泥砂浆地面，坡向应正确、排水通畅；防水水泥砂浆面层不应渗漏。

检验方法：观察检查和蓄水、泼水检验或用坡度尺检查及检查检验记录。

检查数量：按《建筑装饰装修工程质量验收标准》（GB 50210—2018）第 3.0.21 条规定的检验批检查。

（5）面层与下一层应接合牢固，且应无空鼓和开裂。当出现空鼓时，空鼓面积不应大于 400cm²，且每自然间或标准间不应多于 2 处。

检验方法：观察和用小锤轻击检查。

检查数量：按《建筑装饰装修工程质量验收标准》（GB 50210—2018）第 3.0.21 条规定的检验批检查。

2. 一般项目

（1）面层表面的坡度应符合设计要求，不应有倒泛水和积水现象。

检验方法：观察和采用泼水或坡度尺检查。

检查数量：按《建筑装饰装修工程质量验收标准》（GB 50210—2018）第 3.0.21 条规定的检验批检查。

（2）面层表面应洁净，不应有裂纹、脱皮、麻面、起砂等现象。

检验方法：观察检查。

检查数量：按《建筑装饰装修工程质量验收标准》（GB 50210—2018）第 3.0.21 条规定的检验批检查。

（3）踢脚线与柱、墙面应紧密接合，踢脚线高度及出柱、墙厚度应符合设计要求且均匀一致。当出现空鼓时，局部空鼓长度不应大于 300mm，且每自然间或标准间不应多于 2 处。

检验方法：用小锤轻击、钢尺和观察检查。

检查数量：按《建筑装饰装修工程质量验收标准》（GB 50210—2018）第 3.0.21 条规定的检验批检查。

（4）楼梯、台阶踏步的宽度、高度应符合设计要求。楼层梯段相邻踏步高度差不应大于10mm；每踏步两端宽度差不应大于10mm，旋转楼梯梯段的每踏步两端宽度的允许偏差不应大于5mm。踏步面层应做防滑处理，齿角应整齐，防滑条应顺直、牢固。

检验方法：观察检查和用钢尺检查。

检查数量：按《建筑装饰装修工程质量验收标准》（GB 50210—2018）第3.0.21条规定的检验批检查。

（5）水泥砂浆面层的允许偏差应符合《建筑装饰装修工程质量验收标准》（GB 50210—2018）表5.1.7的规定。

检验方法：按《建筑装饰装修工程质量验收标准》（GB 50210—2018）表5.1.7中的检验方法检验。

检查数量：按《建筑装饰装修工程质量验收标准》（GB 50210—2018）第3.0.21条规定的检验批和第3.0.22条的规定检查。

三、板块面层铺设工程质量控制与验收

地面板块面层的种类很多，常见的有砖面层、大理石和花岗石面层、预制板块面层、料石面层、塑料板面层、活动地板面层、金属板面层、地毯面层、地面辐射供暖的板块面层等。以下主要介绍大理石面层和花岗石面层工程质量控制与验收。

（一）大理石和花岗石面层工程质量控制

（1）大理石、花岗石面层采用天然大理石、花岗石（或碎拼大理石、碎拼花岗石）板材，应在接合层上铺设。

（2）板材有裂缝、掉角、翘曲和表面有缺陷时应予剔除，品种不同的板材不得混杂使用；在铺设前，应根据石材的颜色、花纹、图案、纹理等按设计要求，试拼编号。

（3）铺设大理石、花岗石面层前，板材应浸湿、晾干；接合层与板材应分段同时铺设。

（4）铺设板块面层时，其水泥类基层的抗压强度不得小于1.2MPa。

（5）铺设板块面层的接合层和板块间的填缝采用水泥砂浆时，应符合下列规定：

1）配制水泥砂浆应采用硅酸盐水泥、普通硅酸盐水泥或矿渣硅酸盐水泥；

2）配制水泥砂浆的砂应符合《普通混凝土用砂、石质量及检验方法标准》（JGJ 52）的有关规定；

3）水泥砂浆的体积比（或强度等级）应符合设计要求。

（6）接合层和板块面层填缝的胶接材料应符合国家现行有关标准的规定和设计要求。

（7）大面积板块面层的伸、缩缝及分格缝应符合设计要求。

（8）在板块试铺前，放在铺设位置上的板块对好纵横缝后，用皮锤或木槌轻轻敲击板块中间，使砂浆振密实，锤到铺贴高度。板块试铺合格后，搬起板块检查砂浆接合层是否平整、密实。增补砂浆，浇一层水灰比为0.5左右的素水泥浆后，再铺放原板块，使其四角同时落下，用皮锤轻敲，并用水平尺找平。

（9）铺设大理石、花岗石等面层的接合层和填缝材料采用水泥砂浆时，在面层铺设后，表面应覆盖、湿润，养护时间不应少于7天。当板块面层的水泥砂浆接合层的抗压强度达到设计要求后，方可正常使用。

（10）板块类踢脚线施工时，不得采用混合砂浆打底。

（11）板块面层的允许偏差和检验方法应符合表8-26的规定。

表 8 - 26　　　　　　　　　　　　　　　板块面层的允许偏差和检验方法

项次	项目	允许偏差（mm）					检验方法
		陶瓷锦砖面层、陶瓷地砖面层	缸砖面层	水磨石板块面层	大理石面层、花岗石面层、人造石面层、金属板面层	塑料板面层	
1	表面平整度	2.0	4.0	3.0	1.0	2.0	用 2m 靠尺和楔形塞尺检查
2	缝格平直	3.0	3.0	3.0	2.0	3.0	拉 5m 线和用钢尺检查
3	接缝高低差	0.5	1.5	1.0	0.5	0.5	用钢尺和楔形塞尺检查
4	踢脚线上口平直	3.0	4.0	4.0	1.0	2.0	拉 5m 线和用钢尺检查
5	板块间隙宽度	2.0	2.0	2.0	1.0	—	用钢尺检查

（二）大理石和花岗石面层工程质量验收

1. 主控项目

（1）大理石、花岗石面层所用板块产品应符合设计要求和国家现行有关标准的规定。

检验方法：观察检查和检查质量合格证明文件。

检查数量：同一工程、同一材料、同一生产厂家、同一型号、同一规格、同一批号检查一次。

（2）大理石、花岗石面层所用板块产品进入施工现场时，应有放射性限量合格的检测报告。

检验方法：检查检测报告。

检查数量：同一工程、同一材料、同一生产厂家、同一型号、同一规格、同一批号检查一次。

（3）面层与下一层应接合牢固，无空鼓（单块板块边角允许有局部空鼓，但每自然间或标准间的空鼓板块不应超过总数的 5%）。

检验方法：用小锤轻击检查。

检查数量：按《建筑装饰装修工程质量验收标准》（GB 50210—2018）第 3.0.21 条规定的检验批检查。

2. 一般项目

（1）大理石、花岗石面层铺设前，板块的背面和侧面应进行防碱处理。

检验方法：观察检查和检查施工记录。

检查数量：按《建筑装饰装修工程质量验收标准》（GB 50210—2018）第 3.0.21 条规定的检验批检查。

（2）大理石、花岗石面层的表面应洁净、平整、无磨痕，且应图案清晰，色泽一致，接缝均匀，周边顺直，镶嵌正确，板块应无裂纹、掉角、缺棱等缺陷。

检验方法：观察检查。

检查数量：按《建筑装饰装修工程质量验收标准》（GB 50210—2018）第 3.0.21 条规定的检验批检查。

（3）踢脚线表面应洁净，与柱、墙面的接合应牢固。踢脚线高度及出柱、墙厚度应符合设计要求，且均匀一致。

检验方法：观察检查和用小锤轻击及钢尺检查。

检查数量：按《建筑装饰装修工程质量验收标准》（GB 50210—2018）第 3.0.21 条规定的检验批检查。

（4）楼梯、台阶踏步的宽度、高度应符合设计要求。踏步板块的缝隙宽度应一致；楼层梯段相邻踏步高度差不应大于 10mm；每踏步两端宽度差不应大于 10mm，旋转楼梯梯段的每踏步两端宽度的允许偏差不应大于 5mm。踏步面层应做防滑处理，齿角应整齐，防滑条应顺直、牢固。

检验方法：观察检查和用钢尺检查。

检查数量：按《建筑装饰装修工程质量验收标准》（GB 50210—2018）第 3.0.21 条规定的检验批检查。

（5）面层表面的坡度应符合设计要求，不倒泛水、无积水；与地漏、管道接合处应严密牢固，无渗漏。

检验方法：观察检查或用坡度尺及蓄水、泼水检查。

检查数量：按《建筑装饰装修工程质量验收标准》（GB 50210—2018）第 3.0.21 条规定的检验批检查。

（6）大理石面层和花岗石面层（或碎拼大理石面层、碎拼花岗石面层）的允许偏差应符合《建筑装饰装修工程质量验收标准》（GB 50210—2018）表 6.1.8 的规定。

检验方法：按《建筑装饰装修工程质量验收标准》（GB 50210—2018）表 6.1.8 中的检验方法检验。

检查数量：按《建筑装饰装修工程质量验收标准》（GB 50210—2018）第 3.0.21 条规定的检验批和第 3.0.22 条的规定检查。

四、木竹面层铺设工程质量控制与验收

木竹面层铺设是最常见的地面形式，根据所用材料不同，主要有实木地板面层、实木复合地板面层、中密度（强化）复合地板面层和竹地板面层等。以下主要介绍实木地板面层工程质量控制与验收。

（一）实木地板面层工程质量控制

（1）木、竹地板面层下的木搁栅、垫木、垫层地板等采用木材的树种、选材标准和铺设时木材含水率及防腐、防蛀处理等，均应符合《木结构工程施工质量验收规范》（GB 50206）的有关规定。所选用的材料应符合设计要求，进场时应对其断面尺寸、含水率等主要技术指标进行抽检，抽检数量应符合国家现行有关标准的规定。

（2）用于固定和加固用的金属零部件应采用不锈蚀或经过防锈处理的金属件。

（3）与厕浴间、厨房等潮湿场所相邻的木、竹面层的连接处应做防水（防潮）处理。

（4）木、竹面层铺设在水泥类基层上，其基层表面应坚硬、平整、洁净、不起砂，表面含水率不应大于 8%。

（5）建筑地面工程的木、竹面层搁栅下架空结构层（或构造层）的质量检验，应符合国家相应现行标准的规定。

（6）木、竹面层的通风构造层包括室内通风沟、地面通风孔、室外通风窗等，均应符合设计要求。

（7）木、竹面层的允许偏差和检验方法应符合表 8 - 27 的规定。

（8）实木地板、实木集成地板、竹地板面层应采用条材或块材或拼花，以空铺或实铺方式在基层上铺设。

表 8 - 27　　　　　　　　　　　　木、竹面层的允许偏差和检验方法

项次	项目	允许偏差（mm）			检验方法
		实木地板、实木集成地板、竹地板面层			
		松木地板	硬木地板、竹地板	拼花地板	
1	板面缝隙宽度	1.0	0.5	0.2	用钢尺检查
2	表面平整度	3.0	2.0	2.0	用 2m 靠尺和楔形塞尺检查
3	踢脚线上口平齐	3.0	3.0	3.0	拉 5m 通线和用钢尺检查
4	板面拼缝平齐	3.0	3.0	3.0	
5	相邻板面高差	0.5	0.5	0.5	用钢尺和楔形塞尺检查
6	踢脚线与面层的接缝	1.0			用楔形塞尺检查

（9）实木地板、实木集成地板、竹地板面层可采用双层面层和单层面层铺设，其厚度应符合设计要求；其选材应符合国家现行有关标准的规定。

（10）铺设实木地板、实木集成地板、竹地板面层时，其木搁栅的截面尺寸、间距和稳固方法等均应符合设计要求。木搁栅固定时，不得损坏基层和预埋管线。木搁栅应垫实钉牢，与柱、墙之间留出 20mm 的缝隙，表面应平直，其间距不宜大于 300mm。

（11）当面层下铺设垫层地板时，垫层地板的髓心应向上，板间缝隙不应大于 3mm，与柱、墙之间应留 8～12mm 的空隙，表面应刨平。

（12）铺设实木地板、实木集成地板、竹地板面层时，相邻板材接头位置应错开不小于 300mm 的距离，与柱、墙之间应留 8～12mm 的空隙。

（13）采用实木制作的踢脚线，背面应抽槽并做防腐处理。

（14）席纹实木地板面层、拼花实木地板面层的铺设应符合《建筑装饰装修工程质量验收标准》（GB 50210—2018）的有关要求。

（二）实木地板面层工程质量验收

1. 主控项目

（1）实木地板、实木集成地板、竹地板面层采用的地板、铺设时的木（竹）材含水率、胶黏剂等应符合设计要求和国家现行有关标准的规定。

检验方法：观察检查和检查型式检验报告、出厂检验报告、出厂合格证。

检查数量：同一工程、同一材料、同一生产厂家、同一型号、同一规格、同一批号检查一次。

（2）实木地板、买木集成地板、竹地板面层采用的材料进入施工现场时，应有以下有害物质限量合格的检测报告：

1）地板中的游离甲醛（释放量或含量）；

2）溶剂型胶黏剂中的挥发性有机化合物（VOC）、苯、甲苯＋二甲苯；

3）水性胶黏剂中的挥发性有机化合物（VOC）和游离甲醛。

检验方法：检查检测报告。

检查数量：同一工程、同一材料、同一生产厂家、同一型号、同一规格、同一批号检查一次。

（3）木搁栅、垫木和垫层地板等应做防腐、防蛀处理。

检验方法：观察检查和检查验收记录。

检查数量：按《建筑装饰装修工程质量验收标准》（GB 50210—2018）第 3.0.21 条规定的检验批检查。

（4）木搁栅安装应牢固、平直。

检验方法：观察、行走检查，用钢尺测量等检查和检查验收记录。

检查数量：按《建筑装饰装修工程质量验收标准》（GB 50210—2018）第 3.0.21 条规定的检验批检查。

（5）面层铺设应牢固；黏结应无空鼓、松动。

检验方法：观察、行走检查或用小锤轻击检查。

检查数量：按《建筑装饰装修工程质量验收标准》（GB 50210—2018）第 3.0.21 条规定的检验批检查。

2. 一般项目

（1）实木地板、实木集成地板面层应刨平、磨光，无明显刨痕和毛刺等现象；图案应清晰、颜色应均匀一致。

检验方法：观察、手摸和行走检查。

检查数量：按《建筑装饰装修工程质量验收标准》（GB 50210—2018）第 3.0.21 条规定的检验批检查。

（2）竹地板面层的品种与规格应符合设计要求，板面应无翘曲。

检验方法：观察检查、用 2m 靠尺和楔形塞尺检查。

检查数量：按《建筑装饰装修工程质量验收标准》（GB 50210—2018）第 3.0.21 条规定的检验批检查。

（3）面层缝隙应严密；接头位置应错开，表面应平整、洁净。

检验方法：观察检查。

检查数量：按《建筑装饰装修工程质量验收标准》（GB 50210—2018）第 3.0.21 条规定的检验批检查。

（4）面层采用粘、钉工艺时，接缝应对齐，粘、钉应严密；缝隙宽度应均匀一致；表面应洁净，无溢胶现象。

检验方法：观察检查。

检查数量：按《建筑装饰装修工程质量验收标准》（GB 50210—2018）第 3.0.21 条规定的检验批检查。

（5）踢脚线应表面光滑，接缝严密，高度一致。

检验方法：观察检查和用钢尺检查。

检查数量：按《建筑装饰装修工程质量验收标准》（GB 50210—2018）第 3.0.21 条规定的检验批检查。

（6）实木地板、实木集成地板、竹地板面层的允许偏差应符合《建筑装饰装修工程质量验收标准》（GB 50210—2018）表 7.1.8 的规定。

检验方法：按《建筑装饰装修工程质量验收标准》（GB 50210—2018）表 7.1.8 中的检

验方法检验。

检查数量：按《建筑装饰装修工程质量验收标准》（GB 50210—2018）第 3.0.21 条规定的检验批和第 3.0.22 条的规定检查。

五、建筑地面子分部工程质量验收

（一）基本规定

（1）从事建筑地面工程施工的建筑施工企业，应具有质量管理体系和相应的施工工艺技术标准。

（2）建筑地面工程采用的材料或产品，应符合设计要求和国家现行有关标准的规定。无国家现行标准的，应具有省级住房和城乡建设行政主管部门的技术认可文件。材料或产品进场时还应符合下列规定：

1）应有质量合格证明文件；

2）应对型号、规格、外观等进行验收，对重要材料或产品应抽样进行复验。

（3）建筑地面工程采用的大理石、花岗石、料石等天然石材，以及砖、预制板块、地毯、人造板材、胶黏剂、涂料、水泥、砂石、外加剂等材料或产品，应符合国家现行有关室内环境污染和放射性、有害物质限量标准的规定。材料进场时应具有检测报告。

（4）厕所、浴室间和有防滑要求的建筑地面应符合设计防滑的要求。

（5）建筑地面下的沟槽、暗管、保温、隔热、隔声等工程完工后，应经检验合格并做隐藏记录，方可进行建筑地面工程的施工。

（6）建筑地面基层（各构造层）和面层的铺设，均应待其相关专业的分部（子分部）工程、分项工程及设备管道安装工程之间，应进行交接检验。

（7）在进行建筑地面施工时，各层环境温度的控制应符合材料或产品的技术要求，并应符合下列规定：

1）采用掺有水泥、石灰的拌和料铺设及用石油沥青胶接料铺设时，不应低于 5℃；

2）采用有机胶黏剂粘贴时，不应低于 10℃；

3）采用砂、石材料铺设时，不应低于 0℃。

（8）铺设有坡度的地面应采用基土高差达到设计要求的坡度；铺设有坡度的楼面（或架空地面），应采用在结构楼层板上变更填充层（或找平层）铺设的厚度或以结构进行起坡而达到设计要求的坡度。

（9）建筑物室内接触基土的首层地面施工应符合设计要求，并符合下列规定：在冻胀性土上铺设地面时，应按设计要求做好防冻胀土的处理后方可施工，并不得在冻胀土层上进行填土施工；在永冻土上铺设地面时，应按建筑节能要求进行隔热、保温处理后方可施工。

（10）建筑室外散水、明沟、踏步、台阶和坡道等，其面层和基层（各构造层）均应符合设计要求。施工时应按《建筑地面工程施工质量验收规范》（GB 50209—2010）的基层铺设中基土和相应垫层及面层的规定执行。

（11）水泥混凝土散水、明沟应设置伸缩缝，其延长米间距不得大于 10m，对日晒强烈且昼夜温差超过 15℃的地区，其延长米间距为 4～6m。水泥混凝土散水、明沟和台阶等与建筑物连接处，以及房屋转角处应设置缝处理。上述缝的宽度为 15～20mm，缝内应填充柔性密封材料。

（12）建筑地面的变形缝应按设计要求设置，并应符合下列规定：

1）建筑地面的沉降缝、伸缩缝和防震缝，应与结构相应的缝位置一致，且应贯通建筑地面的各构件层；

2）沉降缝和防震缝的宽度应符合设计要求，缝内清理干净后，以柔性密封材料填充后用板封盖，并应与面层齐平。

（13）厕所、浴室、厨房和有排水（或其他液体）要求的建筑地面面层与连接各类面层的标高差应符合设计要求。

（14）检验同一施工批次、同一个配合比水泥混凝土和水泥砂浆强度的试块，应按每一层（或检验批）建筑地面工程面积大于 1000m² 时，每增加 1000m² 应增做 1 组试块；小于 1000m² 时按 1000m² 计算，取样 1 组；检验同一施工批次、同一个配合比水泥混凝土的散水、明沟、踏步、道坡、台阶的水泥混凝土、水泥砂浆的试块，应按每 150 延长米不少于 1 组。

（15）各类面层的铺设应在室内装饰工程基本完工后进行。竹木面层、塑料板面层、活动地板面层、地毯面层的铺设，应待抹灰工程、管道试压等完工后进行。

（16）建筑地面工程施工质量的检验应符合下列规定〔也即《建筑装饰装修工程质量验收标准》（GB 50210—2018）第 3.0.21 条规定〕：

1）基层（各构造层）和各类面层的分项工程的施工质量验收应按每一层次或每层施工段（或变形缝）划分检验批，高层建筑的标准层可按每 3 层（不足 3 层按 3 层计）划分检验批。

2）每检验批应以各子分部工程的基层（各构造层）和各类面层所划分的分项工程按自然间（或标准间）检验，抽查数量应随机检验，并且应不少于 3 间，不足 3 间，应全数检查；其中走廊（过道）应以 10 延长米为 1 间，工业厂房（按单跨计）、礼堂、门厅应以两个轴线为 1 间。

3）有防水要求的建筑地面子分部工程的分项工程施工质量，每检验批抽查数量应按其房间总数随机检验不应少于 4 间，不足 4 间的应全数检查。

（17）建筑地面工程的分项工程施工质量检验的主控项目，应达到《建筑地面工程施工质量验收规范》（GB 50209—2010）中规定的质量标准，认定为合格；一般项目 80% 以上的检查点（处）符合规定的质量要求，其他检查点（处）不得有明显影响使用，且最大偏差不超过允许偏差值的 50% 为合格。凡达不到质量标准时，应按《建筑工程施工质量验收统一标准》（GB 50300—2013）中的规定处理。

（18）建筑地面工程的施工质量验收，应在建筑施工企业自检合格的基础上，由监理单位或建设单位组织有关单位对分项工程、子分部工程进行检验。

（19）检验方法应符合下列规定：

1）检查建筑地面的允许偏差，应采用钢尺、1m 直尺、2m 直尺、3m 直尺、2m 靠尺、楔形塞尺、坡度尺、游标卡尺和水准仪检查；

2）检查建筑地面空鼓应采用敲击的方法；

3）检查防水隔离层应采用蓄水方法，蓄水深度最浅处不得小于 10mm，蓄水时间不得少于 24h，检查有防水要求的建筑地面的面层应采用泼水的方法；

4）检查各类面层（含不需要铺设部分或局部面层）表面的裂纹、脱皮、麻面和起砂等质量缺陷，应采用观感的方法。

（20）建筑地面完工后，应对面层采取措施加以保护。

（二）具体要求

（1）建筑地面工程施工质量中各类面层子分部工程的面层铺设与其相应的基层铺设的分项工程施工质量检验应全部合格。

（2）建筑地面工程子分部工程质量验收应检查下列工程质量文件和记录：

1）建筑地面工程设计图纸和变更文件等；

2）原材料的质量合格证明文件、重要材料或产品的进场抽样复验报告；

3）各层的强度等级、密实度等试验报告和测定记录；

4）各类建筑地面工程施工质量控制文件；

5）各构造层的隐蔽验收及其他有关验收文件。

（3）建筑地面工程子分部工程质量验收应检查下列安全和功能项目：

1）有防水要求的建筑地面子分部工程的分项工程施工质量蓄水检验记录，并抽查复验；

2）建筑地面板块面层铺设子分部工程和木、竹面层铺设子分部工程采用的砖、天然石材、预制板块、地毯、人造板材及胶黏剂、胶结料、涂料等材料证明及环保资料。

（4）建筑地面工程子分部工程观感质量综合评价应检查下列项目：

1）变形缝、面层分格缝的位置和宽度及填缝质量应符合规定；

2）室内建筑地面工程按各子分部工程经抽查分别做出评价；

3）楼梯、踏步等工程项目经抽查分别做出评价。

任务十　建筑装饰装修分部工程质量验收

一、质量验收基本规定

1. 材料

（1）建筑装饰装修工程所用材料的品种、规格和质量应符合设计要求和国家现行标准的规定。当设计无要求时应符合国家现行标准的规定。严禁使用国家明令淘汰的材料。

（2）建筑装饰装修工程所用材料的燃烧性能应符合《建筑内部装修设计防火规范》（GB 50222）、《建筑设计防火规范》（GB 50016）和《高层民用建筑设计防火规范》（GB 50045）的规定。

（3）建筑装饰装修工程所用材料应符合国家有关建筑装饰装修材料有害物质限量标准的规定。

（4）所有材料进场时应对品种、规格、外观和尺寸进行验收。材料包装应完好，应有产品合格证书、中文说明书及相关性能的检测报告；进口产品应按规定进行商品检验。

（5）进场后需要进行复验的材料种类及项目应符合规定。同一厂家生产的同一品种、同一类型的进场材料应至少抽取一组样品进行复验，当合同另有约定时应按合同执行。

（6）当国家规定或合同约定应对材料进行见证检测，或对材料的质量发生争议时，应进行见证检测。

（7）承担建筑装饰装修材料检测的单位应具备相应的资质，并应建立质量管理体系。

（8）建筑装饰装修工程所使用的材料在运输、储存和施工过程中，必须采取有效措施防止损坏、变质和污染环境。

（9）建筑装饰装修工程所使用的材料应按设计要求进行防火、防腐和防虫处理。

2. 施工

（1）承担建筑装饰装修工程施工的单位应具备相应的资质，并应建立质量管理体系。施工单位应编制施工组织设计并应经过审查批准。施工单位应按有关的施工工艺标准或经审定的施工技术方案施工，并应对施工全过程实行质量控制。

（2）承担建筑装饰装修工程施工的人员应有相应岗位的资格证书。

（3）建筑装饰装修工程的施工质量应符合设计要求和《建筑装饰装修工程质量验收标准》（GB 50210—2018）的规定，由于违反设计文件和《建筑装饰装修工程质量验收标准》（GB 50210—2018）的规定施工造成的质量问题应由施工单位负责。

（4）建筑装饰装修工程施工中，严禁违反设计文件擅自改动建筑主体、承重结构或主要使用功能；严禁未经设计确认和有关部门批准擅自拆改水、暖、电、燃气、通信等配套设施。

（5）施工单位应遵守有关环境保护的法律法规，并应采取有效措施控制施工现场的各种粉尘、废气、废弃物噪声、振动等对周围环境造成的污染和危害。

（6）施工单位应遵守有关施工安全、劳动保护、防火和防毒的法律法规，应建立相应的管理制度，并应配备必要的设备、器具和标识。

（7）建筑装饰装修工程应在基体或基层的质量验收合格后施工。对既有建筑进行装饰装修前，应对基层进行处理并达到《建筑装饰装修工程质量验收标准》（GB 50210—2018）的要求。

（8）建筑装饰装修工程施工前应有主要材料的样板或做样板间（件），并应经有关各方确认。

（9）墙面采用保温材料的建筑装饰装修工程，所用保温材料的类型、品种、规格及施工工艺应符合设计要求。

（10）管道、设备等的安装及高度应在建筑装饰装修工程施工前完成，当必须同步进行时，应在饰面层施工前完成。装饰装修工程不得影响管道、设备等使用和维修。涉及燃气管道的建筑装饰装修工程必须符合有关安全管理的规定。

（11）建筑装饰装修工程的电气安装应符合设计要求和国家现行标准的规定。严禁不经穿管直接埋设电线。

（12）室内外装饰装修工程施工的环境条件应满足施工工艺的要求。施工环境温度不应低于5℃。当必须在低于5℃气温下施工时，应采取保证工程质量的有效措施。

（13）建筑装饰装修工程施工过程中应做好半成品、成品的保护，防止污染和损坏。

（14）建筑装饰装修工程验收前应将施工现场清理干净。

二、质量验收具体要求

（1）建筑装饰装修工程质量验收程序和组织应符合《建筑工程施工质量验收统一标准》（GB 50300—2013）的规定。

（2）建筑装饰装修工程的子分部工程及其主要项目工程应按《建筑装饰装修工程质量验收标准》（GB 50210—2018）附录 A 划分。

（3）建筑装饰装修工程施工过程中，应按《建筑装饰装修工程质量验收标准》（GB 50210—2018）规定的要求对隐蔽工程进行验收，并按《建筑装饰装修工程质量验收标准》（GB 50210—2018）附录 B 的格式记录。

（4）检验批的质量验收应按《建筑工程施工质量验收统一标准》（GB 50300—2013）的格式记录。检验批的合格判定应符合下列规定：

1) 抽查样本均应符合《建筑装饰装修工程质量验收标准》（GB 50210—2018）主控项目的规定。

2) 抽查样本的 80％以上应符合《建筑装饰装修工程质量验收标准》（GB 50210—2018）一般项目的规定。其余样本不得有影响使用功能或明显影响装饰效果的缺陷，其中有允许偏差的检验项目，其最大偏差不得超过《建筑装饰装修工程质量验收标准》（GB 50210—2018）规定允许偏差的 1.5 倍。

（5）分项工程的质量验收应按《建筑工程施工质量验收统一标准》（GB 50300—2013）附录 F 的格式记录，各检验批的质量均应达到《建筑装饰装修工程质量验收标准》（GB 50210—2018）的规定。

（6）子分部工程的质量验收应按《建筑工程施工质量验收统一标准》（GB 50300—2013）附录 G 的格式记录。子分部工程中各分项工程的质量均应验收合格，并应符合下列规定：

1) 应具备《建筑装饰装修工程质量验收标准》（GB 50210—2018）各子分部工程规定检查的文件和记录。

2) 应具备表 8 - 28 所规定的有关安全和功能检测项目的合格报告。

3) 观感质量应符合《建筑装饰装修工程质量验收标准》（GB 50210—2018）各项工程中一般项目的要求。

表 8 - 28　　　　　有关安全和功能的检测项目表

项次	子分部工程	检测项目
1	门窗工程	（1）建筑外墙金属窗的抗风性能、空气渗透性能和雨水渗漏性能； （2）建筑外墙塑料窗的抗风压性能、空气渗透性能和雨水渗漏性能
2	饰面板（砖）工程	（1）饰面板后置埋件的现场拉拔强度； （2）饰面砖样板件的黏结强度
3	幕墙工程	（1）硅酮结构胶的相容性试验； （2）幕墙后置埋件的现场拉拔强度； （3）幕墙的抗风压性能、空气渗透性能、雨水渗漏性能及平面变形性能

（7）分部工程的质量验收应按《建筑工程施工质量验收统一标准》（GB 50300—2013）附录 G 的格式记录。分部工程中各子分部工程的质量均应验收合格，并应按《建筑装饰装修工程质量验收标准》（GB 50210—2018）第 13.0.6 条 1 至 3 款的规定进行核查。

当建筑工程只有装饰装修分部工程时，该工程应作为单位工程验收。

（8）有特殊要求的建筑装饰装修工程，竣工验收时应按合同约定加测相关技术指标。

（9）建筑装饰装修工程的室内环境质量应符合《民用建筑工程室内环境污染控制规范》（GB 50325）的规定。

（10）未经竣工验收合格的建筑装饰装修工程不得投入使用。

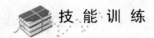

技 能 训 练

一、单选题

1. 普通抹灰的表面平整度允许偏差为 4mm，检查验收时，应采用（　　）检查。

　　A. 2m 垂直检测尺　　　　　　　　　　　　B. 直角检测尺

C. 2m 靠尺和塞尺　　　　　　　　　　　D. 拉 5m 通线

2. 不属于抹灰工程质量检查验收主控项目的是(　　)。

A. 基层表面　　　　　　　　　　　D. 表面质量

C. 操作要求　　　　　　　　　　　D. 层黏结及层质量

3. 一般抹灰工程质量控制中,室内每个检验批不得少于(　　)间。

A. 3　　　　　　　B. 5　　　　　　　C. 7　　　　　　　D. 9

4. "表面光滑、洁净、颜色均匀、无抹纹,分格缝和灰线清晰美观"是(　　)的合格质量标准。

A. 装饰抹灰　　　　B. 一般抹灰　　　　C. 高级抹灰　　　　D. 中级抹灰

5. 一般抹灰前基层表面的尘土、污垢、油渍等应清除干净,并应洒水润湿,其检验方法为(　　)。

A. 观察检查　　　　　　　　　　　B. 手摸检查

C. 检查施工记录　　　　　　　　　D. 检查隐藏工程验收记录

6. 一般抹灰工程中,普通抹灰的表面垂直度允许误差为 4mm,其检验方法为(　　)。

A. 用 2m 垂直检测尺检查　　　　　B. 用 2m 靠尺和塞尺检查

C. 用直尺检查　　　　　　　　　　D. 用钢尺检查

7. 在装饰抹灰中,各抹灰层之间及抹灰层与基体之间必须黏结牢固,抹灰层应无脱层、空鼓和裂缝,其检验方法不正确的是(　　)。

A. 观察检查　　　　　　　　　　　B. 用小锤轻击检查

C. 尺量检查　　　　　　　　　　　D. 检查施工记录

8. 门、窗工程中,木门、窗框的安装必须牢固,预埋木砖的防腐处理、木门窗框固定点的数量、位置及固定方法应符合设计要求,其检验方法错误的是(　　)。

A. 观察检查　　　　　　　　　　　B. 手扳检查

C. 开启和关闭检查　　　　　　　　D. 检查隐蔽工程验收记录

9. 下列选项中,不属于木门、窗安装与制作一般项目的是(　　)。

A. 木门、窗表面应洁净,不得有刨痕、锤印

B. 木门、窗的割角、拼缝应严密平整;门窗框、扇裁口应顺直,刨面应平整

C. 木门、窗与墙体间缝隙的填嵌材料应符合设计要求,填嵌应饱满;寒冷地区外门窗(或门窗框)与砌体间的空隙应填充保温材料

D. 木门、窗扇必须安装牢固,并应开关灵活,关闭严密,无倒翘

10. 木门窗安装质量的检查与验收检验批应至少抽查 5%,并不得少于(　　)樘。

A. 3　　　　　　　B. 4　　　　　　　C. 5　　　　　　　D. 6

11. 同一品种、类型和规格的金属门窗及门窗玻璃一个检验批为(　　)樘。

A. 50　　　　　　B. 100　　　　　　C. 120　　　　　　D. 150

12. 门、窗工程中,金属门、窗配件的型号、规格、数量应符合设计要求,安装应牢固,位置应正确,功能应满足使用要求,其检验方法错误的是(　　)。

A. 观察检查　　　B. 用弹簧秤检查　　　C. 开启和关闭检查　　　D. 手扳检查

13. 铝合金门、窗推拉门窗扇开关力应不大于 100N,其检验方法正确的是(　　)。

A. 用弹簧秤检查

B. 手扳检查

　　　　C. 观察检查　　　　　　　　　　　　　　D. 轻敲门窗框检查

14. 门、窗玻璃表面应洁净，不得有腻子、密封胶、涂料等污渍，其检验方法是（　　　）。

　　　　A. 手扳检查　　　　　　　　　　　　　　B. 轻敲检查

　　　　C. 检查产品合格证明书　　　　　　　　D. 观察检查

15. 下列选项中，不属于暗龙骨吊顶工程主控项目的是（　　　）。

　　　　A. 吊顶标高、尺寸、起拱和造型应符合设计要求

　　　　B. 饰面材料表面应洁净、色泽一致，不得有翘曲、裂缝及缺损，压条应平直、宽
　　　　　　窄一致

　　　　C. 饰面材料的材质、品种、规格、图案和颜色应符合设计要求

　　　　D. 暗龙骨吊顶工程的吊杆、龙骨和饰面材料的安装必须牢固

16. 暗龙骨吊顶内填充吸声材料的品种和铺设厚度应符合设计要求，并应有防散落措
施，其检验方法正确的是（　　　）。

　　　　A. 观察检查　　　　　　　　　　　　　　B. 检查隐藏工程验收记录

　　　　C. 尺量检查　　　　　　　　　　　　　　D. 手扳检查

17. 下列选项中，不属于骨架隔墙工程一般项目的是（　　　）。

　　　　A. 骨架隔墙表面应平整光滑、色泽一致、洁净、无裂缝，接缝应均匀、顺直

　　　　B. 骨架隔墙上的孔洞、槽、盒应位置正确、套割吻合、边缘整齐

　　　　C. 骨架隔墙内的填充材料应干燥，填充应密实、均匀、无下坠

　　　　D. 墙面板所用接缝材料的接缝方法应符合设计要求

18. 骨架隔墙的墙面板应安装牢固，无脱层、翘曲、折裂及缺损，其检验方法正确的
是（　　　）。

　　　　A. 手扳检查　　　　　　　　　　　　　　B. 尺量检查

　　　　C. 检查产品合格证明书　　　　　　　　D. 检查隐藏工程验收记录

19. 饰面工程中，饰面板上的孔洞应套割吻合，边缘应整齐，其检验方法正确的是（　　　）。

　　　　A. 尺量检查　　　　　　　　　　　　　　B. 检查施工记录

　　　　C. 用小锤轻击检查　　　　　　　　　　D. 观察检查

20. 下列选项中，关于饰面砖粘贴工程，说法错误的是（　　　）。

　　　　A. 饰面砖粘贴工程有主控项目和一般项目

　　　　B. 适用于外墙饰面砖粘贴工程

　　　　C. 高度不大于 100m、抗震设防烈度不大于 8 度。

　　　　D. 采用满粘法施工的外墙饰面砖粘贴工程的质量验收

21. 饰面工程中，饰面砖粘贴必须牢固，其检验方法是（　　　）。

　　　　A. 观察检查　　　　　　　　　　　　　　B. 手摸检查

　　　　C. 检查样板件黏结强度检测报告　　　　D. 脚踩检查

22. 涂料施工中，基层腻子应平整、坚实、牢固、（　　　）、起皮和裂缝，黏结度应符合
有关规定。

　　　　A. 无粉化　　　　　　B. 色泽均匀　　　　　　C. 光洁　　　　　　D. 不掉色

23. 粘贴室内面砖时，如无设计规定，面砖的接缝宽度为（　　　）mm。

　　　　A. <1　　　　　　　　B. 1～1.5　　　　　　　C. >1.5　　　　　　D. 10～15

24. 基土表面的厚度偏差允许在个别地方不大于设计厚度的 1/10，其检验方法是（　　）。

  A. 观察检查　　　　　　　　　　　　B. 用水准仪检查

  C. 用坡度尺检查　　　　　　　　　　D. 用钢尺检查

25. 找平层与其下一层接合牢固，不得有空鼓，其检验方法正确的是（　　）。

  A. 观察检查　　　　　　　　　　　　B. 用水准仪检查

  C. 用小锤轻击检查　　　　　　　　　D. 用坡度尺检查

26. 找平层表面应密实，不得有起砂、蜂窝和裂缝等缺陷，其检验方法正确的是（　　）。

  A. 观察检查　　　　　　　　　　　　B. 蓄水、泼水检验

  C. 检查配合比通知单　　　　　　　　D. 检查检测报告

27. 大理石、花岗石面层的表面应洁净、平整、无磨痕，且应图案清晰、色泽一致，接缝均匀，周边顺直，镶嵌正确，板块无裂纹、掉角、缺棱等缺陷，其检验方法是（　　）。

  A. 观察检查　　　　　　　　　　　　B. 用小锤轻击检查

  C. 用钢尺检查　　　　　　　　　　　D. 蓄水检查

二、多选题

1. 一般抹灰工程质量检查与验收中，主控项目的检验包括（　　）。

  A. 基层表面　　　　B. 材料品种性能　　　　C. 操作要求　　　　D. 表面质量

2. 关于抹灰工程的检验批的规定，正确的有（　　）。

  A. 相同材料、工艺和施工条件的室外抹灰工程每 $500\sim1000\text{m}^2$ 分成一个检验批

  B. 相同材料、工艺和施工条件的室内抹灰每 50 个自然间划分成一个检验批

  C. 大面积房间和走廊按抹灰面积 30m^2 为一间，以相当于 50 个自然间的面积划成一个检验批

  D. 不足 50 间不检验

3. 一般抹灰所用材料的品种和性能应符合设计要求。水泥的凝结时间和安定性复验应合格。砂浆的配合比应符合设计要求，这些设计要求的检验方法有（　　）。

  A. 检查产品合格证书　　　　　　　　B. 检查进场验收记录

  C. 检查隐藏工程验收记录　　　　　　D. 检查复验报告

  E. 检查施工记录

4. 一般抹灰中，抹灰层与基层之间及各抹灰层之间必须黏结牢固，抹灰层应无脱层、空鼓，面层应无爆灰和裂缝，其检验方法有（　　）。

  A. 观察检查　　　　　　　　　　　　B. 手摸检查

  C. 用小锤轻击检查　　　　　　　　　D. 检查施工记录

  E. 检查产品合格证书

5. 装饰抹灰工程所用材料的品种和性能应符合设计要求、水泥的凝结时间和安定性复验应合格、砂浆的配合比应符合设计要求，这些要求的检验方法有（　　）。

  A. 观察检查　　　　　　　　　　　　B. 检查产品合格证书

  C. 检查进场验收记录　　　　　　　　D. 检查复验记录

  E. 检查施工记录

6. 装饰抹灰的主控项目有（　　）。

  A. 操作要求　　　　　　　　　　　　B. 层黏结和面层质量

C. 表面质量　　　　　　　　　　　D. 材料品种和性能

7. 木门、窗批水、盖口条、压缝条、密封条的安装应顺直，与门窗接合应牢固、严密，其检验方法正确的是（　　）。

A. 观察检查　　　　　　　　　　B. 检查材料进场验收记录

C. 手板检查　　　　　　　　　　D. 开启和关闭检查

E. 检查复验报告

8. 塑料门、窗框与墙体间缝隙应采用闭孔弹性材料填嵌饱满，表面应采用密封胶密封。密封胶应黏结牢固，表面应光滑、顺直、无裂纹，其检验方法正确的是（　　）。

A. 尺量检查　　　　　　　　　　B. 观察检查

C. 手扳检查　　　　　　　　　　D. 检查隐藏工程验收记录

E. 用弹簧秤检查

9. 下列属于门、窗玻璃安装主控项目的是（　　）。

A. 门、窗玻璃裁割尺寸应正确。安装后的玻璃应牢固，不得有裂纹、损伤和松动

B. 玻璃的安装方法应符合设计要求

C. 镶钉木压条接触玻璃处，应与裁口边缘平齐。缘紧贴，割角应整齐

D. 门窗玻璃不应直接接触型材

E. 腻子应填抹饱满、黏结牢固；腻子边缘与裁口应平齐。固定玻璃的卡子不应在腻子表面显露

10. 暗龙骨吊顶标高、尺寸、起拱和造型应符合设计要求，其检查方法正确的是（　　）。

A. 观察检查　　B. 手扳检查　　C. 检查施工记录　　D. 尺量检查

E. 检查产品合格证明书

11. 明龙骨吊顶工程的吊杆和龙骨安装必须牢固，其检验方法正确的是（　　）。

A. 检查产品合格证明书　　　　　B. 观察检查

C. 手扳检查　　　　　　　　　　D. 检查隐藏工程验收记录

E. 检查施工记录

12. 板材隔墙表面应平整光滑、色泽一致、洁净，接缝应均匀、顺直，其检查方法正确的是（　　）。

A. 观察检查　　　　　　　　　　B. 手摸检查

C. 尺量检查　　　　　　　　　　D. 检查产品合格证明书

E. 检查进场验收记录

13. 骨架隔墙工程边框龙骨必须与基体结构连接牢固，并应平整、垂直、位置正确，其检验方法正确的是（　　）。

A. 观察检查　　　　　　　　　　B. 手扳检查

C. 尺量检查　　　　　　　　　　D. 检查隐藏工程验收记录

E. 检查产品合格证明书

14. 门窗附件安装必须在（　　）等抹灰完成后进行。

A. 地墙面　　　　B. 顶棚　　　　C. 屋面　　　　D. 窗台

15. 属于溶剂型涂料涂饰工程质量检查与验收的主控项目是（　　）。

A. 涂料质量　　　　　　　　　　B. 颜色，光泽，质量

C. 基层处理   D. 清漆涂饰质量

16. 基土严禁用淤泥、腐殖土、冻土、耕植土、膨胀土和含有有机物质大于 8％的土作为填土，其检验方法是(   )。

A. 观察检查   B. 检查试验记录
C. 检查土质记录   D. 用水准仪检查
E. 用钢尺检查

17. 基土应均匀密实，压实系数应符合设计要求，设计无要求时，不应小于 0.90，其检验方法是(   )。

A. 观察检查   B. 检查土质记录
C. 用 2m 靠尺和楔形塞尺检查   D. 检查试验记录
E. 用坡度尺检查

18. 大理石、花岗石面层表面的坡度应符合设计要求，不倒泛水，无积水，与地漏、管道接合处应严密牢固，无渗漏，其检验方法是(   )。

A. 观察、泼水检查   B. 用 3mm 厚、10mm 高的玻璃条检查
C. 脚踢   D. 蓄水检查
E. 用水准仪检查

19. 水性涂料涂饰工程应涂饰均匀、黏结牢固，不得漏涂、透底、起皮和掉粉，其检验方法正确的是(   )。

A. 观察检查   B. 手摸检查   C. 脚踩检查   D. 检查施工记录
E. 检查产品合格证明书

20. 下列选项中，属于实木地板面层主控项目的是(   )。

A. 实木地板面层所采用的材质和铺设时的木材含水率必须符合设计要求
B. 搁栅安装应牢固、平直
C. 面层铺设应牢固，黏结无空鼓
D. 实木地板面层应刨平、磨光，无明显刨痕和毛刺等现象，图案清晰，颜色均匀一致
E. 面层缝隙应严密，接头位置应错开，表面洁净

21. 实木地板面层应刨平、磨光，无明显刨痕和毛刺等现象，图案清晰，颜色均匀一致，其检验方法有(   )。

A. 观察检查   B. 手摸检查
C. 用小锤轻击检查   D. 脚踩检查
E. 用钢尺检查

三、案例分析题

某宾馆大堂改造工程，业主与承包单位签订了工程施工合同。施工内容包括：结构拆除改造、墙面干挂西班牙米黄石材，局部木饰面板、天花为轻钢暗龙骨石膏板造型天花、地面湿贴西班牙米黄石材及配套的灯具、烟感、设备检查口、风口安装等，二层跑马廊距地面 6m 高，护栏采用玻璃。

根据以上内容，回答下列问题：

1. 暗龙骨吊顶工程安装允许偏差和检验方式应符合什么规定？
2. 请问在吊顶工程施工时应对哪些项目进行隐蔽验收？

项目九　建筑节能工程

　　建筑节能工程是指在墙体、门窗、屋面、地面等部位采取了建筑节能措施，达到建筑节能效果的新建、改建和扩建的民用建筑工程。根据《建筑节能工程施工质量验收标准》（GB 50411—2019）的规定，建筑节能工程为单位建筑工程的一个分部工程；建筑节能工程中采用的工程技术文件、承包合同文件对工程质量的要求不得低于节能规范的规定；建筑节能工程施工质量验收除应遵守节能规范外，尚应遵守《建筑工程施工质量验收统一标准》（GB 50300—2013）、各专业工程施工质量验收规范和国家现行有关标准的规定；单位工程竣工验收应在建筑节能分部工程验收合格后进行。建筑节能分部工程共划分为 10 个分项工程，以下重点介绍墙体节能工程、门窗节能工程、屋面节能工程、地面节能工程的质量控制和验收。

任务一　墙体节能工程质量控制与验收

　　墙体节能工程，是指墙体采用板材、浆材、块材及预制复合墙板等墙体保温材料或构件的节能工程。墙体节能工程验收的检验批划分应符合下列规定：

　　（1）采用相同材料、做法和工艺的墙面，每 500～1000m² 面积划分为一个检验批，不足 500m² 按一个检验批验收。

　　（2）检验批的划分也可根据与施工流程相一致且方便施工与验收的原则，由施工单位与监理（建设）单位共同商定。

一、墙体节能工程质量控制

　　（1）主体结构完成后进行施工的墙体节能工程，应在基层质量验收合格后施工，施工过程中应及时进行质量检查、隐蔽工程验收和检验批验收，施工完成后应进行墙体节能分项工程验收。

　　（2）墙体节能工程的验收程序。

　　1）一种情况是墙体节能工程在主体结构完成后施工。对此类工程验收的程序为：在施工过程中应及时进行质量检查、隐蔽工程验收、相关检验批和分项工程验收，施工完成后应进行墙体节能子分部工程验收。大多数墙体节能工程都是在主体结构内侧或外侧表面层做保温层，故大多数墙体节能工程都属于这种情况。

　　2）另一种情况是与主体结构同时施工的墙体节能工程，如现浇夹心复合保温墙板等，对于此种施工工艺当然无法将节能工程和主体工程分开验收，只能与主体结构一同验收。验收时结构部分应符合相应的结构验收规范要求，而节能部分应符合节能规范的要求。

　　（3）墙体节能工程当采用外保温定型产品或成套技术时，其型式检验报告中应包括安全性和耐候性检验。

　　（4）墙体节能工程应对下列部位或内容进行隐蔽工程验收，并应有详细的文字记录和必要的图像资料：

　　1）保温层附着的基层及其表面处理；

2）保温板黏结或固定；

3）锚固件；

4）增强网铺设；

5）墙体热桥部位处理；

6）预制保温板或预制保温墙板的板缝及构造节点；

7）现场喷涂或浇注有机类保温材料的界面；

8）被封闭的保温材料厚度；

9）保温隔热砌块填充墙。

（5）墙体节能工程的保温材料在施工过程中应采取防潮、防水等保护措施。

二、墙体节能工程质量控制验收

1. 主控项目

（1）用于墙体节能工程的材料、构件等，其品种、规格应符合设计要求和相关标准的规定。

检验方法：观察、尺量检查；核查质量证明文件。

检查数量：按进场批次，每批随机抽取 3 个试样进行检查。

质量证明文件应按照其出厂检验批进行核查。

（2）墙体节能工程使用的保温隔热材料，其热导率、密度、抗压强度或压缩强度、燃烧性能应符合设计要求。

检验方法：核查质量证明文件及进场复验报告。

检查数量：全数检查。

（3）墙体节能工程采用的保温材料和黏结材料，进场时应对其下列性能进行复验，复验应为见证取样送检：

1）保温板材的热导率、材料密度、抗压强度或压缩强度；

2）黏结材料的黏结强度；

3）增强网的力学性能、抗腐蚀性能。

检验方法：随机抽样送检，核查复验报告。

检查数量：同一厂家同一种品种的产品，当单位工程建筑面积在 20000m² 以下时各抽查不少于 3 次；当单位工程建筑面积在 20000m² 以上时各抽查不少于 6 次。

（4）严寒和寒冷地区外保温使用的黏结材料，其冻融试验结果应符合该地区最低气温环境的使用要求。

检验方法：检查质量证明文件。

检查数量：全数检查。

（5）墙体节能工程施工前应按照设计和施工方案的要求对基层进行处理，处理后的基层应符合保温层施工方案的要求。

检验方法：对照设计和施工方案观察检查；核查隐蔽工程验收记录。

检查数量：全数检查。

（6）墙体节能工程各层构造做法应符合设计要求，并应按照经过审批的施工方案施工。

检验方法：对照设计和施工方案观察检查；核查隐蔽工程验收记录。

检查数量：全数检查。

（7）墙体节能工程的施工，应符合下列规定：

1) 保温隔热材料的厚度必须符合设计要求。

2) 保温板与基层及各构造层之间的黏结或连接必须牢固。黏结强度和连接方式应符合设计要求。保温板材与基层的黏结强度应做现场拉拔试验。

3) 保温浆料应分层施工。当采用保温浆料做外保温时，保温层与基层之间及各层之间的黏结必须牢固，不应脱层、空鼓和开裂。

4) 当墙体节能工程的保温层采用预埋或后置锚固件固定时，锚固件数量、位置、锚固深度和拉拔力应符合设计要求。后置锚固件应进行锚固力现场拉拔试验。

检验方法：观察；手扳检查；保温材料厚度采用钢针插入或剖开尺量检查；黏结强度和锚固力核查试验报告；核查隐蔽工程验收记录。

检查数量：每个检验批抽查不少于 3 处。

（8）外墙采用预制保温板现场浇筑混凝土墙体时，保温板的验收应符合规范的规定；保温板的安装应位置正确、接缝严密，保温板在浇筑混凝土过程中不得移位、变形，保温板表面应采取界面处理措施，与混凝土黏结应牢固。

混凝土和模板的验收，应按《混凝土结构工程施工质量验收规范》（GB 50204—2015）的相关规定执行。

检验方法：观察检查；核查隐蔽工程验收记录。

检查数量：全数检查。

（9）当外墙采用保温浆料做保温层时，应在施工中制作同条件养护试件，检测其热导率、干密度和压缩强度。保温浆料的同条件养护试件应见证取样送检。

检验方法：核查试验报告。

检查数量：每个检验批应抽样制作同条件养护试块不少于 3 组。

（10）墙体节能工程各类饰面层的基层及面层施工，应符合设计和《建筑装饰装修工程质量验收标准》（GB 50210—2018）的要求，并应符合下列规定：

1) 饰面层施工的基层应无脱层、空鼓和裂缝，基层应平整、洁净，含水率应符合饰面层施工的要求。

2) 外墙外保温工程不宜采用粘贴饰面砖做饰面层。当采用时，其安全性与耐久性必须符合设计要求。饰面砖做黏结强度拉拔试验，试验结果应符合设计和有关标准的规定。

3) 外墙外保温工程的饰面层不得渗漏。当外墙外保温工程的饰面层采用饰面板开缝安装时，保温层表面应具有防水功能或采取其他防水措施。

4) 外墙外保温层及饰面层与其他部位交接的收口处，应采取密封措施。

检验方法：观察检查。核查试验报告和隐蔽工程验收记录。

检查数量：全数检查。

（11）保温砌块砌筑的墙体，应采用具有保温功能的砂浆砌筑。砌筑砂浆的强度等级应符合设计要求。砌体的水平灰缝饱满度不应低于 90%，竖直灰缝饱满度不应低于 80%。

检验方法：对照设计核查施工方案和砌筑砂浆强度试验报告。用百格网检查灰缝砂浆饱满度。

检查数量：每楼层的每个施工段至少抽查一次，每次抽查 5 处。每处不少于 3 个砌块。

（12）采用预制保温墙板现场安装的墙体，应符合下列规定：

1) 保温墙板应有型式检验报告，型式检验报告中应包含安装性能的检验；

2) 保温墙板的结构性能、热工性能及与主体结构的连接方法应符合设计要求，与主体结构连接必须牢固；

3）保温墙板的板缝处理、构造节点及嵌缝做法应符合设计要求；

4）保温墙板板缝不得渗漏。

检验方法：核查型式检验报告、出厂检验报告、对照设计观察和淋水试验检查；核查隐蔽工程验收记录。

检查数量：型式检验报告、出厂检验报告全数检查；其他项目每个检验批抽查5%，并不少于3块（处）。

（13）当设计要求在墙体内设置隔汽层时，隔汽层的位置、使用的材料及构造做法应符合设计要求和相关标准的规定。隔汽层应完整、严密，穿透隔汽层处应采取密封措施。隔汽层冷凝水排水构造应符合设计要求。

检验方法：对照设计观察检查，核查质量证明文件和隐蔽工程验收记录。

检查数量：每个检验批应抽查5%并不少于3处。

（14）外墙和毗邻不采暖空间墙体上的门窗洞口四周墙侧面、墙体上凸窗四周的侧面，应按设计要求采取节能保温措施。

检验方法：对照设计观察检查，必要时抽样剖开检查；核查隐蔽工程验收记录。

检查数量：每个检验批应抽查5%，并不少于5个洞口。

（15）严寒和寒冷地区外墙热桥部位，应按设计要求采取节能保温等隔断热桥措施。

检验方法：对照设计和施工方案观察检查。核查隐蔽工程验收记录。

检查数量：按不同热桥种类，每种抽查20%，并不少于5处。

2. 一般项目

（1）进场节能保温材料与构件的外观和包装应完整无破损，符合设计要求和产品标准的规定。

检验方法：观察检查。

检查数量：全数检查。

（2）当采用加强网作防止开裂的措施时，加强网的铺贴和搭接应符合设计和施工方案的要求。砂浆抹压应密实，不得空鼓，加强网不得皱褶、外露。

检验方法：观察检查；核查隐蔽工程验收记录。

检查数量：每个检验批抽查不少于5处，每处不少于2m²。

（3）设置空调的房间，其外墙热桥部位应按设计要求采取隔断热桥措施。

检验方法：对照设计和施工方案观察检查。核查隐蔽工程验收记录。

检查数量：按不同热桥种类，每种抽查10%，并不少于5处。

（4）施工产生的墙体缺陷，如穿墙套管、脚手眼、孔洞等，应按照施工方案采取隔断热桥措施，不得影响墙体热工性能。

检验方法：对照施工方案观察检查。

检查数量：全数检查。

（5）墙体保温板材接缝方法应符合施工方案要求。保温板接缝应平整严密。

检验方法：观察检查。

检查数量：每个检验批抽查10%，并不少于5处。

（6）墙体采用保温浆料时，保温浆料层宜连续施工；保温浆料厚度应均匀、接槎应平顺密实。

检验方法：观察、尺量检查。

检查数量：每个检验批抽查 10%，并不少于 10 处。

（7）墙体上容易碰撞的阳角、门窗洞口及不同材料基体的交接处等特殊部位，其保温层应采取防止开列和破损的加强措施。

检验方法：观察检查；核查隐蔽工程验收记录。

检查数量：按不同部位，每类抽查 10%，并不少于 5 处。

（8）采用现场喷涂或模板浇注的有机类保温材料做外保温时，有机类保温材料应达到陈化时间后方可进行下道工序施工。

检查方法：对照施工方案和产品说明书进行检查。

检查数量：全数检查。

任务二 门窗节能工程质量控制与验收

门窗节能工程，是指建筑外门窗的节能工程，包括金属门窗、塑料门窗、木质门窗、各种复合门窗、特种门窗、天窗及门窗玻璃安装等节能工程。

建筑外门窗节能工程的检验批，应按下列规定划分：

（1）同一厂家的同一品种、类型、规格的门窗及门窗玻璃每 100 樘划分为一个检验批，不足 100 樘按一个检验批验收。

（2）同一厂家的同一品种、类型和规格的特种门每 50 樘划分为一个检验批，不足 50 樘按一个检验批验收。

（3）对于异型或有特殊要求的门窗，检验批的划分应根据其特点和数量，由监理（建设）单位和施工单位协商确定。

一、门窗节能工程质量控制

（1）建筑门窗进场后，应对其外观、品种、规格及附件等进行检查验收，对质量证明文件进行核查。

（2）建筑外门窗工程施工中，应对门窗框与墙体接缝处的保温填充做法进行隐蔽工程验收，并应有隐蔽工程验收记录和必要的图像资料。

（3）建筑外门窗工程的检查数量应符合下列规定：

1）建筑门窗每个检验批应抽查 5%，并不少于 3 樘，不足 3 樘时应全数检查；高层建筑的外窗，每个检验批应抽查 10%，并不少于 6 樘，不足 6 樘时应全数检查。

2）特种门每个检验批应抽查 50%，并不得少于 10 樘，不足 10 樘时应全数 1 检查。

二、门窗节能工程质量验收

1. 主控项目

（1）建筑外门窗的品种、规格应符合设计要求和相关标准的规定。

检验方法：观察、尺量检查；核查质量证明文件。

检查数量：按《建筑节能工程施工质量验收标准》（GB 50411—2019）中第 6.1.5 条执行；质量证明文件应按照其出厂检验批进行核查。

（2）建筑外窗的气密性、保温性能、中空玻璃露点、玻璃遮阳系数和可见光透射比应符合设计要求。

检验方法：核查质量证明文件和复验报告。

检查数量：全数检查。

（3）建筑外窗进入施工现场时，应按地区类别对其下列性能进行复验，复验应为见证取样送检：

1）严寒、寒冷地区：气密性、传热系数和中空玻璃露点；

2）夏热冬冷地区：气密性、传热系数玻璃遮阳系数、可见光透射比、中空玻璃露点；

3）夏热冬暖地区：气密性、玻璃遮阳系数、可见光透射比、中空玻璃露点。

检验方法：随机抽样送检；核查复验报告。

检查数量：同一厂家的同一品种、同一类型的产品抽查不少于3樘（件）。

（4）建筑门窗采用的玻璃品种应符合设计要求。中空玻璃应采用双道密封。

检验方法：观察检查；核查质量证明文件。

检查数量：按《建筑节能工程施工质量验收标准》（GB 50411—2019）中第6.1.5条执行。

（5）金属外门窗隔断热桥措施应符合设计要求和产品标准的规定，金属副框的隔断热桥措施应与门窗框的隔断热桥措施相当。

检验方法：随机抽样，对照产品设计图纸，剖开或拆开检查。

检查数量：同一厂家同一品种、类型的产品各抽查不少于1樘。金属副框的隔断热桥措施按检验批抽查30%。

（6）严寒、寒冷、夏热冬冷地区的建筑外床，应对其气密性做现场实体检验，检测结果应满足设计要求。

检验方法：随机抽样现场检验。

检查数量：同一厂家同一品种、类型的产品各抽查不少于3樘。

（7）外门窗框或副框与洞口之间的间隙应采用弹性闭孔材料填充爆满，并使用密封胶密封；外门窗框与副框之间的缝隙应使用密封胶密封。

检验方法：观察检查；核查隐蔽工程验收记录。

检查数量：全数检查。

（8）严寒、寒冷地区的外门安装，应按照设计要求采取保温、密封等节能措施。

检验方法：观察检查。

检查数量：全数检查。

（9）外窗遮阳设施的性能、尺寸应符合设计和产品标准要求；遮阳设施的安装应位置正确、牢固，满足安全和使用功能的要求。

检验方法：核查质量证明文件；观察、尺量、手扳检查。

检查数量：按《建筑节能工程施工质量验收标准》（GB 50411—2019）中第6.1.5条执行；安装牢固程度全数检查。

（10）特种门的性能应符合设计和产品标准要求；特种门安装中的节能措施，应符合设计要求。

检验方法：核查质量证明文件；观察、尺量检查。

检查数量：全数检查。

（11）天窗安装的位置、坡度应正确，密封严密、嵌缝处不得渗漏。

检验方法：观察、尺量检查；淋水检查。

检查数量：按《建筑节能工程施工质量验收标准》（GB 50411—2019）中第6.1.5条执行。

2. 一般项目

（1）门窗扇密封条和玻璃镶嵌的密封条，其物理性能应符合相关标准的规定。密封条安装位置应正确，镶嵌牢固，不得脱槽，接头处不得开裂。关闭门窗时密封条应接触严密。

检验方法：观察检查。

检查数量：全数检查。

（2）门窗镀（贴）膜玻璃的安装方向应正确，中空玻璃的均压管应密封处理。

检验方法：观察检查。

检查数量：全数检查。

（3）外门窗遮阳设施调节应灵活，能调节到位。

检验方法：现场调节试验检查。

检查数量：全数检查。

任务三　屋面节能工程质量控制与验收

屋面节能工程，是指屋面采用松散保温材料、现浇保温材料、喷涂保温材料、板材、块材等保温隔热材料的节能工程。

一、屋面节能工程质量控制

（1）屋面保温隔热工程的施工，应在基层质量验收合格后进行。施工过程中应及时进行质量检查、隐蔽工程验收和检验批验收，施工完成后应进行屋面节能分项工程验收。

（2）屋面保温隔热工程应对下列部位进行隐蔽工程验收，并应有详细的文字记录和必要的图像资料：

1）基层；

2）保温层的敷设方式、厚度，板材缝隙填充质量；

3）屋面热桥部位；

4）隔汽层。

（3）屋面保温隔热层施工完成后，应及时进行找平层和防水层的施工，避免保温隔热层受潮、浸泡或受损。

二、屋面节能工程质量验收

1. 主控项目

（1）用于屋面节能工程的保温隔热材料，其品种、规格应符合设计要求和相关标准的规定。

检验方法：观察、尺量检查；核查质量证明文件。

检查数量：按进场批次，每批随机抽取 3 个试样进行检查。

质量证明文件应按照其出厂检验批进行核查。

（2）屋面节能工程使用的保温隔热材料，其热导率、密度、抗压强度或压缩强度、燃烧性能应符合设计要求。

检验方法：核查质量证明文件及进场复验报告。

检查数量：全数检查。

（3）屋面节能工程使用的保温隔热材料，进场时应对其热导率、密度、抗压强度或压缩强度、燃烧性能进行复验，复验应为见证取样送检。

检验方法：随机抽样送检，核查复验报告。

检查数量：同一厂家同一品种的产品各抽查不少于3组。

（4）屋面保温隔热层的敷设方式、厚度、缝隙填充质量及屋面热桥部位的保温隔热做法，必须符合设计要求和有关标准的规定。

检验方法：观察、尺量检查。

检查数量：每 $100m^2$ 抽查一处，每处 $10m^2$，整个屋面抽查不得少于3处。

（5）屋面的通风隔热架空层，其架空高度、安装方式、通风口位置及尺寸应符合设计和有关标准的要求。架空层内不得有杂物。架空面层应完整，不得有断裂和露筋等缺陷。

检验方法：观察、尺量检查。

检查数量：每 $100m^2$ 抽查一处，每处 $10m^2$，整个屋面抽查不得少于3处。

（6）采光屋面的传热系数、遮阳系数、可见光透射比、气密性应符合设计要求。节点的构造做法应符合设计和相关标准的要求。采光屋面的可开启部分应按《建筑节能工程施工质量验收标准》（GB 50411—2019）的要求验收。

检验方法：核查质量证明文件；观察检查。

检查数量：全数检查。

（7）采光屋面的安装应牢固，坡度正确，封闭严密，嵌缝处不得渗漏。

检验方法：观察、尺量检查；淋水检查；核查隐蔽工程验收记录。

检查数量：全数检查。

（8）屋面的隔汽层位置应符合设计要求，隔汽层应完整、严密。

检验方法：对照设计观察检查；核查隐蔽工程验收记录。

检查数量：每 $100m^2$ 抽查一处，每处 $10m^2$，整个屋面抽查不得少于3处。

2. 一般项目

（1）屋面保温隔热层应按施工方案施工，并应符合下列规定：

1）松散材料应分层敷设、按要求压实、表面平整、坡向正确；

2）现场采用喷、浇、抹等工艺施工的保温层，其配合比应计量准确，搅拌均匀、分层连续施工，表面平整，坡向正确。

3）板材应粘贴牢固、缝隙严密、平整。

检验方法：观察、尺量、称重检查。

检查数量：每 $100m^2$ 抽查一处，每处 $10m^2$，整个屋面抽查不得少于3处。

（2）金属板保温夹芯屋面应铺装牢固、接口严密、表面洁净、坡向正确。

检验方法：观察、尺量检查，核查隐蔽工程验收记录。

检查数量：全数检查。

（3）坡屋面、内架空屋面当采用敷设于屋面内侧的保温材料做保温隔热层时，保温隔热层应有防潮措施，其表面应有保护层，保护层的做法应符合设计要求。

检验方法：观察检查，核查隐蔽工程验收记录。

检查数量：每 $100m^2$ 抽查一处，每处 $10m^2$，整个屋面抽查不得少于3处。

任务四 地面节能工程质量控制与验收

地面节能工程，是指地面底面接触室外空气、土壤或毗邻不采暖空间的节能工程。地面节能分项工程检验批划分应符合下列规定：

(1) 检验批可按施工段或变形缝划分。

(2) 当面积超过 200m² 时，每 200m² 可划分为一个检验批，不足 200m² 按一个检验批验收。

(3) 不同构造做法的地面节能工程应单独划分检验批。

一、地面节能工程质量控制

(1) 地面节能工程的施工，应在主体或基层质量验收合格后进行。施工过程中应及时进行质量检查、隐蔽工程验收和检验批验收，施工完成后应进行地面节能分项工程验收。

(2) 地面节能工程应对下列部位进行隐蔽工程验收，并应有详细的文字记录和必要的图像资料：

1) 基层；

2) 被封闭的保温材料厚度；

3) 保温材料黏结；

4) 隔断热桥部位。

二、地面节能工程质量验收

1. 主控项目

(1) 用于地面节能工程的保温材料，其品种、规格应符合设计要求和相关标准的规定。

检验方法：观察、质量或称重检查；核查质量证明文件。

检查数量：按进场批次，每批随机抽取 3 个试样进行检查。

质量证明文件应按其出厂检验批进行核查。

(2) 地面节能工程使用的保温材料，其热导率、密度、抗压强度或压缩强度、燃烧性能应符合设计要求。

检验方法：核查质量证明文件和复验报告。

检查数量：全数检查。

(3) 地面节能工程采用的保温材料，进场时应对其热导率、密度、抗压强度或压缩强度、燃烧性能进行复验，复验应为见证取样送检。

检验方法：随机抽样送检，核查复验报告。

检查数量：同一厂家同一品种的产品各抽查不少于 3 组。

(4) 地面节能工程施工前，应对基层进行处理，使其达到设计和施工方案的要求。

检验方法：对照设计和施工方案观察检查。

检查数量：全数检查。

(5) 地面保温层、隔离层、保护层等各层的设置和构造做法及保温层的厚度应符合设计要求，并应按施工方案施工。

检验方法：对照设计和施工方案观察检查；尺量检查。

检查数量：全数检查。

(6) 地面节能工程的施工质量应符合下列规定：

1) 保温板与基体之间、各构造层之间的黏结应牢固，缝隙应严密。

2) 保温浆料应分层施工。

3) 穿越地面直接接触室外空气的各种金属管道应按设计要求，采取隔断热桥的保温措施。

检验方法：观察检查；核查隐蔽工程验收记录。

检查数量：每个检验批抽查 2 处，每处 $10m^2$，穿越地面的金属管道处全数检查。

（7）有防水要求的地面，其节能保温做法不得影响地面排水坡度，保温层面层不得渗漏。

检验方法：用长度 500mm 水平尺检查；观察检查。

检查数量：全数检查。

（8）严寒、寒冷地区的建筑首层直接与土壤接触的地面、采暖地下室与土壤接触的外墙、毗邻不采暖空间的地面，以及底面直接接触室外空气的地面应按设计要求采取保温措施。

检验方法：对照设计观察检查。

检查数量：全数检查。

（9）保温层的表面防潮层、保护层应符合设计要求。

检验方法：观察检查。

检查数量：全数检查。

2. 一般项目

采用地面辐射供暖的工程，其地面节能做法应符合设计要求，并应符合《地面辐射供暖技术规程》（JGJ 142）的规定。

检验方法：观察检查。

检查数量：全数检查。

任务五 建筑节能分部工程质量验收

一、质量验收基本规定

（一）技术与管理

（1）承担建筑节能工程的施工企业应具备相应的资质，施工现场应建立相应的质量管理体系、施工质量控制和检验制度，具有相应的施工技术标准。

（2）设计不得降低建筑节能效果。当设计变更涉及建筑节能效果时，应经原施工图设计审查机构审查，在实施前应办理设计变更手续，并应获得监理或建设单位的确认。

（3）建筑节能工程采用的新技术、新设备、新材料、新工艺，应按照有关规定进行评审、鉴定及备案。施工前应对新的或首次采用的施工工艺进行评价，并制订专门的施工技术方案。

（4）单位工程的施工组织设计应包括建筑节能工程施工内容。建筑节能工程施工前，施工单位应编制建筑节能工程施工方案并经监理（建设）单位审查批准。施工单位应对从事建筑节能工程施工作业的人员进行技术交底和必要的实际操作培训。

（5）建筑节能工程的质量检测，除《建筑节能工程施工质量验收标准》（GB 50411—2019）中 14.1.5 条规定的以外，均应由具备资质的检测机构承担。

（二）材料与设备

（1）建筑节能工程使用的材料、设备等，必须符合设计要求及国家有关标准的规定。严禁使用国家明令禁止与淘汰的材料和设备。

（2）材料和设备的进场验收应遵守下列规定：

1）应对材料和设备的品种、规格、包装、外观和尺寸等进行检查验收，并应经监理工程师（建设单位代表）确认，形成相应的验收记录。

2）应对材料和设备的质量证明文件进行核查，并应经监理工程师（建设单位代表）确认，纳入工程技术档案。进入施工现场用于节能工程的材料和设备均应具有出厂合格证、中文说明书及相关性能检测报告；定型产品和成套技术应有型式检验报告，进口材料和设备应按规定进行出入境商品检验。

3）对材料和设备按照《建筑节能工程施工质量验收标准》（GB 50411—2019）中附录A及各章的规定在施工现场抽样复验。复验应为见证取样送检。

（3）建筑节能工程使用材料的燃烧性能等级和阻燃处理，应符合设计要求和国家现行标准《高层民用建筑消防安全管理要求》（DB31/T 1235—2020）、《建筑内部装修设计防火规范》（GB 50222—2017）和《建筑设计防火规范》（GB 50016—2014）的规定。

（4）建筑节能工程使用的材料应符合国家现行有关标准对材料有害物质限量的规定，不得对室内外环境造成污染。

（5）现场配制的材料如保温浆料、聚合物砂浆等，应按设计要求或试验室给出的配合比配制。当未给出要求时，应按照施工方案和产品说明书配制。

（6）节能保温材料在施工使用时的含水率应符合设计要求、工艺要求及施工技术方案要求。当无上述要求时，节能保温材料在施工使用时的含水率不应大于正常施工环境湿度下的自然含水率，否则应采取降低含水率的措施。

（三）施工与控制

（1）建筑节能工程应按照经审查合格的设计文件和经审查批准的施工方案施工。

（2）建筑节能工程施工前，对于采用相同建筑节能设计的房间和构造做法，应在现场采用相同材料和工艺制作样板间或样板件，经有关各方确认后方可进行施工。

（3）建筑节能工程的施工作业环境和条件，应满足相关标准和施工工艺的要求。节能保温材料不宜在雨雪天气中露天施工。

（四）验收的划分

建筑节能工程检验批的划分，应符合下列规定：

（1）建筑节能分项工程中墙体节能工程、门窗节能工程、屋面节能工程、地面节能工程的主要验收内容应符合表9-1的要求。

（2）建筑节能工程应按照分项工程进行验收。当建筑节能分项工程的工程量较大时，可以将分项工程划分为若干个检验批进行验收。

表9-1 部分建筑节能分项工程的主要验收内容

序号	分项工程	主要验收内容
1	墙体节能工程	主体结构层、保温材料、饰面层等
2	门窗节能工程	门、窗、玻璃、遮阳设施等
3	屋面节能工程	基层、保温隔热层、保护层、防水层、面层等
4	地面节能工程	基层、保温层、保护层、面层等

（3）当建筑节能工程验收无法按照上述要求划分分项工程或检验批时，可由建设、监理、施工等各方协商进行划分。但验收项目、验收内容、验收标准和验收记录均应遵守节能规范的规定。

（4）建筑节能分项工程和检验批的验收应单独填写验收记录，节能验收资料应单独组卷。

二、质量验收具体要求

（1）建筑节能分部工程的质量验收，应在检验批、分项工程全部验收合格的基础上，进行外墙节能构造实体检验，严寒、寒冷和夏热冬冷地区的外窗气密性现场检测，以及系统节能性能检测和系统联合试运转与调试，确认建筑节能工程质量达到验收条件后方可进行。

（2）建筑节能工程验收的程序和组织应遵守《建筑工程施工质量验收统一标准》（GB 50300—2013）的要求，并符合下列规定：

1）节能工程的检验批验收和隐蔽工程验收应由监理工程师主持，施工单位相关专业的质量检查员与施工员参加。

2）节能分项工程验收应由监理工程师主持，施工单位项目技术负责人和相关专业的质量检查员、施工员参加；必要时，可邀请设计单位相关专业的人员参加。

3）节能分部工程验收应由总监理工程师（建设单位项目负责人）主持，施工单位项目经理、项目技术负责人和相关专业的质量检查员、施工员参加；施工单位的质量或技术负责人应参加；设计单位节能设计人员应参加。

（3）建筑节能工程的检验批质量验收合格，应符合下列规定：

1）检验批应按主控项目和一般项目验收。

2）主控项目应全部合格。

3）一般项目应合格；当采用计数检验时，至少应有90%以上的检查点合格，且其余检查点不得有严重缺陷。

4）应具有完整的施工操作依据和质量验收记录。

（4）建筑节能分项工程质量验收合格，应符合下列规定：

1）分项工程所含的检验批均应合格。

2）分项工程所含检验批的质量验收记录应完整。

（5）建筑节能分部工程质量验收合格，应符合下列规定：

1）分项工程应全部合格。

2）质量控制资料应完整。

3）外墙节能构造现场实体检验结果应符合设计要求。

4）严寒、寒冷和夏热冬冷地区的外窗气密性现场实体检验结果应合格。

5）建筑设备工程系统节能性能检测结果应合格。

（6）建筑节能工程验收时应对下列资料核查，并纳入竣工技术档案：

1）设计文件、图纸会审记录、设计变更和洽商。

2）主要材料、设备和构件的质量证明文件、进场检验记录、进场核查记录、进场复验报告、见证试验报告。

3）隐蔽工程验收记录和相关图像资料。

4）分项工程质量验收记录；必要时，应核查检验批验收记录。

5）建筑围护结构节能构造现场实体检验记录。

6）严寒、寒冷和夏热冬冷地区外窗气密性现场检测报告。

7）风管及系统严密性检验记录。

8）现场组装的组合式空调机组的漏风量测试记录。

9）设备单机试运转及调试记录。

10）系统联合试运转及与调试记录。

11）系统节能性能检验报告。

12）其他对工程质量有影响的重要技术资料。

（7）建筑节能工程分部、分项工程和检验批的质量验收表见《建筑节能工程施工质量验收规范》（GB 50411—2007）附录 B。

技 能 训 练

一、单选题

1. 建筑节能验收（　　　）。

　　A. 是单位工程验收的条件之一

　　B. 是单位工程验收的先决条件，具有"一票否决权"

　　C. 不具有"一票否决权"

　　D. 可以与其他部分一起同步进行验收

2. 门窗洞口四角处保温板不得拼接，应采用整块板切割成形，保温板接缝应离开角部至少（　　　）。

　　A. 100mm　　　　　　　B. 200mm　　　　　　　C. 250mm　　　　　　　D. 300mm

3. 下列不属于建筑节能措施的是（　　　）。

　　A. 围护结构保温措施　　　　　　　　　　B. 围护结构隔热措施

　　C. 结构内侧采用重质材料　　　　　　　　D. 围护结构防潮措施

4. 民用建筑节能工程质量验收时原材料的型式检验报告应包括产品标准的（　　　）。

　　A. 主要质量指标　　　　　　　　　　　　B. 规程要求复验的指标

　　C. 产品出厂检验的指标　　　　　　　　　D. 全部性能指标

5. 建筑节能工程采用的原材料在施工进场后应进行（　　　）。

　　A. 见证取样检测　　　B. 产品性能检测　　　C. 型式检验　　　　　D. 现场抽样复验

6. 建筑节能工程专项验收合格应是其（　　　）验收合格。

　　A. 检验批　　　　　　B. 各分项项目　　　　C. 各工序　　　　　　D. 各子分部工程

7. 相同材料和做法的屋面，每（　　　）m² 为一个检验批。

　　A. 100　　　　　　　B. 300　　　　　　　C. 500　　　　　　　D. 1000

8. 屋面保温层的厚度应进行现场抽样检验，其厚度偏差应不大于（　　　）mm。

　　A. 2　　　　　　　　B. 5　　　　　　　　C. 8　　　　　　　　D. 10

9. 机械固定系统的金属锚固件、网片和承托架等，应满足设计要求，并进行（　　　）处理。

　　A. 防水　　　　　　　B. 防锈　　　　　　　C. 防火　　　　　　　D. 防腐

10. 锚固件与加强网的连接应符合设计要求，当设计无要求时，锚固件与加强网应可靠连接。在现场抽取（　　　）个有代表性的锚固件进行现场锚固件抗拔试验。

　　A. 1　　　　　　　　B. 3　　　　　　　　C. 5　　　　　　　　D. 8

11. 增强网搭接长度必须符合设计要求，当设计无要求时，左右不得小于（　　　）mm，上下不得小于 100mm。加强部位的增强网做法应符合设计要求。

　　A. 60　　　　　　　　B. 80　　　　　　　C. 100　　　　　　　D. 120

12. 热工性能现场检测应由（　　　）委托法定检测单位具体实施。

　　A. 建设单位　　　　　B. 施工单位　　　　　C. 监理单位　　　　　D. 设计单位

13. 热工性能现场检测抽样比例不低于样本总数的（　　），至少 1 幢；不同结构体系建筑，不同保温措施的建筑物应分别抽样检测。

  A. 5%   B. 10%   C. 15%   D. 20%

14. 在（　　）条件下，保温层厚度判定符合设计要求。

  A. 当实测芯样厚度的平均值达到设计厚度的 95% 及以上且最小值不低于设计厚度的 90%

  B. 当实测芯样厚度的平均值达到设计厚度的 95% 及以上或最小值不低于设计厚度的 90%

  C. 当实测芯样厚度的平均值达到设计厚度的 90% 及以上且最小值不低于设计厚度的 85%

  D. 当实测芯样厚度的平均值达到设计厚度的 90% 及以上或最小值不低于设计厚度的 85%

15. 墙体节能工程验收的检验划分，采用相同材料，工艺和施工做法的墙面，每（　　）m² 面积划分一个检验批；不足（　　）m² 按一个检验批验收。

  A. 500～1000；500   B. 400～800；400

  C. 600～1200；600   D. 1000～1500；1000

16. 屋面节能工程使用的保温隔热材料，其热导率、密度、（　　）或压缩强度、燃烧性能应符合设计要求。

  A. 厚度   B. 抗拉强度   C. 抗压强度   D. 抗冲击性能

二、多选题

1. 建筑节能分项工程中墙体节能工程主要验收内容有（　　）。

  A. 主体结构基层   B. 保温材料   C. 饰面层   D. 防水层

2.《建筑节能工程施工质量验收标准》（GB 50411—2019）规定，建筑外窗的（　　）应符合设计要求。

  A. 气密性   B. 保温性能   C. 中空玻璃露点   D. 玻璃遮阳系数

  E. 可见光投射比

3. 外墙节能构造的现场实体检验目的是（　　）。

  A. 检验墙体保温材料的种类是否符合设计要求

  B. 检验保温层厚度是否符合设计要求

  C. 检查保温层构造方法是否符合设计和施工方案要求

  D. 检验保温层的保温性能是否符合要求

4. 幕墙节能工程使用的保温隔热材料，其（　　）应符合设计要求。

  A. 热导率   B. 密度   C. 燃烧性能   D. 传热系数

5. 墙体节能工程进场材料和设备的复验项目包括（　　）。

  A. 保温材料的热导率、密度、抗压强度或压缩强度

  B. 粘结材料的黏结强度

  C. 增强网的力学性能、抗腐蚀性能

  D. 保温材料的传热系数、密度、抗压强度或压缩强度

6. EPS（XPS）板抹灰外墙外保温系统所用材料和半成品、成品进场后，应做质量检查

和验收，其品种、规格、性能必须符合设计和有关标准的要求。检验时检查（　　）。

    A. 产品合格证　　　　　　　　　　　　B. 出厂检测报告

    C. 有效期内的型式检验报告　　　　　　D. 有见证取样检测报告

7. 水泥基复合保温砂浆系统的验收项目为（　　）。

    A. 基层处理　　　　　　　　　　　　　B. 抹（喷）复合保温砂浆保温层

    C. 抹面层　　　　　　　　　　　　　　D. 变形缝

    E. 饰面层

8. 屋面节能工程所用主要材料技术指标应符合国家现行产品标准及设计要求。现场抽样复验的材料为：（　　）等。

    A. 保温材料　　　　B. 胶粘剂　　　　C. 面层饰面材料　　　D. 锚固件

9. EPS（XPS）板抹灰外墙外保温系统所用材料和半成品、成品进场后，应做质量检查和验收，其品种、规格、性能必须符合设计和有关标准的要求。现场抽样复验材料（　　）等。

    A. EPS（XPS）板　　B. 胶粘剂　　　　C. 界面砂浆　　　D. 抗裂砂浆

    E. 增强网

10. 增强网应铺压严实，不得有（　　）等现象。

    A. 空鼓　　　　　　　B. 褶皱　　　　　　C. 翘曲　　　　　　D. 裂缝（外露）

11. 保温层与墙体以及各构造层之间必须黏结牢固，无（　　）。

    A. 脱层　　　　　　　B. 空鼓　　　　　　C. 起皮、裂缝　　　D. 并应平整

12. 水泥基复合保温砂浆外墙保温系统所用材料和半成品、成品进场后，应做质量检查和验收，其品种、性能必须符合设计和有关标准的要求。应检查（　　）。

    A. 产品合格证　　　　　　　　　　　　B. 出厂检测报告

    C. 和有效期内的型式检验报　　　　　　D. 现场抽样复验报告

13. 遮阳设施的（　　）等应符合设计要求，并应符合国家现行产品标准。

    A. 品种规格　　　　　B. 等级　　　　　　C. 性能　　　　　　D. 价格

14. 民用建筑节能工程竣工后，应进行热工性能现场抽检。现场检验（　　）。

    A. 屋面、墙体传热系数　　　　　　　　B. 隔热性能

    C. 门窗气密性　　　　　　　　　　　　D. 门窗抗风压性

15. 民用建筑工程质量验收时应有（　　）的验收记录。

    A. 各检验批　　　　　B. 分项　　　　　　C. 分部　　　　　　D. 专项

三、案例分析题

某住宅楼项目工程，建设单位为某房地产开发有限公司，建设地点为黄河路右侧地块，建筑面积为12190.7m²，高度为81.89m，地上26层（带阁楼）。建筑结构类型均为剪力墙结构，填充墙体为轻集料混凝土小型空心砌块。外墙外保温工程采用胶粉聚苯颗粒保温砂浆系统，外墙饰面采用氟碳漆饰面层，保温厚度按设计要求。

根据以上内容，回答下列问题：

1. 墙体节能工程验收的检验批是如何划分的？

2. 墙体节能工程应对哪些部位或内容进行隐蔽工程验收，并应有详细的文字记录和必要的图像资料？

项目十 安全和功能检验及观感质量检查

任务一 安全和功能检验资料核查及主要功能抽查

一、安全和功能检验资料核查及主要功能抽查要求与内容

1. 要求

建筑工程安全和功能检验资料核查及主要功能抽查要求有以下四个方面：

（1）该有的资料项目是否都有。检查各施工质量验收规范中规定的检测项目是否都进行了验收，不能进行检测的项目要求说明原因。

（2）该有的资料和数据是否都有。检查各项检测记录（报告）的内容、数据是否符合要求，包括检测项目的内容，所遵循的检测方法标准，检测结果的数据是否达到了规定的要求。资料中证明工程安全和功能的数据必须具备，如果其重要数据没有或不完备，这项资料就是无效的，就是有这样的资料，也证明不了该工程安全和功能的性能，也不能算资料完整。如室内环境检测报告，只列出游离甲醛、苯、氨、TVOC含量，没有放射性指标检测的确切数据及结论，这种资料就是无效的。

（3）核查资料的检测程序，有关取样人、检测人、审核人、试验负责人及单位加盖公章，有关人员的签字是否有效、齐全等。

（4）在单位工程竣工验收时，核查各分部（子分部）工程应该检测的项目是否按照规定的程序、内容和数量进行了测试。

2. 内容

（1）验收组对建筑工程安全和功能检验资料进行核查。

（2）对主要功能进行抽查，主要是在现场对影响安全和使用的主要功能进行抽查，能动的要动，能看的要看。

二、安全和功能检验资料核查及主要功能抽查项目

建筑工程安全和功能检验资料核查及主要功能抽查在分部（子分部）工程和单位（子单位）工程验收时进行。在单位（子单位）工程验收时，是对各分部、子分部工程应该进行检测的项目的核查，是对检测资料内容、数量、数据及使用的检测方法、标准、程序等核查和抽查。主要功能抽查，是验收组在进行验收时随机对主要功能进行的抽查。

建筑与结构工程安全和功能检验资料核查及主要功能的抽查主要有以下几个项目：

1. 屋面淋水试验

建筑物的屋面施工完毕后能否达到防水、防渗漏的要求，须对屋面进行泼水、淋水或蓄水试验来检验。一般来讲，坡屋面可进行泼水或淋水试验，平屋面可进行泼水、淋水或蓄水试验。

（1）屋面工程完工后，应对细部构造包括屋面天沟、檐沟、檐口、泛水、压顶、水落口、变形缝、伸出屋面管道及接缝处的女儿墙、管道、排气道（孔）和保护层等进行雨期观察或淋水、蓄水检查。

（2）淋水试验持续时间不得少于 2h。

（3）做蓄水检查的屋面，蓄水时间不得少于 24h。

（4）宏观应检查各部位的防水效果，既要查验自检记录，又要实地查看工程实体有无渗漏现象，具体查看是否有湿渍、渗水、水珠、滴漏或线漏等。

（5）屋面淋（蓄）水试验应记录工程名称、检查部位、检查日期、检查方法（淋水、蓄水）、蓄水深度、淋（蓄）水时间、检查结果（有无渗漏）等。

2. 地下室防水效果检查

地下室验收时，应对地下室有无渗漏现象进行检查，填写"地下室防水效果检查记录"。检查内容应包括裂缝、渗漏部位、渗漏面积大小、渗漏情况、处理意见等。发现渗漏现象应制作"背水内表面结构工程展开图"。

检查时，应记录工程名称、检查部位、检查时间、检查方法和内容及检查结果等。

3. 有防水要求的地面蓄水试验

凡有防水要求的房间应有防水层完工后及装修后的蓄水检查记录。

（1）有防水要求的地面必须 100％进行蓄水试验。

（2）蓄水试验程序及结果：

1）蓄水前，应将地漏和下水管口堵塞严密。

2）蓄水深度一般为 30～100mm，不得超过设计活荷载，并不得超过立管套管的高度。

3）蓄水时间应不少于 24h，无渗漏为合格。

4）蓄水试验中发现渗漏时应及时查找原因，采取相应措施后，重新进行试验，直至合格。

（3）蓄水试验应记录检查方式（蓄水时间、深度）、检查结果及复查意见等。

4. 建筑物垂直度、标高、全高测量

垂直度、标高、全高测量记录主要包括：

（1）建筑物结构工程完成和工程竣工时，对建筑物垂直度和全高进行实测并记录，填写"建筑物垂直度、标高、全高测量记录"，要有"实测部位""实测偏差""测量结果说明"，并有"观测示意图"。

（2）楼层及全高标高测量，填写"建筑物标高测量记录"，有"实测部位"和"实测值"。

（3）超过允许偏差且影响结构性能的部位，应由施工单位提出技术处理方案，并经建设（监理）单位认可，必要时，经原设计单位认可后进行处理并记录。

5. 通风道、烟道检查

通风道、烟道应全数做通风、抽风和漏风及串风试验，检查畅通情况，并做记录。

检查时，重点应记录主烟道、副烟道、风道的检查结果等，并填写"通风（烟）道检查记录"。

6. 幕墙及外窗气密性、水密性、耐风压检测

（1）幕墙应检测抗风压性能、空气渗透性能、雨水渗漏性能及平面变形性能等。

（2）外墙金属窗和塑料窗等的抗风压性能、空气渗透性能和雨水渗漏性能。

（3）检测报告应包括幕墙（外窗）种类、检测日期、检测部位、检测项目及内容、检测方法、检测结果及复查结论等。

7. 建筑物沉降观测测量

建筑物变形测量也是影响安全和功能的必测项目，主要包括沉降观测、倾斜观测、位移观测及裂缝观测等。

（1）根据设计要求和规范规定，进行沉降观测时，应由建设单位委托有资质的测量单位进行施工过程中及竣工后的沉降观测工作。

（2）测量单位应按设计要求和规范规定或监理单位批准的观测方案，设置沉降观测点，绘制沉降观测点布置图，定期进行沉降观测记录，并应附沉降观测点的沉降量与时间、荷载关系曲线图和沉降观测技术报告。

8. 节能、保温测试

建筑工程应按照建筑节能标准，对建筑物所使用的材料、构配件、设备、采暖、通风空调、照明等涉及节能、保温的项目进行检测。

节能、保温测试应委托有相应资质的检测单位检测，并由其出具检测报告。

9. 室内环境检测

（1）建筑工程及室内装饰装修工程应按照现行国家规范要求，在工程完工至少 7 天以后和工程交付使用前对室内环境进行质量验收。

（2）室内环境检测应由建设单位委托经考核认可的检测机构进行，并出具室内环境污染物浓度检测报告。

（3）检测报告中应包括检测部位、检测项目（氡、甲醛、氨、苯、TVOC 等）、取样位置、取样数量、取样方法、测试结果、检测日期等。

任务二　观感质量检查

一、观感质量检查评定等级划分

1. 建筑工程观感质量检查评定等级

观感质量评价是工程的一项重要评价工作，是全面评价一个分部、子分部、单位工程的外观及使用功能，促进施工质量的管理，成品保护，提高社会效益和环境效益的重要手段。

现行的建筑工程施工质量验收标准和规范规定了对分部（子分部）工程、单位（子单位）工程分别进行观感质量检查，评价结论分为"好""一般""差"三个等级。

（1）好。施工部位的质量较好，符合标准。

（2）一般。施工部位的质量没有明显达不到要求的。如果是有允许偏差的项目，即是指在允许偏差的一定比例范围内（其范围按照相应专业验收规范规定确定，一般是抽样样本的80％符合指标，其余 20％可以超出，但不能超出允许偏差值的 150％）。

（3）差。有的部位达不到要求，或者有明显缺陷，但不影响安全或使用功能的。所谓达不到要求，是指检查点超出了允许偏差的一定比例范围以外。评为差的项目应进行返修。

需要说明的是，有影响安全或重要使用功能的缺陷，不能进行观感质量评价，应处理后再评价。若确实不能处理，则应由参加验收各方共同洽商解决，并做记录。

2. 建筑工程观感质量检查评定程序

评价时，施工单位应先自行检查合格后，由建设单位或监理单位来验收。参加评价的人员应有相应的资格，由建设单位负责人或项目负责人组织，也可由总监理工程师组织建设单位相关专业质量的负责人、监理单位和设计单位及施工单位有关人员参加，验收组在听取其他参加人员的意见后，共同做出评价。评价时，可分项评价，也可分大的方面综合评价，最后对分部（子分部）和单位（子单位）工程分别做出观感的质量评价。

3. 建筑工程观感质量检查标准与方法

由于观感质量的评定，在现行施工验收标准（统一标准和各专业验收标准规范）中定性的成分较多，容易受到检查人员个人喜好、经验等影响。

参照《建筑工程施工质量评价标准》（GB/T 50375—2016）的有关规定，观感质量的评定方法更具有可操作性，该标准对观感质量的评定有如下规定。

（1）检查标准。每个检查项目的检查点按"好""一般""差"给出评价，项目检查点90%及其以上达到"好"，其余检查点为"一般"的为一档，取100%的标准分值；项目检查点"好"的达到70%及其以上但不足90%，其余检查点达到"一般"的为二档，取85%的标准分值；项目检查点"好"的达到30%及其以上但不足70%，其余检查点达到"一般"的为三档，取70%的标准分值。

以上三档可以对应理解为检查项目评定的三个等级："好""一般""差"，其分值权重，各地区取值略有不同。

（2）检查方法。观察辅以必要的量测和检查分部（子分部）工程质量验收记录，并进行分析计算。

二、观感质量检查评定要求

下面介绍单位工程建筑与结构部分观感质量为"好""一般"的检查评定要求。若不能满足"好""一般"要求，则应评为"差"。

1. 室外墙面

（1）墙面。

一般：必须黏结牢固。无脱层、裂缝、爆灰、露底，无空鼓，表面平整，无明显污染和接槎痕迹，颜色基本一致。其中，水刷石石粒紧密，无掉粒；干粘石（砂）分布均匀。涂料无掉粉、漏刷、透底、起皮、轻微咬色、流坠、疙瘩。天然板、人造板、釉面砖、陶瓷锦砖，接缝填嵌密实、平直、均匀，套割基本吻合，墙裙等突出墙面的厚度基本一致。

好：在一般基础上，颜色一致。无空鼓、污染和接槎痕迹。其中，水刷石石粒清晰无掉粒，干粘石（砂）无漏粘，阳角无黑边。天然板、人造板、釉面砖、陶瓷锦砖，套割吻合，流水坡向正确，无变色、起碱和光泽受损处。

（2）大角。

一般：方正、顺直。

好：在一般基础上，整齐、美观。

（3）横竖线角（包括阳台、花台、外窗、腰线、格条等）。

一般：无明显缺楞掉角，窗台坡度适宜。

好：在一般基础上，无缺楞掉角。

（4）散水、台阶、明沟。

一般：表面光滑，坡度适宜，线角顺直，无明显脱皮、起砂、轻微龟裂和麻面。其中，散水坡不倒泛水，有伸缩缝，填缝符合要求。外台阶齿角基本整齐。明沟截面符合设计要求，坡向适宜。

好：在一般基础上，无裂纹、空鼓、麻面。外台阶齿角整齐，明沟坡度、坡向符合设计要求。

（5）滴水线（槽）。

一般：滴水线（槽）基本顺直，槽的深度和宽度满足要求。

好：在一般基础上，流水坡向正确，线（槽）整齐一致，有断水。

2. 变形缝

一般：缝宽、位置、隔断、封闭伸缩片、附加层、填嵌材料、面层覆盖形式基本符合设计要求和规范规定。

好：在一般基础上，封闭严密，功能性好，洁净、顺直。

3. 水落管、屋面

（1）水落管。

一般：水落斗、跌水、卡具、弯头符合规定。安装牢固，顺水承插深度不小于40mm，距地不小于200mm，距墙不小于20mm，正侧顺直。

好：在一般基础上，管箍间距相等且≤1.2m，弯头的接合角度成钝角。

（2）屋面。

1）屋面坡向。

一般：排水方向，坡度符合设计要求，无明显积水。

好：在一般基础上，无积水和杂物。

2）屋面防水层（瓦、铁、细石混凝土屋面应按相应标准执行）。

一般：表面涂刷均匀，铺贴顺序、方向、长短边搭接符合规范规定。黏结牢固，无滑移、翘边、起泡、皱褶等缺陷。

好：在一般基础上，表面平整，高低跨或集中排水处有保护措施。

3）屋面细部。

a. 墙（管）根。

一般：卷材附加层、立面收头及泛水做法基本符合规范规定，收头高度不小于250mm，转角处应作成半径为100～150mm的圆弧钝角。

好：在一般基础上，根部附加层、立面收头、泛水及转角处做法符合规范规定，有压顶或突出腰线的泛水沿有滴水，管头有伞罩。

b. 水落口、天沟。

一般：水落口防腐并伸入卷材，安装牢固，盖以算子或罩，天沟卷材顺水接槎，边角为钝角并顺直。

好：在一般基础上，交接合理，无翘边，流水通畅。

c. 变形缝。

一般：功能性好，伸缩片、附加层、填嵌材料、面层覆盖符合设计要求，防锈涂料涂刷均匀。

好：在一般基础上，封闭严密不漏水，洁净，线角顺直。

4）屋面保护层（板块）。

一般：表面平整，色泽基本一致，缝格平直，填嵌密实，无裂缝、缺楞掉角，坡向符合设计要求，无明显积水，不渗漏。

好：在一般基础上，平整洁净，图案清晰，色泽一致，接缝均匀，无积水。

4. 室内墙面

一般：必须黏结牢固，无脱皮、掉灰、空鼓、裂纹（风裂除外）、爆灰，墙面接槎平整，孔洞、槽、盒边缘整齐，管道背面平顺，墙表面基本光滑、洁净，颜色均匀，线角顺直。其中面层刮白、涂料和刷喷浆无掉粉、起皮、透底和漏刷，少量轻微反碱、咬色不多于5处，门窗、灯具基本洁净；壁纸、墙布无翘折，无明显斑污、胶痕，拼缝横平竖直，与贴脸、踢脚等交接处严密。

好：在一般基础上，阴阳角方正。其中刮白、涂料和刷喷浆，颜色一致，有光度；壁纸、墙布无斑污、胶痕，斜视不见拼缝，图案和花纹吻合，交接处无缝隙。门窗、灯具洁净，表面美观。

5. 室内顶棚

（1）罩面板。

一般：安装牢固，无翘曲、折裂、缺棱掉角，表面平整、洁净。无明显变色、污染、反锈、麻点和锤印，接缝宽窄均匀，压条顺直，无翘曲。

好：在一般基础上，颜色一致，无污染、反锈、麻点、锤印，接缝压条宽窄一致、整齐、平直、严密。

（2）中级抹灰。

一般：表面光滑，接槎平整，线角顺直。

好：在一般基础上，表面光滑，洁净，颜色均匀，线角顺直。

6. 室内地面

一般：必须黏结牢固，无空鼓，表面密实压光、平整、无明显裂纹、脱皮、麻面、起砂现象，分格条牢固、显露、基本顺直，踢脚线光滑平直、高度基本一致，水泥砂浆、细石混凝土等局部无明显细小收缩裂纹和轻微麻面；整体水磨石表面光滑，无明显裂纹和砂眼，石粒密实；大理石、水磨石、陶瓷锦砖等板块面层，颜色调配均匀，无明显裂纹和缺棱掉角，安装牢固，接缝填嵌密实、平直、均匀；木地板表面平整光滑，无戗槎、毛刺，板面缝隙基本严密。

好：在一般基础上，颜色均匀一致，线格方正顺直，踢脚线高度一致，出墙均匀，水泥砂浆和细石混凝土无砂眼、抹纹；整体水磨石表面光滑，石粒显露均匀，格条顺直清晰；大理石、水磨石、陶瓷锦砖等板块，无缺楞掉角、无污痕，非整砖使用部位适宜；长地板缝隙严密。

7. 楼梯、踏步、护栏

（1）楼梯、踏步。

一般：必须黏结牢固，无空鼓，无明显裂纹、起砂、脱皮，高宽度基本一致，相邻两步高差符合要求。

好：在一般基础上，无裂纹、脱皮、麻面，高宽度一致，防滑条顺直。

（2）护栏。

一般：镶钉牢固，位置基本正确，表面光滑，线角顺直，接缝严密，割角整齐，木护栏无明显戗槎和刨痕。

好：在一般基础上，位置正确，出墙一致，棱角方正，不露钉帽，木护栏无戗槎和刨痕。

8. 门窗

外门窗应进行抗风压、气密性、水密性及开关试验。

（1）木门窗。

一般：框与墙体间空隙基本嵌填饱满，开关灵活，小五金齐全，刨面平整光滑，木螺栓拧牢，缝隙基本符合要求。

好：在一般基础上，扇不回弹，缝隙均匀符合要求，小五金型号、规格符合要求，刻槽深度一致、边缘整齐、位置正确。框与墙体间空隙嵌填饱满，扇面无裂纹。

（2）钢门窗、涂色镀锌钢板门窗。

一般：安装牢固，关闭严密，无倒翘，开关灵活，附件齐全，方便适用，与墙体间空隙嵌填饱满，基本无锈蚀。

好：在一般基础上，开启无阻滞、回弹，附件位置正确、牢固，无锈蚀。

（3）铝合金门窗。

一般：安装牢固，关闭严密，开关灵活，间隙基本均匀，附件齐全、牢固、灵活，与墙体间空隙嵌填材料，与非不锈钢紧固件接触面做防腐处理，表面洁净，无明显划痕、碰伤，排水孔位置正确、畅通。

好：在一般基础上，间隙均匀，附件位置正确，表面美观、光滑、无划痕、碰伤、锈蚀。

（4）塑料门窗。

一般：安装牢固，固定点距窗角、中横框、中竖框 150～200mm，固定点间距不大于600mm；关闭严密，开启灵活，与墙体间隙填嵌材料密实，密封条不脱槽，且接缝基本严密、不卷边，排水孔位置正确畅通，表面洁净，平整光滑，大面无明显划痕、碰伤。

好：在一般基础上，密封条平整，大面无划痕、碰伤。

（5）特种门窗。

一般：安装位置正确，安装牢固，开关或旋转方向正确且灵活，自动门的感应时间符合限值要求；表面基本洁净，无明显划痕和碰伤。

好：在一般基础上，表面洁净、无划痕和碰伤。

（6）玻璃。

一般：裁割尺寸正确，安装平整稳固，表面无斑污，座底灰油灰平满，黏结牢固，钉子或钢卡数量符合要求。

好：在一般基础上，表面洁净，无油污，油灰与裁口齐平、光滑。

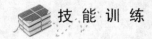 技 能 训 练

一、单选题

1. 建筑工程及室内装饰装修工程应按照现行国家规范要求，在工程完工至少（　　）以后和工程交付使用前对室内环境进行质量验收。

A. 3 天　　　　　　　　B. 7 天　　　　　　　　C. 14 天　　　　　　　　D. 28 天

2. 水落管观感质量为"好"的标准是：在一般基础上，管箍间距相等且（　　）m，

弯头的接合角度成钝角。

    A. ≤0.5   B. ≤1.0   C. ≤1.2   D. ≤1.5

二、多选题

1. 建筑物变形测量也是影响安全和功能的必测项目，主要包括（　　）等。

    A. 沉降观测   B. 倾斜观测   C. 位移观测   D. 裂缝观测

2. 观感质量检查的结论有（　　）。

    A. 好   B. 差   C. 合格   D. 一般

    E. 不合格

三、案例分析题

某商厦建筑面积为 16600m²，现浇钢筋混凝土框架结构，地上 6 层，地下 2 层，简装修。由市圣安物业发展有限责任公司开发建设，省建筑设计院设计，市工程建设监理有限责任公司监理，市第二建筑安装总公司施工。该工程于 2011 年 4 月 13 日开工，2012 年 5 月 13 日建设单位组织设计单位、监理单位、施工单位对该工程进行竣工验收。

根据以上内容，回答下列问题：

1. 建筑工程观感质量检查评定程序有哪些？

2. 建筑工程观感质量检查标准与方法是什么？

项目十一 质量问题分析与处理

任务一 质量问题分析

一、质量问题分析的作用与基本要求

1. 质量问题分析的作用

（1）防止质量问题恶化。建筑工程出现质量缺陷或质量问题，应高度关注，及时停止有质量问题部位及下道工序作业和采取相关措施，防止质量问题恶化。

例如，施工中发现现浇结构的混凝土强度不足，就应引起重视，如尚未拆模，则应考虑何时可拆模，拆模时应采取何种补救措施和安全措施，以防止发生结构倒塌。如已拆模，则应考虑控制施工荷载量，或加支撑，防止结构严重开裂或倒塌，同时及早采取适当的补救措施。

（2）创造正常的施工条件。例如，发现预埋件等偏位较大，影响了后续工程的施工，必须在及时分析与处理后，方可继续施工，以保证结构的安全。

（3）排除隐患。例如，砌体工程中，砂浆强度不足，砂浆饱满度很差，组砌方法不当等都将降低砌体的承载能力，给结构留下隐患。发现这些问题后，应从设计、施工等方面进行周密的分析和必要的计算，并采取适当的措施，以及时排除这些隐患。

（4）总结经验教训，预防质量问题再次发生。例如，承重砖柱毁坏、悬挑结构倒塌等质量问题，在许多地区连年不断，因此应及时总结经验教训，进行质量教育，或作适当交流，将有助于杜绝这类质量问题的发生。

（5）减少损失。对质量问题进行及时的分析，可以防止质量问题恶化，及时创造正常的施工条件，并排除隐患，可以取得明显的经济与社会效益。此外，正确分析质量问题，找准发生质量问题的原因，可为合理地处理质量问题提供依据，达到尽量减少质量问题损失的目的。

（6）有利于工程交工验收。施工中发生的质量问题，若能正确分析其原因和危害，找出正确的解决方法，使有关各方认识一致，可避免到交工验收时，发生不必要的争议，而延误工程的验收和使用。

（7）为制订和修改标准规范提供依据。例如，通过对砖墙裂缝的分析，可为标准规范在制定变形缝的设置和防止墙体的开裂方面提供依据。

2. 质量问题分析的基本要求

质量问题分析具有对质量问题进行判别、诊断和仲裁的性质，所以它的基本要求可用12个字概括，即"及时、客观、准确、全面、标准、统一"。"及时"是指质量问题发生后，应尽早调查分析；"客观"是指分析应以各项实际资料数据为基础；"准确"是指质量问题的性质和原因都要十分明确，不可含糊其辞；"全面"是指质量问题范围、情况、原因和有关责任者都不能遗漏；"标准"是指质量问题分析应以当时所用的标准规范为根据；"统一"是指质量问题分析中的有关内容，各方面应取得一致或基本一致的认识。

二、施工项目质量问题的特点与类型分析

1. 施工项目质量问题的特点

施工项目质量缺陷具有复杂性、严重性、可变性和多发性的特点。

（1）复杂性。施工项目质量缺陷的复杂性，主要表现在引发质量缺陷的因素复杂，从而增加了对质量缺陷的性质、危害的分析、判断和处理的复杂性。例如，建筑物的倒塌，可能是未认真进行地质勘察，地基的容许承载力与持力层不符；也可能是未处理好不均匀地基，产生过大的不均匀沉降；或是盲目套用图纸，结构方案不正确，计算简图与实际受力不符；或是荷载取值过小，内力分析有误，结构的刚度、强度、稳定性差；或是施工偷工减料、不按图施工、施工质量低劣；或是建筑材料及制品不合格，擅自代用材料等原因所造成。由此可见，在处理质量问题时，必须深入地进行调查研究，针对其质量问题的特征作具体分析。

（2）严重性。施工项目质量缺陷，轻者影响施工顺利进行，拖延工期，增加工程费用；重者给工程留下隐患，成为危房，影响安全使用或不能使用；更严重的是引起建筑物倒塌，造成人民生命财产的巨大损失。

（3）可变性。许多工程质量缺陷，还将随着时间不断发展变化。例如，钢筋混凝土结构出现的裂缝将随着环境湿度、温度的变化而变化，或随着荷载的大小和持荷时间而变化；建筑物的倾斜，将随着附加弯矩的增加和地基的沉降而变化；混合结构墙体的裂缝也会随着温度应力和地基的沉降量而变化；甚至有的细微裂缝，也可以发展成构件断裂或结构物倒塌等重大质量问题。所以，在分析、处理工程质量问题时，一定要特别重视质量问题的可变性，应及时采取可靠的措施，以免质量问题进一步恶化。

（4）多发性。施工项目中有些质量缺陷，就像"常见病""多发病"一样经常发生，而成为质量通病。如屋面、卫生间漏水，抹灰层开裂、脱落，地面起砂、空鼓，排水管道堵塞，预制构件裂缝等。另有一些同类型的质量缺陷，往往一再重复发生，如雨篷的倾覆，悬挑梁、板的断裂，混凝土强度不足等。因此，吸取多发性质量问题的教训，认真总结经验，是避免质量问题重演的有效措施。

2. 施工项目质量问题的分类

工程质量问题一般分为工程质量缺陷、工程质量通病、工程质量事故。

（1）工程质量缺陷是指工程达不到技术标准允许的技术指标的现象。

（2）工程质量通病是指各类影响工程结构、使用功能和外形观感的常见性质量损伤，犹如"多发病"一样，而称为质量通病。

（3）工程质量事故是指在工程建设过程中或交付使用后，对工程结构安全、使用功能和外形观感影响较大、损失较大的质量损伤。例如，住宅阳台、雨篷倾覆，桥梁结构坍塌，大体积混凝土强度不足，管道、容器爆裂使气体或液体严重泄漏等。它的特点是：

1）经济损失达到较大的金额。

2）有时造成人员伤亡。

3）后果严重，影响结构安全。

4）无法降级使用，难以修复时必须推倒重建。

3. 建筑工程中常见的质量问题

（1）地基基础工程中的质量问题。

1）地基不均匀沉降。

2）预应力混凝土管桩桩身断裂。

3）挖方边坡塌方。

4）基坑（槽）回填土沉陷。

（2）地下防水工程中的质量问题。

1）防水混凝土结构裂缝、渗水。

2）卷材防水层空鼓。

3）施工缝渗漏。

（3）砌体工程中的质量问题。

1）小型空心砌块填充墙裂缝。

2）砌体砂浆饱满度不符合规范要求。

3）砌体标高、轴线等几何尺寸偏差。

4）砖墙与构造柱连接不符合要求。

5）构造柱混凝土出现蜂窝、孔洞和露筋。

6）填充墙与梁、板接合处开裂。

（4）混凝土结构工程中的质量问题。

1）混凝土结构裂缝。

2）钢筋保护层不符合规范要求。

3）混凝土墙、柱层间边轴线错位。

4）模板钢管支撑不当导致结构变形。

5）滚轧直螺纹钢筋接头施工不规范。

6）混凝土不密实，存在蜂窝、麻面、空洞现象。

（5）楼地面工程中的质量问题。

1）混凝土、水泥楼（地）面收缩、空鼓、裂缝。

2）楼梯踏步阳角开裂或脱落、尺寸不一致。

3）卫间楼地面渗漏水。

4）底层地面沉陷。

（6）装饰装修工程中的质量问题。

1）外墙饰面砖空鼓、松动脱落、开裂、渗漏。

2）门窗变形、渗漏、脱落。

3）栏杆高度不够、间距过大、连接固定不牢、耐久性差。

4）抹灰表面不平整、立面不垂直、阴阳角不方正。

（7）屋面工程中的质量问题。

1）水泥砂浆找平层开裂。

2）找平层起砂、起皮。

3）屋面防水层渗漏。

4）细部构造渗漏。

5）涂膜出现黏结不牢、脱皮、裂缝等现象。

（8）建筑节能中的质量问题。

1）外墙隔热保温层开裂。

2）有保温层的外墙饰面砖空鼓、脱落。

三、施工项目质量问题的成因分析

施工项目质量问题表现的形式多种多样，诸如建筑结构的错位、变形、倾斜、倒塌、破坏、开裂、渗水、漏水、刚度差、强度不足、断面尺寸不准等，归纳为如下原因。

1. 违背建设程序

如不经可行性论证，不做调查分析就拍板定案；没有搞清工程地质、水文地质就仓促开工；无证设计，无图施工；任意修改设计，不按图纸施工；工程竣工不进行试车运转、不经验收就交付使用等盲干现象，致使不少工程项目留有严重隐患，房屋倒塌事故也常有发生。

2. 地质勘察失真

未认真进行地质勘察，提供地质资料、数据有误；地质勘察时，钻孔间距太大，不能全面反映地基的实际情况，如当基岩地面起伏变化较大时，软土层厚薄相差也甚大；地质勘察钻孔深度不够，没有查清地下软土层、滑坡、墓穴、孔洞等地层构造；地质勘察报告不详细、不准确等，均会导致采用错误的基础方案，造成地基不均匀沉降、失稳，使上部结构及墙体开裂、破坏、倒塌。

3. 未加固处理好地基

对软弱土、冲填土、杂填土、湿陷性黄土、膨胀土、岩层出露、熔岩、土洞等不均匀地基未进行加固处理或处理不当，均是导致重大质量问题的原因。必须根据不同地基的工程特性，按照地基处理应与上部结构相结合，使其共同工作的原则，从地基处理、设计措施、结构措施、防水措施、施工措施等方面综合考虑治理。

4. 设计计算错误

设计考虑不周，结构构造不合理，计算简图不正确，计算荷载取值过小，内力分析有误，沉降缝及伸缩缝设置不当，悬挑结构未进行抗倾覆验算等，都是诱发质量问题的隐患。

5. 使用不合格的建筑材料及制品

诸如：钢筋物理力学性能不符合标准，水泥受潮、过期、结块、安定性不良，砂石级配不合理、有害物含量过多，混凝土配合比不准，外加剂性能、掺量不符合要求时，均会影响混凝土强度、和易性、密实性、抗渗性，导致混凝土结构强度不足、裂缝、渗漏、蜂窝、露筋等质量问题；预制构件断面尺寸不准，支承锚固长度不足，未可靠建立预应力值，钢筋漏放、错位，板面开裂等，必然会出现断裂、垮塌。

6. 施工和管理不到位

许多工程质量问题，往往是由施工和管理所造成。例如：

（1）不熟悉图纸，盲目施工，图纸未经会审，仓促施工；未经监理、设计部门同意，擅自修改设计。

（2）不按图施工。把铰接做成刚接，把简支梁做成连续梁，抗裂结构用光圆钢筋代替变形钢筋等，致使结构裂缝破坏；挡土墙不按图设滤水层，留排水孔，致使土压力增大，造成挡土墙倾覆。

（3）不按有关施工验收规范施工。例如，现浇混凝土结构不按规定的位置和方法任意留设施工缝；不按规定的强度拆除模板；砌体不按组砌形式砌筑，留直槎不加拉结条，在小于1m宽的窗间墙上留设脚手眼等。

（4）不按有关操作规程施工。例如，用插入式振捣器捣实混凝土时，不按插点均布、快插慢拔、上下抽动、层层扣搭的操作方法，致使混凝土振捣不实，整体性差；又如，砖砌体包心砌筑，上下通缝，灰浆不均匀饱满，游丁走缝，不横平竖直等都是导致砖墙、砖柱破坏、倒塌的主要原因。

（5）缺乏基本结构知识，施工蛮干。如将钢筋混凝土预制梁倒放安装；将悬臂梁的受拉钢筋放在受压区；结构构件吊点选择不合理，不了解结构使用受力和吊装受力的状态；施工中在楼面超载堆放构件和材料等，均将给质量和安全造成严重的后果。

（6）施工管理紊乱。施工方案考虑不周，施工顺序错误。技术组织措施不当，技术交底不清，违章作业。不重视质量检查和验收工作等，都是导致质量问题的祸根。

7. 自然条件影响

施工项目周期长、露天作业多，受自然条件影响大，温度、湿度、日照、雷电、供水、大风、暴雨等都能造成重大的质量事故，施工中应特别重视，采取有效措施予以预防。

8. 使用不当

建筑物使用不当，容易造成质量问题。如不经校核、验算，就在原有建筑物上任意加层；使用荷载超过原设计的容许荷载；任意开槽、打洞、削弱承重结构的截面等。

任务二　质量问题处理

一、施工项目质量问题处理的基本要求

（1）质量问题处理应达到安全可靠，不留隐患，满足生产、使用要求，施工方便，经济合理的目的。

（2）重视消除质量问题的原因。这不仅是一种处理方向，也是防止质量问题重演的重要措施，如地基由于浸水沉降引起的质量问题，则应查清、消除浸入的原因，制定防治浸水的措施。

（3）注意综合治理。既要防止原有质量问题的处理引发新的质量问题，又要注意处理方法的综合应用，如结构承载能力不足，则可查清、采取结构补强、卸荷，增设支撑、改变结构方案等方法的综合应用。

（4）正确确定处理范围。除了直接处理质量问题发生的部位外，还应检查质量问题对相邻区域及整个结构的影响，以正确确定处理范围。例如，板的承载能力不足进行加固时，往往形成从板、梁、柱到基础均可能要予以加固。

（5）正确选择处理时间和方法。发现质量问题后，一般均应及时分析处理。但并非所有质量问题的处理都是越早越好，如裂缝、沉降、变形尚未稳定就匆忙处理，往往不能达到预期的效果，而常会进行重复处理。处理方法的选择，应根据质量问题的特点，综合考虑安全可靠、技术可行、经济合理、施工方便等因素，经分析比较，择优选定。

（6）加强质量问题处理的检查验收工作。从施工准备到竣工，均应根据有关规范的规定和设计要求的质量标准进行检查验收。

（7）认真复查质量问题的实际情况。在质量问题处理中若发现质量问题情况与调查报告中所述的内容差异较大，应停止施工，待查清问题的实质，采取相应的措施后再继续施工。

（8）确保质量问题处理期的安全。质量问题现场中不安全因素较多，应事先采取可靠的安全技术措施和防护措施，并严格检查、执行。

二、施工项目质量问题处理的程序

施工项目质量问题处理的程序，一般可按图 11-1 所示进行。

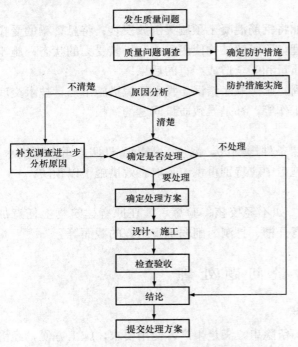

图 11-1　质量问题处理程序框图

1. 质量问题调查

质量问题发生后，应及时组织调查处理。调查的主要目的，是要确定质量问题的范围、性质、影响和原因等，通过调查为质量问题的分析与处理提供依据，一定要力求全面、准确、客观。

调查结果要整理撰写成质量问题调查报告，其内容如下：

（1）工程概况，重点介绍质量问题有关部分的工程情况。

（2）质量问题情况，质量问题发生时间、性质、现状及发展变化的情况。

（3）是否需要采取临时应急防护措施。

（4）质量问题调查中的数据、资料。

（5）质量问题原因的初步判断。

（6）质量问题涉及人员与主要责任者的情况。

2. 质量问题分析

质量问题的原因分析，要建立在质量问题情况调查的基础上，避免情况不明就主观分析判断质量问题的原因。尤其是有些质量问题，其原因错综复杂，往往涉及勘察、设计、施工、材质、使用管理等几方面，只有对调查提供的数据、资料进行详细分析后，才能去伪存真，找到造成质量问题的主要原因。

3. 质量问题处理

质量问题的处理要建立在原因分析的基础上，对有些质量问题一时认识不清时，只要质量问题不致产生严重的恶化，可以继续观察一段时间，做进一步调查分析，不要急于求成，以免造成同一质量问题多次处理的不良后果。质量问题处理的基本要求是：安全可靠，不留隐患，满足建筑功能和使用要求，技术可行，经济合理，施工方便。在质量问题处理中，还必须加强质量检查和验收。对每一个质量问题，无论是否需要处理都要经过分析，做出明确的结论。

三、施工项目质量问题处理的应急措施

工程中的质量问题具有可变性，在处理质量问题前，应及时对问题的性质进行分析，做出判断，对随着时间、温度、湿度、荷载条件变化的变形、裂缝要认真观测记录，寻找变化规律及可能产生的恶果；对表面质量问题，要进一步查明问题的性质是否会转化；对可能发展成为构件断裂、房屋倒塌的恶性质量问题，要及时采取应急补救措施。

在拟定应急措施时，一般应注意以下事项：

（1）对危险性较大的质量问题，首先应予以封闭或设立警戒区，只有在确认不可能倒塌或进行可靠支护后，方准许进入现场处理，以免人员伤亡。

（2）对需要进行部分拆除的质量问题，应充分考虑质量问题对相邻区域结构的影响，以免质量问题进一步扩大，且应制定可靠的安全措施和拆除方案，要严防对原有质量问题的处理引发新的质量问题，如偷梁换柱，稍有疏忽将会引起整幢房屋倒塌。

（3）凡涉及结构安全的，都应对处理阶段的结构强度、刚度和稳定性进行验算，提出可靠的防护措施，并在处理中严密监视结构的稳定性。

（4）在不卸荷条件下进行结构加固时，要注意加固方法和施工荷载对结构承载力的影响。

（5）要充分考虑对质量问题处理中所产生的附加内力对结构的作用，以及由此引起的不安全因素。

四、施工项目质量问题处理的方案

质量问题处理方案，应当在正确地分析和判断质量问题原因的基础上进行。对于工程质量问题，通常可以根据质量问题的情况，做出以下四类不同性质的处理方案。

1. 修补处理

这是最常采用的一类处理方案。通常当工程的某些部分的质量虽未达到规定的规范、标准或设计要求，存在一定的缺陷，但经过修补后还可达到要求的标准，又不影响使用功能或外观要求，在此情况下，可以做出进行修补处理的决定。

属于修补处理的具体方案有很多，诸如封闭保护、复位纠偏、结构补强、表面处理等。例如，某些混凝土结构表面出现蜂窝麻面，经调查、分析，该部位经修补处理后，不会影响其使用及外观；又如某些结构混凝土发生表面裂缝，根据其受力情况，仅作表面封闭保护即可。

2. 返工处理

当工程质量未达到规定的标准或要求，有明显的严重质量问题，对结构的使用和安全有重大影响，而又无法通过修补的办法纠正所出现的缺陷情况下，可以做出返工处理的决定。例如，某防洪堤坝的填筑压实后，其压实土的干密度未达到规定的要求干密度值，核算将影响土体的稳定和抗渗要求，可以进行返工处理，即挖除不合格土，重新填筑。又如，某工程预应力按混凝土规定张力系数为 1.3，但实际仅为 0.8，属于严重的质量缺陷，也无法修补，必须返工处理。

3. 限制使用

当工程质量问题按修补处理方案无法保证达到规定的使用要求和安全，而又无法返工处理的情况下，不得已时可以做出诸如结构卸荷或减荷及限制使用的决定。

4. 不做处理

某些工程质量问题虽然不符合规定的要求或标准，但如果情况不严重，对工程或结构的使用及安全影响不大，经过分析、论证和慎重考虑后，也可不做专门处理。可以不做处理的情况一般有以下几种：

（1）不影响结构安全和使用要求者。例如，有的建筑物出现放线定位偏差，若要纠正则会造成重大经济损失，若其偏差不大，不影响使用要求，在外观上也无明显影响，经分析论证后，可不做处理；又如，某些隐蔽部位的混凝土表面裂缝，经检查分析，属于表面养护不够的干缩微裂，不影响使用及外观，也可不做处理。

（2）有些不严重的质量问题，经过后续工序可以弥补的。例如，混凝土的轻微蜂窝麻面或墙面，可通过后续的抹灰、喷涂或刷白等工序弥补，可以不对该缺陷进行专门处理。

（3）出现的质量问题，经复核验算，仍能满足设计要求者。例如，某一结构断面做小了，但复核后仍能满足设计的承载能力，可考虑不再处理。这种做法实际上是挖掘设计潜力或降低设计的安全系数，因此需要慎重处理。

五、施工项目质量问题处理的资料

一般质量问题的处理，必须具备以下资料：

（1）与质量问题有关的施工图。

（2）与施工有关的资料，如建筑材料试验报告、施工记录、试块强度试验报告等。

（3）质量问题调查分析报告，包括以下内容：

1）质量问题情况。出现质量问题时间、地点；质量问题的描述；质量问题观测记录；质量问题发展变化规律；质量问题是否已经稳定等。

2）质量问题性质。应区分属于结构性问题还是一般性缺陷；是表面性的还是实质性的；是否需要及时处理；是否需要采取防护性措施。

3）质量问题原因。应阐明所造成质量问题的重要原因，如结构裂缝，是因地基不均匀沉降，还是温度变形；是因施工振动，还是由于结构本身承载能力不足所造成。

4）质量问题评估。阐明质量问题对建筑功能、使用要求、结构受力性能及施工安全有何影响，并应附有实测、验算数据和试验资料。

5）质量问题涉及人员及主要责任者的情况。

（4）设计、施工、使用单位对质量问题的意见和要求等。

六、施工项目质量问题性质的确定

质量缺陷性质的确定，是最终确定缺陷问题处理办法的首要工作和根本依据。一般通过下列方法来确定缺陷的性质。

1. 了解和检查

了解和检查是指对有缺陷的工程进行现场情况、施工过程、施工设备和全部基础资料的了解和检查，主要包括调查、检查质量试验检测报告、施工日志、施工工艺流程、施工机械情况及气候情况等。

2. 检测与试验

通过检查和了解可以发现一些表面的问题，得出初步结论，但往往需要通过进一步的检测与试验来加以验证。检测与试验，主要是检验该缺陷工程的有关技术指标，以便准确找出产生缺陷的原因。例如，若发现石灰土的强度不足，则在检验强度指标的同时，还应检验石灰剂量，石灰与土的物理化学性质，以便发现石灰土强度不足是因为材料不合格、配比不合格或养护不好，还是因为其他如气候之类的原因造成的。检测和试验的结果将作为确定缺陷性质的主要依据。

3. 专门调研

有些质量问题，仅仅通过以上两种方法仍不能确定，如某工程出现异常现象，但在发现问题时，有些指标却无法被证明是否满足规范要求，只能采用参考的检测方法。例如，水泥混凝土，规范要求的是 28 天的强度，而对于已经浇筑的混凝土无法再检测，只能通过规范以外的方法进行检测，其检测结果作为参考依据之一。为了得到这样的参考依据并对其进行分析，往往有必要组织有关方面的专家或专题调查组，提出检测方案，对所得到的一系列参考依据和指标进行综合分析研究，找出产生缺陷的原因，确定缺陷的性质。这种专题研究，对缺陷问题的妥善解决作用重大，因此经常被采用。

七、施工项目质量问题处理决策的辅助方法

对质量问题处理的决策，是复杂而重要的工作，它直接关系到工程的质量、费用与工期。所以，要做出对质量问题处理的决定，特别是对需要返工或不做处理的决定，应当慎重对待。在对于某些复杂的质量问题做出处理决定前，可采取以下方法做进一步论证。

1. 试验验证

对某些有严重质量缺陷的项目，可采取合同规定的常规试验以外的试验方法进一步进行验证，以便确定缺陷的严重程度。例如，混凝土构件的试件强度低于要求的标准不太大（例如 10% 以下）时，可进行加载试验，以证明其是否满足使用要求；又如，公路工程的沥青面层厚度误差超过了规范允许的范围，可采用弯沉试验，检查路面的整体强度等。根据对试验验证检查的分析、论证再研究处理决策。

2. 定期观测

有些工程，在发现其质量缺陷时，其状态可能尚未达到稳定，仍会继续发展，在这种情况下，一般不宜过早做出决定，可以对其进行一段时间的观测，然后根据情况做出决定。属于这类的质量缺陷，如桥墩或其他工程的基础，在施工期间发生沉降超过预计的或规定的标准；混凝土或高填土发生裂缝，并处于发展状态等。有些有缺陷的工程，短期内其影响可能不十分明显，需要较长时间的观测才能得出结论。

3. 专家论证

对于某些工程缺陷，可能涉及的技术领域比较广泛，则可采取专家论证。采用这种办法时，应事先做好充分准备，尽早为专家提供尽可能详尽的情况和资料，以便使专家能够进行较充分的、全面和细致的分析、研究，提出切实的意见与建议。实践证明，采取这种方法，对重大的质量问题做出恰当处理的决定十分有益。

八、施工项目质量问题处理的鉴定验收

质量问题处理是否达到预期的目的，是否留有隐患，需要通过检查验收来做出结论。质量检查验收，必须严格按施工验收规范中有关规定进行，必要时，还要通过实测、实量，荷载试验，取样试压，仪表检测等方法来获取可靠的数据。这样，才可能对质量问题做出明确的处理结论。

质量问题处理结论的内容有以下几种：

（1）质量问题已排除，可以继续施工。

（2）隐患已经消除，结构安全可靠。

（3）经修补处理后，完全满足使用要求。

（4）基本满足使用要求，但附有限制条件，如限制使用荷载、限制使用条件等。

（5）对耐久性影响的结论。

（6）对建筑外观影响的结论。

（7）对质量问题责任的结论等。

此外，对一时难以做出结论的质量问题，还应进一步提出观测检查的要求。

质量问题处理后，还必须提交完整的质量问题处理报告，其内容包括：质量问题调查的原始资料、测试数据，质量问题的原因分析、论证，质量问题处理的依据，质量问题处理方案、方法及技术措施，检查验收记录，质量问题无须处理的论证，质量问题处理结论等。

技 能 训 练

一、单选题

1. 施工单位接到质量通知单后，在监理工程师参与下，尽快写出（　　）。

　　A. 工程质量问题调查报告　　　　　　　B. 质量问题处理方案

　　C. 工程质量验收记录　　　　　　　　　D. 复工申请

2. （　　）组织有关人员，对质量问题处理进行检查验收。

　　A. 项目经理　　　　　B. 监理工程师　　　C. 质量监督站总工　　　D. 甲方代表

3. 质量问题处理方案确定后，由（　　）指令施工单位按既定的处理方案实施对质量缺陷的处理。

　　A. 施工单位　　　　　B. 监理工程师　　　C. 业主　　　　　　　　D. 质量问题调查组

4. 工程质量问题发生后，首先应查明原因、落实措施、妥善处理、消除隐患、界定责任，其中，最核心、最关键的是（　　）。

　　A. 查明原因　　　　　B. 妥善处理　　　　C. 消除隐患　　　　　　D. 界定责任

5. 某砖混结构在一楼墙体砌筑时，监理发现由于施工放线的失误，导致山墙上窗户的位置偏离30cm，其处理方案可以是（　　）。

　　A. 加固处理　　　　　B. 返工处理　　　　C. 不作处理　　　　　　D. 修补处理

6. 下列选项中，对建筑工程问题处理方法描述不正确的是（　　）。

　　A. 返工　　　　　　　　　　　　　　　　B. 修补

　　C. 写出质量问题调查报告　　　　　　　　D. 不作处理

二、多选题

1. 常见的质量问题原因有（　　）。

　　A. 违反基本建设程序　　　　　　　　　　B. 无证设计

　　C. 违章施工　　　　　　　　　　　　　　D. 监理工程师不在现场

2. 质量问题处理的鉴定验收结论是（　　）。

　　A. 质量问题已排除，可继续施工　　　　　B. 经修补、处理后，可继续施工

　　C. 隐患已消除，结构安全有保证　　　　　D. 对耐久性的结论

3. 下列选项中，关于常见工程质量问题发生原因，说法正确的是（　　）。

　　A. 违背建设程序　　　　　　　　　　　　B. 工程地质勘察失真

　　C. 自然环境因素　　　　　　　　　　　　D. 个人素质

　　E. 设计计算差错

4. 下列选项中，属于质量问题原因中违背建设程序的是（　　）。

　　A. 没有搞清工程地质、水文地质，就制定施工方案并仓促开工

　　B. 任意修改设计，不按图纸施工

　　C. 无证施工

　　D. 擅自修改设计等行为

　　E. 图纸未经审查就施工

5. 下列选项中，属于工程质量问题原因中施工与管理不到位的是（　　）。

A. 钢筋力学性能不良会导致钢筋混凝土结构产生裂缝

B. 挡土墙不按图设滤水层、排水孔，导致压力增大，墙体破坏或倾覆

C. 将铰接做成刚接，将简支梁做成连续梁，导致结构破坏

D. 不按有关的施工规范和操作规程施工，浇筑混凝土时振捣不充分，导致局部薄弱

E. 骨料中活性氧化硅会导致碱性骨料反应使混凝土产生裂缝

6. 下列选项中，属于施工项目中常见的质量通病的是（　　）。

A. 砂浆、混凝土配合比控制不严，任意加水，强度得不到保证

B. 预制构件裂缝，预埋件移位，预应力张拉不足

C. 现浇钢筋混凝土阳台、雨篷根部开裂或倾覆、坍塌

D. 由于个人管理不当，房屋被盗造成房屋主人经济损失

E. 饰面板、饰面砖拼缝不平、不直，空鼓，脱落

7. （　　）可不作处理。

A. 不影响结构的安全、生产工艺和使用要求

B. 较轻微的质量缺陷

C. 未达到规定级别的质量问题

D. 不影响工程的外观和正常使用的质量问题

8. 对工程质量问题作返工或不作处理的决定应慎重，对某些复杂的质量问题做出处理决定前，可采用（　　）方法进一步论证。

A. 实验验证　　　　　B. 专家论证　　　　　C. 领导商议　　　　　D. 定期观测

9. 下面质量问题的事例中，不必做处理的有（　　）。

A. 混凝土墙板面出现轻微的蜂窝、麻面

B. 砖砌体轴线位置偏移 0.8cm

C. 教室大量出现裂缝

D. 瓷砖饰面非整砖使用，少量不合设计要求

10. 建筑工程质量问题的处理是否达到预期的目的和效果，是否仍留有隐患，应当通过检查鉴定和验收做出确认。检查和鉴定的结论可能有（　　）。

A. 质量问题已排除，可继续施工

B. 隐患已消除，结构安全有保证

C. 对工程负责人的处理结论

D. 基本上满足使用要求，但使用时应有附加的限制条件，如限制荷载等

E. 对短期难以做出结论者，可提出进一步观测检验的意见

三、案例分析题

某市南苑北里小区 22 号楼为 6 层混合结构住宅楼，设计采用混凝土小型砌块砌筑，墙体加芯柱，竣工验收合格后，用户入住。但用户在使用过程中，发现墙体中没有芯柱，只发现了少量钢筋，而没有浇筑混凝土，最后经法定检测单位采用红外线照相法统计发现大约有 82% 墙体中未按设计要求加芯柱，只有一层部分墙体中有芯柱，造成了重大的质量隐患。

根据以上内容，回答下列问题：

1. 工程质量问题处理的方案有哪些类型？

2. 工程质量问题处理的结论有哪几种？

参 考 文 献

[1] 中国建设监理协会．建设工程质量控制（土木建筑工程）[M]．北京：中国建筑工业出版社，2021.

[2] 蒋孙春．建筑施工质量验收与资料管理 [M]．北京：中国建筑工业出版社，2020.

[3] 姜秀丽，陈亚尊．装饰工程质量检测 [M]．北京：中国建筑工业出版社，2020.

[4] 姜宇峰，等．建设工程实体质量控制与管理操作指南 [M]．北京：中国建筑工业出版社，2019.

[5] 许科，李峰．建筑工程施工质量控制与验收 [M]．3 版．北京：中国林业出版社，2019.

[6] 吴闻超，李双喜．建筑装饰装修工程施工质量控制与验收 [M]．3 版．北京：中国林业出版社，2019.

[7] 林滨滨，郑嫣．建设工程质量控制与安全管理 [M]．北京：清华大学出版社，2019.

[8] 刘毅．建筑工程施工质量验收图解 [M]．北京：化学工业出版社，2017.

[9] 高雅琨．建筑工程施工质量验收 [M]．北京：化学工业出版社，2015.

[10] 姚谨英．建筑工程施工质量检查与验收 [M]．北京：化学工业出版社，2014.

[11] 李继业，张峰，侯广辉．建筑工程质量控制 [M]．北京：化学工业出版社，2014.

[12] 刘继鹏，赵书峰．质量员岗位知识与职业技能 [M] 郑州：黄河水利出版社，2013.